제2판

수질오염개론

전 상 복

청목출판사

머리말

본 책은 저자가 다년간 수질오염 분야에서 후배를 양성해 오던 중, 기존의 책들이 너무 어렵거나 복잡하게 서술되어 있어 교과서로서 채택하여 강의하기에 어려운 점들이 많았다. 이러한 이유로 저자는 다년간 대학에서 강의한 자료를 바탕으로 새로운 교재를 만들 필요성을 절감하게 되었다.

본 책은 대학 및 전문대학에서 수질환경의 기본을 배우고자 하는 학생들의 교재나 참고서로 이용할 수 있도록 하기 위해 작성되었다. 특히 기사나 산업기사 자격증을 취득하고자 하는 수험생에게 도움이 되고자 하는 것이 주요 목표이며, 앞으로 부족한 부분을 계속 보완해 나갈 예정이다.

본 저서의 특징적인 점은 다음과 같다.

수질오염 분야의 기본적인 내용을 다룬다.

수질오염 분야에서 단위 환산을 많은 학생들이 어려워하여, 기존의 책과는 다르게 단위 환산을 본문의 내용으로 다루었다.

수질분야에 관련된 화학을 일목요연하게 기술하였다.

각 단원마다 기출문제를 제시하여 배운 내용을 충분히 복습할 수 있도록 하였다.

마지막으로 본 책이 나오기까지 도와주신 많은 여러분들에게 감사를 드린다.

2021. 3

저자 전상복

차 례

제 1 장
단위 및 환산

1. 기본단위

기본단위는 과학적 용어를 통일하기 위해 1960년 프랑스의 국제 도량형총회에서 결정하였으며, 기본 단위에는 길이(미터, m), 질량(킬로그램, ㎏), 시간(초, s) 전류(암페어, A), 온도(켈빈, K), 양(몰, mol), 광도(칸델라, cd) 등 7가지가 있다. 가장 대표적인 기본단위는 물리량으로서 길이·질량·시간을 채용한 것인데, 여기에는 미터(m)·킬로그램(kg)·초(s)로 나타낸 MKS 단위와 센티미터(cm)·그램(g)·초(s)로 나타낸 CGS 단위가 있다. 전자기(電磁氣)에 대해서는 전기적인 양, 자기적인 양 중 어느 것을 기본으로 하는가에 따라 여러 가지 단위계가 있을 수 있으나, 전류의 단위인 암페어(A)를 기본단위로 한 MKSA 단위가 국제통일 단위이다.

국제단위계(international system of units ; 약칭 SI)에서 각 단위의 양의 크기를 쉽게 나타내기 위해 각 단위의 앞에 접두어를 붙여 사용한다. 이러한 SI 접두어는 각각 10의 거듭제곱(10^{n} 또는 10^{-n})의 크기(인자)의 뜻으로 정의되어 있으며, 명칭은 그리스어 또는 라틴어에서 유래한 것이다.

〈표 1-1〉 기본단위

단위 명칭	단위 기호	계측량	정의
미터	m	길이	미터는 빛이 1/299,792,458초 동안 진공에서 진행한 거리로 정의한다.
킬로그램	kg	질량	킬로그램은 질량 단위로 킬로그램 국제 원기의 질량과 동일하다.
초	s	시간	세슘-135 원자의 바닥 상태 두 초미세 준위 사이의 전이에 해당하는 복사선의 9,192,631,770 주기의 지속 시간으로 정의한다. 이와 같은 정의는 절대 온도 0도에 있는 세슘 원자를 기준으로 한 것이다.
암페어	A	전류	암페어는 진공에서 1미터 간격으로 평행하게 놓여 있는 무시할 정도의 원형 단면적을 지닌 무한이 긴 2개의 직선 모양의 도체 각각에 일정한 전류를 통하게 하여 이들 도체의 길이 미터당 2×10^{-7}에 해당하는 힘이 미치는 전류로 정의한다.
켈빈	K	열역학 온도	섭씨온도 눈금 : 켈빈 눈금의 단위 증분은 섭씨 눈금을 사용한다. 열역학 눈금은 0K에서 시작한다.
몰	mol mole	물질의 양	몰은 0.012kg의 탄소-12에 존재하는 원자수와 같은 기본 입자를 지닌 계의 물질 양으로 정의한다. 이때 기호는 '몰(mol)'로 나타낸다.
칸델라	cd	빛의 세기	칸델라는 주파수 540×10^{12}헤르츠의 단색 복사선을 방출하고 소정의 방향에서 복사 세기당 1/683와트인 그 방향의 광원의 광도이다.

〈표 1-2〉 SI접두어

10^n	접두어	기호	배수	십진수
10^{12}	테라(tera)	T	조	10^{12}
10^{9}	기가(giga)	G	십억	10^{9}
10^{6}	메가(mega)	M	백만	10^{6}
10^{3}	킬로(kilo)	k	천	10^{3}
10^{2}	헥토(hecto)	h	백	10^{2}
10^{-1}	데시(deci)	d	십분의 일	10^{-1}
10^{-2}	센티(centi)	c	백분의 일	10^{-2}
10^{-3}	밀리(milli)	m	천분의 일	10^{-3}
10^{-6}	마이크로 (micro)	μ	백만분의 일	10^{-6}
10^{-9}	나노(nano)	n	십억분의 일	10^{-9}
10^{-12}	피코(pico)	p	일조분의 일	10^{-12}
10^{-15}	펨토(femto)	f	천조분의 일	10^{-15}
10^{-18}	아토(atto)	a	백경분의 일	10^{-18}

2. 유도단위

다른 단위는 물리법칙을 기본으로 하여 기본단위를 조합해서 만들어지는데, 이것을 유도단위(誘導單位)라고 한다. 이는 물리량을 표현하기 위한 단위를 만들 때, 기본단위를 사용하는 물리량과의 관계식을 통해 유도한 것이다.

2-1. 열량

1cal이란 순수한 물 1g을 1℃ 올리는 데 필요한 열량을 말한다. 열량과 관계되는 식은 다음과 같다.

$$Q = cm\Delta t$$

여기서 c는 비열이라고 하며 질량 1g을 1℃ 증가시키는데 필요한 열량, m은 질량, Δt는 온도변화를 나타낸다. 따라서, 비열의 단위는 [cal/(g℃)]가 된다.

2-2. 속도와 속력

단위 시간당 이동한 변위를 말한다. 이에 반해 속력은 단위시간에 이동한 거리를 나타낸다.

$$속도 = \frac{위치\ 변화}{소요된\ 시간}$$

$$속력 = \frac{이동한\ 거리}{소요된\ 시간}$$

따라서 속도 및 속력의 단위는 다음과 같다.

$$속도\ 및\ 속력의\ 단위 = \frac{변위\ 및\ 거리의\ 단위}{시간단위} = [m/s]$$

아래 그림에서 경로는 거리를, 그리고 $\Delta\vec{r}$은 변위를, 그리고 $\vec{r}_1$, $\vec{r}_2$는 각각 위치 A와 위치 B의 위치벡터를 나타낸다.

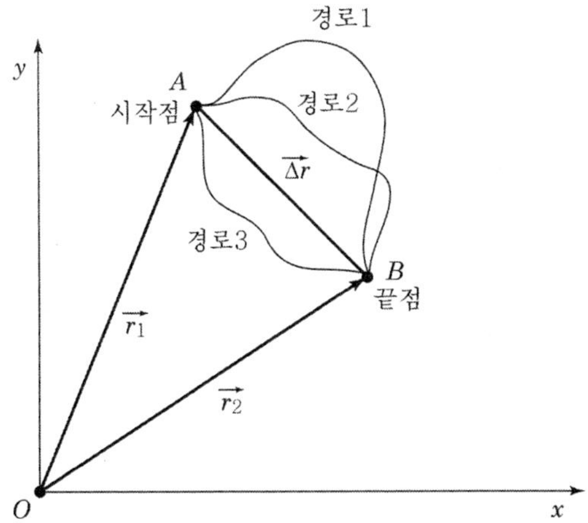

〈그림 1-1〉 변위와 거리

2-3. 가속도

속도의 시간 변화율을 가속도라고 한다.

$$\text{가속도} = \frac{\text{속도의 변화}}{\text{소요된 시간}}$$

따라서 가속도의 단위는 다음과 같다.

$$\text{가속도의 단위} = \left[\frac{\mathrm{m/s}}{\mathrm{s}}\right] = \left[\frac{\mathrm{m}}{\mathrm{s}^2}\right]$$

2-4. 힘

질량에 가속도를 일으키는 물리량으로 뉴턴의 제2법칙에 의하면 다음과 같은 식이 성립한다.

$$힘 = 질량 \times 가속도$$

따라서 힘의 단위는 다음과 같다.

$$힘의\ 단위 = \left[kg \times \frac{m}{s^2}\right] = \lceil kg \cdot m/s^2 \rceil \equiv N(뉴턴)$$

자주 사용되는 힘의 단위로서 1kg의 질량이 중력장에서 미치는 힘을 $1kg_f$라고 한다. 이를 MKS의 단위로 표현해 보면 다음과 같다.

$$1kg_f = 1kg \times 9.8m/s^2 = 9.8N$$

2-5. 압력

압력이란 단위 면적당 가해지는 힘을 말한다. 즉, 다음 식으로 압력을 정의할 수 있다.

$$압력 = \frac{힘}{면적}$$

MKS단위의 압력 단위로서 Pa(파스칼)은 다음과 같이 정의된다.

$$압력의\ 단위 = \left[\frac{N}{m^2}\right] = \left[\frac{kg \times m/s^2}{m^2}\right] = \left[\frac{kg}{m \cdot s^2}\right] \equiv P(파스칼)$$

표준대기압은 온도 0℃, 표준중력 980.66cm/s^2일 때 760mmHg 또는 1013.250hPa을 의미한다. 즉,

$$1기압 = 1atm = 760mmHg$$

Hg의 비중은 13.596이므로 1기압을 수압으로 나타내면 다음과 같다.

$$
\begin{aligned}
760mmHg &= 760 \times 13.595mmH_2O = 10332mmH_2O = 10.332mH_2O \\
&= 10332kg \times 9.8066m/s^2 \times 1/m^2 = 1.0132 \times 10^5 N/m^2 = 1.0132 \times 10^5 Pa \\
&= 1.0132bar = 1013.2mbar
\end{aligned}
$$

여기서 1bar는 10^5Pa를 나타내는 기압단위이다. 1기압은 대략 1bar인 것으로 기억해 두어도 무방하다.

2-6. 일

일은 물체에 가해진 힘이 한 일을 나타내며 다음과 같은 식으로 정의할 수 있다.

$$\text{일(에너지)} = \text{힘} \times \text{거리}$$

MKS단위의 압력 단위로서 J(주울)은 다음과 같이 정의된다.

$$\text{일의 단위} = [N \times m] = [kg \cdot m/s^2 \times m] = [kg \cdot m^2/s^2] = J(\text{주울})$$

2-7. 일률

단위 시간당 한 일을 일률, 출력, 또는 파워(power)라고 하며 다음과 같은 식이 성립한다.

$$\text{일률} = \frac{\text{행하여진 일}}{\text{소요된 시간}}$$

MKS단위의 일률의 단위로서 Watt(와트)는 다음과 같이 정의된다.

$$\text{일률의 단위} = \left[\frac{\mathrm{J}}{\mathrm{s}}\right] = \left[\frac{\mathrm{kg \cdot m^2/s^2}}{\mathrm{s}}\right] = \left[\frac{\mathrm{kg \cdot m^2}}{\mathrm{s^3}}\right] = \text{Watt(와트)}$$

2-8. 면적

면적은 다음과 같은 식으로 정해진다.

$$\text{면적} = \text{길이} \times \text{길이}$$

MKS단위의 면적의 단위는 다음과 같이 정의된다.

$$\text{면적의 단위} = [\mathrm{m} \times \mathrm{m}] = [\mathrm{m}^2]$$

MKS단위 이외에 많이 사용되는 단위로서 a(아르), 평이 있으며 MKS단위와의 관계는 다음과 같다.

$$1\mathrm{a} = 100\mathrm{m}^2,\ 1\text{평} = 3.3058\mathrm{m}^2$$

2-9. 부피의 단위

부피는 다음과 같은 식으로 정해진다.

$$\text{부피} = \text{길이} \times \text{길이} \times \text{길이}$$

MKS단위의 부피의 단위는 다음과 같이 정의된다.

$$부피의\ 단위 = [m \times m \times m] = [m^3]$$

MKS단위 이외에 많이 사용되는 단위로서 cc(cubic centimeter)가 있으며 MKS단위와의 관계는 다음과 같다.

$$cc = [cm \times cm \times cm] = [cm^3], L = 1{,}000cc = 1{,}000mL\ (\therefore 1mL = 1cc)$$

$$1m^3 = (10^2cm)^3 = 10^6cm^3 = 10^6cc = 10^6mL$$

2-10. 밀도

밀도(密度, Density: ρ)는 단위부피당 질량을 나타내는 값이다. 부피가 일정할 때, 한 물체의 밀도가 클수록 그 물체의 질량은 크다. 한 물체의 평균 밀도는 그 전체 질량을 그 전체 부피로 나눈 것과 같다. 더 조밀한 물체(철과 같은)는 같은 질량의 덜 조밀한 물질(물과 같은)보다 부피가 작을 것이다. 즉, 밀도는 다음과 같은 식으로 정해진다.

$$밀도 = \frac{질량}{부피}$$

밀도를 CGS단위로 정의하면 다음과 같다.

$$밀도의\ 단위 = \left[\frac{g}{cm^3}\right]$$

예) 4℃에서의 물의 밀도=$1g/cm^3$

2-11. 비중

어떤 물체의 밀도와 4℃일 때의 순수한 물의 밀도의 비를 말한다. 즉, 다음과 같은 식으로 정의할 수 있다.

$$S = \frac{\rho}{\rho_w} = \frac{\gamma}{\gamma_w} \qquad (\gamma = \rho g = \text{비중량})$$

따라서 비중은 단위가 없고 단순히 그 물질의 밀도가 물의 밀도에 비해 몇 배인가를 말하는 것이다. 즉, 같은 부피의 물에 비해 질량이 몇 배인가를 의미한다. 예를 들면 수은의 비중은 13.6이다.

2-12. 비중량(specific weight)

단위체적당 차지하는 중량을 말한다. 다음과 같은 식으로 정의할 수 있다.

$$\text{비중량} = \frac{\text{중량}}{\text{부피}}$$

CGS단위의 비중량 단위는 다음과 같이 정의된다.

$$\text{비중량의 단위} = \left[\frac{g \cdot cm/s^2}{cm^3}\right] = \left[\frac{g}{cm^2 \cdot s^2}\right]$$

예) $\text{물의 비중량} = \dfrac{1g \times 980cm/s^2}{1cm^3} = 980g/(cm^2 \cdot s^2)$ 또는

$= 1g_f/cm^3 = 1{,}000kg_f/m^3$ (⇐물 $1m^3$의 질량은 1,000kg이다.)

2-13. (절대)점성계수(μ : viscosity, 粘性係數)

기름은 물보다 점성이 훨씬 크기 때문에 물에 비해 동일한 조건에서 그 흐름이 매우 느리다. 이렇게 유체의 흐름을 방해하는 성질을 점성이라고 부른다.

유체의 흐름은 한 부분이 움직일 때 점성에 의해 인접한 다른 부분이 같이 따라 움직인다. 그래서 점성은 분자들 사이의 내적 마찰이라고 생각할 수도 있다.

점성은 유체가 흐를 때 생기는 저항력을 계산할 때 고려해야 할 주요 항목이다.

대부분의 유체에 있어 흐름을 유발시키는 전단응력(shear stress)은 전단변형률(shear strain)에 정비례한다. 즉 전단응력을 전단변형률로 나눈 값은 같은 액체일 경우 주어진 온도에서는 일정하다. 이 일정한 값(상수)을 절대 점성계수(absolute viscosity)라고 한다.

액체의 점성계수는 온도가 올라가면 급속히 감소하고 압력이 커지면 증가한다. 반대로 기체의 점성계수는 온도가 올라가면 증가하고 압력에는 거의 관계하지 않는다. 그러므로 열을 가하면 액체의 유동속도는 빨라지지만 기체의 속도는 더 늦어진다.

$$\tau = \mu \frac{du}{dy}, \quad \mu = \tau \frac{dy}{du}$$

$$\text{점성계수의 CGS단위} = \left[\frac{g \cdot cm/s^2}{cm^2} \times \frac{cm}{cm/s} \right] = \left[\frac{g}{cm \cdot s} \right] = \text{poise(푸아즈)}$$

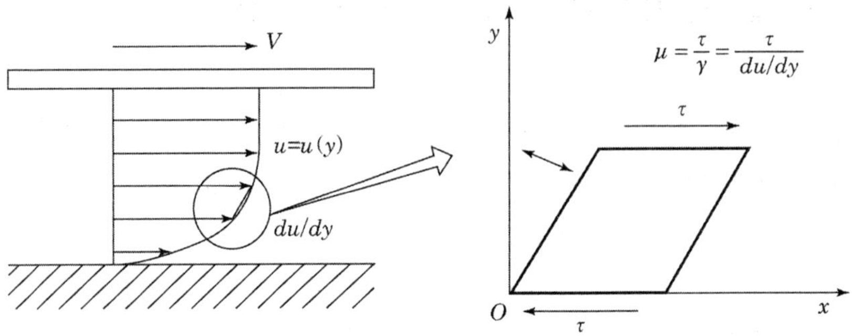

〈그림 1-2〉 점성계수

2-14. 동점성계수(ν : dynamic viscosity, 動粘性係數)

실용적인 측면에서 동점성계수가 절대 점성계수보다 더 유용하게 사용되고 있다. 동점성계수는 유체의 절대 점성계수를 그 물질의 질량(density)으로 나눈 값이다. 따라서 운동 점성계수의 단위는 [면적]/[시간]으로 표현된다.

$$\nu = \frac{\mu}{\rho}$$

동점성계수의 CGS단위 $= \left[\frac{\text{g}}{\text{cm} \cdot \text{s}} \times \frac{\text{cm}^3}{\text{g}} \right] = \left[\frac{\text{cm}^2}{\text{s}} \right] =$ stokes(스토크스)

〈표 1-3〉 특수명칭을 가진 SI유도단위

양	SI 단위		
	명 칭	기 호	기본이나 보조단위 또는 다른 유도단위로 표시
진동수, 주파수	헤르츠(hertz)	Hz	s^{-1}
힘	뉴턴(newton)	N	$kg \cdot m/s^2$
압력, 응력	파스칼(pascal)	Pa	N/m^2
에너지, 일, 열량	주울(joule)	J	N · m
일률, 전력	와트(watt)	W	J/s
전하량	쿨롱(coulomb)	C	A · s
전위, 압력, 기전력	볼트(volt)	V	J/C, W/A
전기용량	패럿(farad)	F	C/V
전기저항	옴(ohm)	Ω	V/A
섭씨온도	섭씨도(degree celsius)	℃	K

〈표 1-4〉 기본단위로 표시된 SI유도단위

양	SI 단위	
	명 칭	기 호
넓이	제곱 미터	m^2
부피	세제곱 미터	m^3
속력, 속도	초당 미터	m/s
밀도, 질량밀도	세제곱 미터당 킬로그램	kg/m^3

〈표 1-5〉 보조단위를 사용하여 형성한 SI유도단위

양	SI 단위	
	명 칭	기 호
각 속도	라디안 매 초	rad/s
각 가속도	라디안 매 초 제곱	rad/s^2

〈표 1-6〉 특별한 명칭으로 표시된 SI유도단위

양	SI단위		
	명 칭	기 호	기본이나 보조단위 또는 다른 유도단위로 표시
힘의 모멘트	뉴 턴 미 터	N · m	$m^2 \cdot kg \cdot s^{-2}$
표 면 장 력	미터당 뉴턴	N/m	$kg \cdot s^{-2}$

3. 단위환산

환경공학에서는 어떤 단위의 값을 다른 단위로 바꾸어 표현하는 환산작업을 요구하는 경우가 많다. 전세계적인 표준이 만들어지기 전에 각 국가가 갖고 있던 측정기준이 다르기 때문이다.

환산의 기본적인 사항은 단위체계가 다른 경우에는 기본단위끼리 치환하고 각 단위와 단위접두어 사이에는 곱셈과 나눗셈의 연산이 가능하다는 것이다.

1) 속도

$$1m/s = 1 \times 10^2 \times cm/s = 100cm/s$$

2) 가속도

$$1m/s^2 = 100cm/s^2$$

3) 힘

$$1N = 1kg \cdot m/s^2 = 1 \times 10^3 g \cdot 10^2 cm/s^2 = 10^5 g \cdot cm/s^2 = 10^5 dyne$$

$$1kg_f = 1kg \times (9.8 \times m/s^2) = 9.8kg \cdot m/s^2 = 9.8N$$

4) 압력

$1mmH_2O = 1kg_f/m^2$, $10mH_2O = 10^4 mmH_2O = 10^4 kg_f/m^2 = 10^4 kg_f/(10^2 cm)^2 = 1kg_f/cm^2$

$1kPa = 1\times10^3 Pa = 10\times10^2 Pa = 10hPa$

5) 일

$1J = 1N\times m = 1kg \cdot m/s^2 \times m = 1kg \cdot m^2/s^2 = 1\times(10^3 g)\times(10^2\times cm)^2/s^2$

$= 10^7 g \cdot cm^2/s^2 = 10^7 erg$

6) 길이, 넓이, 부피의 환산

가. 길이

1mile = 1,760yard, 1yard = 3ft, 1ft = 12in, 1in = 2.54cm,

$1km = 1\times10^3\times m = 10^3 m$, $1mm = 1\times10^{-3}\times m = 10^{-3} m$, $1\mu m = 1\times10^{-6}\times m = 10^{-6} m$

$= 10^{-3}\times10^{-3} m = 10^{-3} mm$

나. 넓이

$1acre = 4{,}840 yard^2 = 4{,}840\times(3ft)^2 = 43{,}560 ft^2$

$1ha = 1\times10^2\times a = 100a$

$1m^2 = 1\times(m)^2 = 1\times(10^2 cm)^2 = 10^4 cm^2$

다. 부피

$1m^3 = 1\times(10^2 cm)^3 = 10^6 cm^3 = 10^3\times10^3 cm^3 = 10^3 L$

7) 밀도

물의 밀도 $= 1g/cm^3 = 10^{-3}\times kg/cm^3 = 10^{-3}\times kg/(10^{-2} m)^3 = 10^{-3} kg/10^{-6} m^3$

$= 10^3 kg/m^3$

물의 밀도를 공학단위로 나타내 보자.

$1kg_f = 1kg \times 9.80m/s^2 = 9.8kg \cdot m/s^2 = 9.8 \times 10^3 g \cdot m/s^2 \therefore\ 1g = 1kg_f \cdot s^2/(9.8 \times 10^3 \cdot m)$

물의 밀도 $= 1g/cm^3 = 1kg_f \cdot s^2/(9.8 \times 10^3 \cdot m)/(10^{-2} \times m)^3 = 1kg_f \cdot s^2/(9.8 \times 10^{-3} m^4)$

$= 102kg_f \cdot s^2/m^4$ (공학단위로 표현한 물의 밀도)

여기서, $1kg_f$는 1kg의 질량이 중력장에서 받는 힘을 의미한다.

8) 점성계수

$$1poise = 100cp = 10^{-3}kp = 10^3 mp$$

9) 동점성계수

$$1stokes = cm^2/s = (10^{-2}m)^2/s = 10^{-4}m^2/s$$

4. 차원

차원이란 어떤 변수를 기술하는데 필요한 독립변수의 개수를 차원이라 하는데, 수처리에서 많이 쓰이는 독립변수에는 M, L, T, Θ 즉, 질량, 거리, 시간, 온도 등이 있다. 예를 들면, 질량의 차원[M], 부피는 길이의 세제곱이므로 부피의 차원은 $[L^3]$이다. 여기서 밀도는 질량/부피이므로 밀도의 차원은 $[M/L^3]$, 즉 $[ML^{-3}]$이 된다.

마찬가지 방법으로 다음과 같이 여러 가지 물리량의 차원을 구할 수 있다.

점성계수의 차원: $[ML^{-1}T^{-1}]$

유량의 차원: $[L^3T^{-1}]$

동점성계수의 차원: $[L^2T^{-1}]$

속도의 차원: $[LT^{-1}]$

힘의 차원: $[MLT^{-2}]$

밀도의 차원: $[ML^{-3}]$

〈표 1-7〉 기본량과 차원 기호

기본량	물리량 기호	차원 기호	SI 기본단위
길이	l	L	미터(m)
질량	m	M	킬로그램(kg)
시간	t	T	초(s)
전류	I	I	암페어(A)
온도	T	Θ	켈빈(K)
물질량	n	N	몰(mol)
광도	I_V	J	칸델라(cd)

[예제] $0.15m^3$의 부피를 cm^3와 L의 단위로 환산하시오.

[풀이]
부피 단위의 환산은 부피가 길이의 세제곱이므로 길이의 단위를 세제곱하여 계산한다.

$0.15m^3 = 0.15\times(m)^3 = 0.15\times(10^2cm)^3 = 150000cm^3$

그리고 1L는 1000cc($=1000cm^3$)이므로

$150000cm^3 = 150\times1000cm^3 = 150L$가 된다.

[예제] 25N의 힘의 단위를 중력단위인 kg_f의 값으로 환산하면 얼마인가?

[풀이]
힘의 단위인 N($=kgm/s^2$)을 중력단위인 kg_f로 환산하는 과정에서는

$9.8N = kg_f$인 환산관계를 이용하여 계산한다.

$25N = 25\times kg_f/9.8 = 2.55kg_f$

[예제] 물의 밀도 값을 g/cm^3, kg/m^3, kg/L로 나타내시오.

[풀이]

물의 밀도를 각 다른 단위체계로 바꾸면 다음과 같다.

물의 밀도 $\rho_{water} = 1g/cm^3$

$= (10^{-3}kg)/(10^{-2}m)^3 = 1000kg/m^3$

$= (10^{-3}kg)/(10^{-3} \times L) = 1kg/L$

[예제] 밀도가 $0.9g/cm^3$인 액체의 밀도는 몇 $N \cdot s^2/m^4$인가?

[풀이]

$0.9g/cm^3 = 0.9 \times (10^{-3}kg)/(10^{-2}m)^3 = 0.9 \times 10^{-3} \times 10^6 \times kg/m^3 = 0.9 \times 10^3 \times (kg)/(m^3) = 900 \times (kg \cdot m/s^2 \cdot s^2/m)/m^3 = 900N \times s^2/m^4 = 900N \cdot s^2/m^4$

연 습 문 제

01. 다음의 차원방정식 중 틀린 것은?(단, M : 질량, L : 길이, T : 시간)

① 확산 계수[LT^{-1}]　② 밀도[ML^{-3}]

③ 점성계수[$ML^{-1}T^{-1}$]　④ 유량[L^3T^{-1}]

02. 다음의 차원방정식 중 옳지 않은 것은?(단, M ; 질량, L : 길이, T : 시간)

① 확산계수[L^1T^{-1}]　② 밀도[ML^{-3}]

③ 동점성계수[L^2T^{-1}]　④ 유량[L^3T^{-1}]

03. 4℃의 물의 밀도를 공학단위로 나타낸 것은?

① $102kg_f \cdot sec^2/m^4$　② $1,000kg/cm^3$

③ $10kg \cdot sec^2/m^4$　④ $10kg_f \cdot sec^2/m^4$

04. 물의 동점성계수를 옳게 나타낸 것은?

① τ/μ　② $\tau\times\mu$

③ μ/ρ　④ $\mu\times\rho$

05. 다음 단위 환산 중 틀린 것은?

① $1m^3=1kL$　② $1cm^3=1mL$

③ $1L=1,000cL$　④ $1cL=10mL$

06. 다음 단위 접두어의 의미가 틀린 것은?

① $T=10^{12}$　② $n=10^{-9}$

③ $k=10^3$　④ $m=10^3$

07. CGS계로 동점성계수를 표시한 차원은?(단, M:질량, L:길이, T:시간)

① LT^{-1}　② L^2T^{-1}

③ $ML^{-1}T^{-1}$　④ $ML^{-2}T^{-1}$

8. 수은주높이 200mm는 수주로 몇 mm인가?

① 1760　② 2720
③ 3360　④ 4388

9. '동점성계수'의 단위로 적절한 것은?

① cm^2/sec　② g/cm · sec
③ g · cm/sec^2　④ cm/sec^2

10. 다음 중 동점성(kinematic viscosity)계수와 관계가 가장 먼 것은?

① Poise　② Stoke
③ cm^2/sec　④ μ/ρ (점성계수/밀도)

11. 물의 물리적 특성을 나타내는 용어 중 단위가 잘못된 것은?

① 밀도 - g/cm^3　② 표면장력 - $dyne/cm^2$
③ 압력 - $dyne/cm^2$　④ 열전도도 cal/cm · sec · ℃

12. 비열의 단위와 차원에 해당하는 것은?

① g^oC/cal, $L^2T^{-2}\Theta^{-1}$　② $cal/(g^oC)$, $L^{-2}T^{-2}\Theta^{-1}$
③ $cal/(g^oC)$, $L^2T^{-2}\Theta^{-1}$　④ g^oC/cal, $L^2T^{-2}\Theta$

13. 다음 항목 중 힘의 단위와 관계 없는 것은?

① dyne　② Joule
③ kg_f　④ N

14. 다음 비중에 대한 내용 중 옳지 않은 것은?

① 어떤 물체의 밀도와 4°C일 때의 순수한 물의 밀도의 비
② 단위는 g/cm^3이다.
③ 어떤 물질의 밀도가 물의 밀도의 몇 배인가를 의미한다.
④ 4°C의 물의 비중은 1이다.

15. 다음 단위환산 중 틀린 것은?

① $1mmH_2O = 1kg.m^2$
② 1 Joule = 10^7 erg
③ 1 $m^3 = 10^3$ L
④ $1g/cm^3 = 10^3 kg/m^3$

[정답]

1. ① 2. ① 3. ① 4. ③ 5. ③ 6. ④ 7. ② 8. ② 9. ① 10. ① 11. ② 12. ③ 13. ② 14. ② 15. ①

제 2 장

환경화학

본 장은 수질환경과 관련 있는 화학문제를 이해하기 위해 일반화학 중에서 관련있는 내용을 발췌하여 소개한다.

1. 물질과 측정

1-1. 원소와 주기율표

1789년에 라부아지에(Antoine Lavoisier; 프랑스)에 의하여 화학적으로 가장 단순한 물질들의 표를 논문집에 게재하였고, 1869년 멘델레예프(Dmitri Mendeleev; 러시아)가 현대적 주기율표의 전신을 발표하였다.

1-2. 원소의 특성

주기성을 나타내는 원소를 원자번호의 순서대로 배열하면서 물리적 · 화학적 성질이 비슷한 원소들이 같은 족으로 배열되도록 분류한 표를 주기율표라 한다. 현재까지 발견된 원소들은 주기율표상에서 2 · 8 · 8 · 18 · 18 · 32 · 32 간격으로

7주기로 분류되어 있다. 동일 주기에 배치된 원소들은 같은 수의 전자껍질을 가지고, 동일 족에 있는 원소들은 최외각 전자수가 주기적으로 같기 때문에 비슷한 물리적·화학적 성질을 나타낸다. 즉, 주기율표의 상하 방향은 화학적 성질이 비슷하며 이를 "족"이라 하고, 주기율표의 좌우 방향은 전자 껍질 수가 같은데 이를 "주기"라고 한다. 화학적 성질이 비슷한 몇 개의 족을 구분하여 1A족은 알칼리 금속, 2A족은 알칼리 토금속, 7A족은 할로겐, 8A족은 비활성기체라고 부른다.

1) 전형원소

주기율표에 있어서 1족, 2족 및 12~18족 원소를 의미한다. 각 족마다 차이가 뚜렷하며 이온, 전하 등이 같은 족끼리 같은 화학적 반응을 보인다.

족	1	2	12	13	14	15	16	17	18
최외각전자 (원자가 전저수)	1	2	2	3	4	5	6	7	0
족의 명칭	알칼리금속	알칼리토금속						할로겐	비활성기체

2) 전이원소

전형원소 이외의 원소를 말하며 족마다 화학적 성질차가 뚜렷하지 않다.

2) 금속원소

1~3개의 원자가 전자수를 갖고 있으며 전자를 버리고 양이온이 되기 쉬운 원소를 말한다.

3) 비금속원소

4개 이상의 원자가 전자수를 가지고 있어 전자를 얻어 음이온이 되기 쉬운 원소를 말한다.

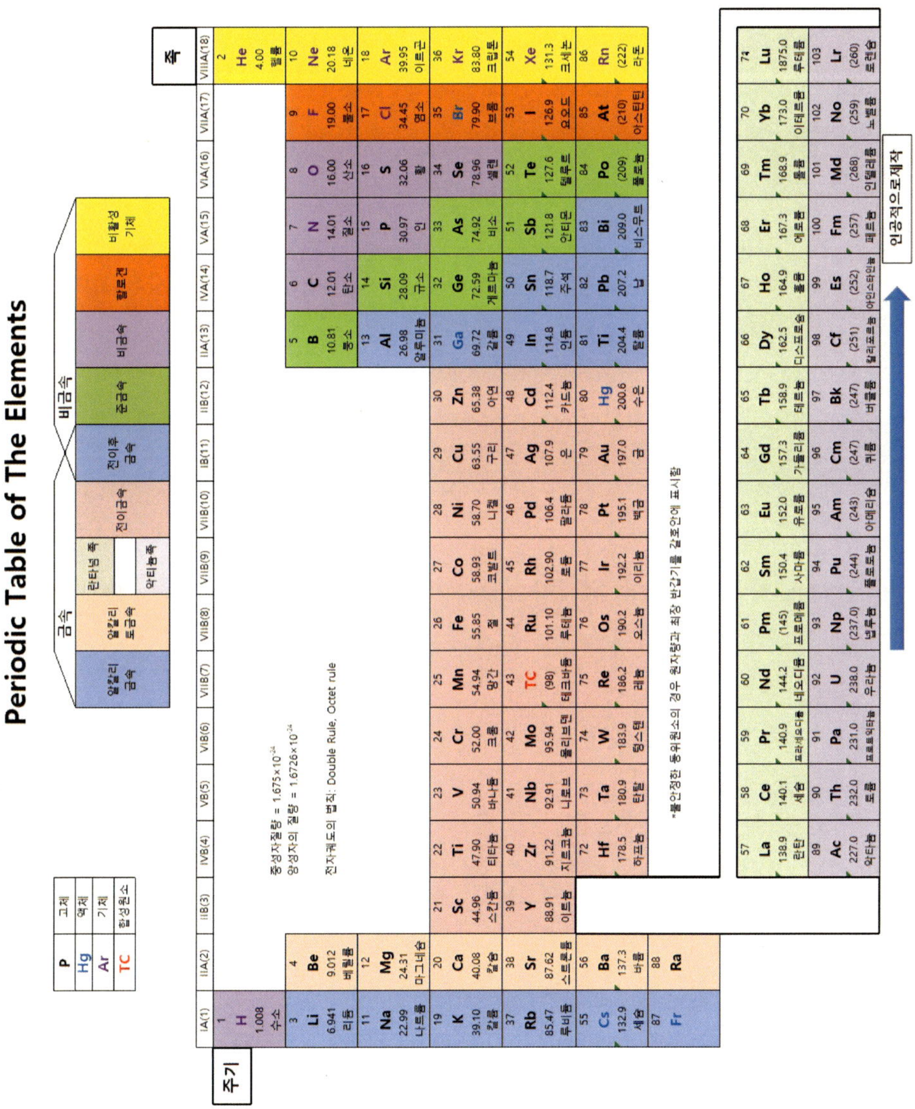

2. 원자, 분자, 이온

2-1. 질량의 보존과 일정성분비의 법칙

라부아지에는 산소가 연소에 주된 물질인 것을 보여주었다. 그리고 밀폐된 용기 내에서 연소가 될 때 연소 생성물의 질량과 연소 반응물의 질량이 정확히 같다는 것을 증명하였다. 예를 들면 수소 기체가 타서 산소와 결합하여 물이 생성될 때 생성된 물의 질량은 소모된 수소와 산소의 질량과 같다는 것이다. 이것은 질량보존의 법칙(law of mass conservation)이라 부른다. 즉, 질량보존의 법칙이란 "화학반응시 반응전의 전체 질량은 반응후의 전체질량과 같다"라는 사실을 의미한다.

$$2H_2+O_2 \rightarrow 2H_2O$$

위 식에서 질량보존의 법칙이 의미하는 바는 다음과 같다. 즉, 4g의 수소와 32g의 산소가 화학반응을 하면 36g의 물이 얻어진다. 반응전의 질량과 반응후의 질량은 불변임을 의미한다.

조셉 프루스트(Joseph Proust, 1754~1826, 프랑스)는 일정성분비의 법칙(law of definite proportions)이라 부르는 제2의 화학의 기본원리를 공식화하였다. 예를 들면 어떠한 물(H_2O)도 무게로 수소 1 : 산소 8의 비율로 구성되어 있으며, 어떠한 이산화탄소(CO_2)도 무게로 탄소 1: 산소 2.7의 비율로 구성되어 있다. 즉, 원소는 단 하나의 비율로 화학결합을 한다. 즉, 일정성분비의 법칙이란 "하나의 순수한 화학물질로 이루어진 시료는 어느 것이나 항상 같은 무게 비율의 원소를 포함한다."라는 사실을 의미한다.

질량보존의 법칙과 일정성분비의 법칙에 의거, 다음의 추론이 가능하다(John Dalton, 1766~1844, 영국).

① 원소는 원자라고 부르는 작은 입자로 구성되어 있다.

② 각 원소는 그것을 구성하는 원자의 질량에 의해 특징지어질 수 있다.

③ 상이한 물질을 구성하는 원소의 화학결합은 원자가 서로 작은 정수비로 결합하여 이루어진다.

④ 화학반응은 원자결합의 재배열일 뿐, 원자 그 자체는 변하지 않는다.

이를 근거로 한 법칙이 배수비례의 법칙(law of multiple proportions)이라고 불리게 되었다. 즉, 배수비례의 법칙이란 "만약 두 원소가 결합하여 물질을 만들면 두 원소의 질량 사이에는 간단한 정수비가 성립한다."라는 사실을 의미한다. 예를 들면,

$$N_2+O_2 \rightarrow 2NO$$

$$N_2+2O_2 \rightarrow 2NO_2$$

위에서 질소와 산소가 7:8의 질량비로 결합하여 NO가 되며, 7:16의 질량비로 결합하여 NO_2가 된다. 즉 첫 번째 물질은 두 번째 물질의 정확히 2배의 산소를 포함한다.

2-2. 원자 구조 : 양성자와 중성자

러더포드(Ernest Rutherford, 1910~1930, 영국)의 실험에 의해 핵은 양성자와 중성자라 불리우는 두 종류의 입자들로 구성되어 있다는 사실이 밝혀졌다. 양성자(Protons)는 양전하(+)를 띠며 질량은 전자 1개 질량의 약 1,836배이다. 양성자가 띠는 전하는 전자와 반대이나 크기는 같기 때문에 중성 원자인 경우 양성자와 전자수는 동일하다. 중성자(Neutrons)는 양성자와 질량이 거의 같지만 전하를 띠지는 않는다. 그러므로, 핵의 중성자수는 양성자수와 전자수에 직접 관련되지는 않는다.

〈표 2-1〉 원자구성 입자들의 비교

	질 량		전자량	
	g	amu	C	(e)
전 자	9.109390×10^{-28}	5.485799×10^{-4}	$-1.602177 \times 10^{-19}$	-1
양 성 자	1.672623×10^{-24}	1.007276	$+1.602177 \times 10^{-19}$	+1
중 성 자	1.674929×10^{-24}	1.008664	0	0

amu = g/mol

원소들은 그들이 가지는 원소의 원자번호(atomic number)라 부르는 양성자 수에 따라 서로 구별된다. 예를 들면, 원자번호 1인 수소는 1개의 양성자와 1개의 전자를 가지며, 원자번호 6인 탄소는 6개의 양성자와 6개의 전자를 가진다.

원자번호 = 원자핵의 양성자수 = 원자핵 주위의 전자수

원자의 질량수 = 원자의 양성자수 + 원자의 중성자 수

동일한 원자번호를 갖지만 질량수가 다른 원소들은 그 원자의 화학적 성질에 거의 영향을 주지 않는데 이러한 원소들을 동위원소(isotopes)라 부른다. 원소의 화학적 성질은 주로 핵의 양성자수에 의해 결정된다.

〈표 2-2〉 암기해야 할 주요 원자기호

원자번호	원자기호	영어명(IUPAC)	한국명
1	H	Hydrogen	수소
2	He	Helium	헬륨
3	Li	Lithium	리튬
4	Be	Berylium	베릴륨
5	B	Boron	붕소
6	C	Carbon	탄소
7	N	Nitron	질소
8	O	Oxygen	산소
9	F	Fluorine	불소(플루오르)
10	Ne	Neon	네온
11	Na	Sodium	나트륨
12	Mg	Magnesium	마그네슘
13	Al	Aluminium	알루미늄
14	Si	Silicon	규소
15	P	Phosphorus	인
16	S	Sulfur	황
17	Cl	chlorine	염소
18	Ar	Argon	아르곤
19	K	Potassium	칼륨
20	Ca	Calcium	칼슘

2-3. 화학량

1) 원자량과 분자량

수소원자는 양성자 1개와 전자 1개로 구성되어 있어 1개의 수소원자의 질량은 1.67×10^{-24}g이 된다. 이렇게 수소원자의 실제 질량은 너무 작아서 사용하기 불편한 수치이다. 따라서 탄소원자 1개의 질량을 원자량으로 단위 없이 12.0으로 정의한 후, 각 원자의 상대적 질량을 결정하여 사용하면 편리하다. 그리고 많은 경우 자연에는 원소 1개로 존재하기보다는 여러 원소가 조합되어서 분자상태로 존재하기 때문에 분자상태에서의 양을 분자량이라고 한다. 즉, 분자량이

란 분자를 구성하고 있는 원자의 종류와 숫자에 각각의 원자량을 합한 값을 의미한다. 예를 들면,

설탕($C_{12}H_{22}O_{11}$)의 분자량
$= 12.0 \times 12 + 1.0 \times 22 + 16.0 \times 11 = 342$

그리고 분자의 형태를 취하지 않는 물질에 대하여는 조성식량을 사용하는데 이를 화학식량이라고 하며 각 조성원소의 원자량을 합한다.

염화나트륨($NaCl$)의 조성식량
$= 23.0 + 35.5 = 58.5$

2) 원자가 · 당량

원자가란 원자가 다른 원자와 결합하는 능력을 정수로 나타낸 것으로서 결합손의 수를 표시한다. 예를 들면

H：1가, O： 2가, N： 3가, C： 4가, P： 5가

이다. 그리고 원자량을 원자가로 나눈 값을 당량이라고 한다. 예를 들면, 다음 각 원소의 1당량은 다음과 같다.

H：1.0, O：8.0, N：4.67, C：3.0, P：6.2

그리고 1당량의 질량을 1g당량이라 한다. 각 원소의 1g당량은,

H：1.0g, O：8.0g, N：4.67g, C：3.0g, P：6.2g

이 된다.

당량과 당량수는 다음과 같이 정의할 수 있다.

$$원자량 = 원자가 \times 당량$$
$$몰수 = 원자가 \times 당량수$$

예)

가수	이온의 예시
1	H^+, K^+, Cl^-, F^-, OH^-
2	Ca^{2+}, Mg^{2+}, SO_4^{2-}
3	Al^{3+}, Cr^{3+}, PO_4^{3-}
5	$KMnO_4$(과망간산칼륨)
6	$K_2Cr_2O_7$(중크롬산칼륨)

※H의 원자량은 1, 당량은 1 그리고 H의 1mol은 1당량이다.
※Ca의 원자량은 40, 당량은 20 그리고 Ca의 1mol은 2당량이다.

3) 아보가드로수와 몰

어떤 원소 시료의 질량이 그램단위로 표시되어 있고 그 값이 원소의 원자량과 같을 때 그 시료가 함유하고 있는 원자의 개수를 아보가드로수라고 하며 그 크기는 6.02×10^{23}개임이 실험에 의해 밝혀졌다. 그리고 몰(mol)이란 기술하고자 하는 대상물이 아보가드로수만큼 모여 있는 양을 말한다.

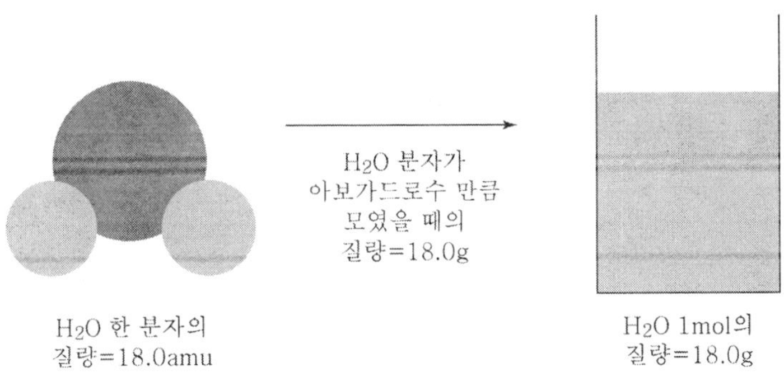

〈그림 2-1〉 아보가드로수와 몰의 관계

여기서 대상물은 원자, 분자, 이온, 전자 등이 될 수 있다.

전자의 질량이 원자핵의 질량에 비하여 매우 작기 때문에 이온의 질량은 원자핵의 질량으로 보아도 무방하다.

4) 각 화학식량의 관계

원자 또는 분자 등의 1몰의 질량은 원자량 또는 분자량에 g을 붙인 질량과 같다.

예를 들면, 원자 6.02×10^{23}개의 질량은 원자 1몰의 질량을 의미한다. 그 값은 (원자량)g이 된다. 즉, 원자량 자체는 단위가 없지만 그 수치에 g을 붙인 것이 원자 1몰의 질량이 된다.

그리고 분자 6.02×10^{23}개의 질량은 분자 1몰의 질량의 질량을 의미하며 (분자량)g가 된다.

입자 6.02×10^{23}개의 질량은 그 입자 1몰의 질량을 의미하며 (조성식량)g가 된다.

예) 수소원자(H) : 6.02×10^{23}개의 질량 = 수소원자 1몰의 질량 = 1.0(g)
(수소원자의 원자량 = 1.0)

예) 물분자(H_2O) : 6.02×10^{23}개의 질량 = 물분자 1몰의 질량 = 18.0(g)
(물분자량 H_2O = 18.0)

예) Na^+이온 : 6.02×10^{23}개의 질량 = 나트륨이온 1몰의 질량 = 23.0(g)
(나트륨원자량=23.0)

5) 몰, 입자의 수와 질량의 관계

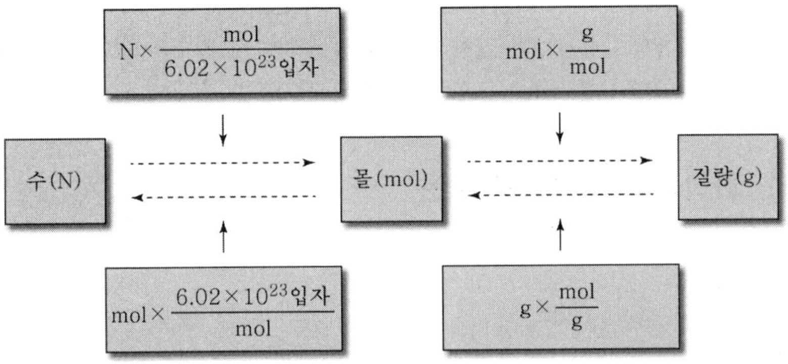

몰질량은 물질 1몰의 질량으로서 물질 6.02×10^{23}개의 분자(혹은 화학식 단위)의 질량을 의미하며 g단위로 표시된 물질의 분자(화학식)량의 값을 갖는다.

화학반응식이 $3H^2+N^2 \rightarrow 2NH^3$인 반응에 있어서 다음 문제를 생각해 보자.

[문제] 5.0mol의 H_2로부터 NH_3 몇 몰이 생길 수 있는가?

[답] 10/3 mol

[문제] 33.6g의 N_2로부터 NH_3 몇 몰이 생성될 수 있는가?

[답] 2.4 mol

[문제] 119g의 NH_3를 생성하기 위해서 필요한 H_2의 질량은 얼마인가?

[답] 21g

[문제] 2.0g의 H_2와 반응하는데 필요한 N_2분자의 수는 얼마인가?

[답] $1/3 \times 6.02 \times 10^{23}$개

[예제] CO_2 66g에 대해 다음 항목에 대해 답하시오.(유효숫자 3자리)

① CO_2의 몰수 ② CO_2의 분자수

③ C의 원자수 ④ O의 원자수

[풀이]
① CO_2의 분자량이 44이므로 몰수=66/44=1.5mol이 된다.
② 1몰의 개수가 6.02×10^{23}이므로 1.5몰의 개수는 $1.5\times6.02\times10^{23}$가 된다.
③ CO_2분자 1개당 C를 1개를 포함하므로 C의 원자수는 총 $1.5\times6.02\times10^{23}$가 된다.
④ CO_2분자 1개당 O를 2개를 포함하므로 C의 원자수는 총 $2\times1.5\times6.02\times10^{23}$가 된다.

2-4. 화학결합, 분자 및 이온

1) 화학결합

화학 반응 시 실제적인 원자들의 충돌은 전자의 접촉이다. 그러므로 화합물에서 원자들을 연결하는 화학결합(chemical bond)을 형성하는 것은 전자들이다. 이 때 두 비금속 원소들 사이에서의 결합은 공유결합(covalent bond)이고 두 원자가 그들이 가지는 몇 개의 전자(일반적으로 2개)를 공유할 때 형성된다.

그리고 전자를 주고받을 때 나트륨, 마그네슘, 아연 등과 같은 금속원소들은 전자들을 주는 경향이 있다. 그리고 산소, 질소, 염소 등과 같은 비금속원소는 전자를 받아들이는 경향이 있다.

2) 분자

둘 이상의 원자가 공유결합에 의해 연결된 물질의 단위를 분자(molecule)라고 한다. 예를 들면 물(H_2O)분자는 2개의 수소원자가 1개의 산소원자와 각각 2개의 전자를 공유할 때 형성된다.

원소들은 원자보다는 오히려 분자로 존재하는 경우가 많다. 예를 들면 수소, 산소, 질소, 플루오르, 염소 및 브롬은 모두 2원자 분자로 존재하는데 두 원자는 서로 공유결합으로 연결되어 있다. 그러므로, 우리는 화학 반응에서 이들 원소를 사용할 때는 분자형태로 나타내야 한다.

예) 수소(H_2), 산소(O_2), 질소(N_2), 플루오르(F_2), 염소(Cl_2), 브롬(Br_2)

3) 이온결합(ionic bond)

금속과 비금속 사이에서 형성되는 결합은 이온결합이다. 이온결합은 전자를 공유함으로써 형성되는 것이 아니라 한 원자에서 다른 원자로 1개 이상의 전자가 완전히 옮겨 감으로써 형성된다. 예를 들면 NaCl은 Na^+이온과 Cl^-이온이 같은 수로 서로 규칙적으로 채워진 이온성 고체라고 말할 수 있다.

전하를 띤 공유결합으로 이루어진 원자의 집합을 다원자 이온(polyatomicion)이라 부른다. 이들 이온들은 명확하게 공유결합에 의해 연결된 일정한 수와 종류의 원자들로 구성되어 있기 때문에 전하를 띤 분자로 생각될 수 있다.

예) 암모늄 이온(NH_4^+), 수산화 이온(OH^-), 질산이온(NO_3^-), 황산이온(SO_4^{2-})

2-5. 산과 염기

1) 아레니우스(Arrhenius)의 산염기 이론

물에 용해되어 H^+이온을 제공해 주는 물질을 산(acid)이라고 하고 물에 용해되어 OH^-이온을 제공하는 물질을 염기(base)라고 한다.

예) 산: 염산(HCl), 질산(HNO_3), 황산(H_2SO_4), 인산(H_3PO_4)
염기: NaOH, KOH, $Ba(OH)_2$

산이 물에 용해될 때는 H^+이온은 대응하는 음이온과 함께 형성되고, 염이 물에 용해될 때는 OH^-이온과 대응하는 금속양이온이 형성된다.

2) 브뢴스테드-로우리(Brőnsted-Lowry) 산염기 이론

양성자, 즉 H^+이온을 주는 물질을 산, 받는 물질을 염기라고 한다.

3) 루이스(Lewis) 산염기 이론

비공유 전자쌍을 받는 물질을 산, 주는 물질을 염기라고 한다.

3. 환경화학의 법칙

3-1. 아보가드로의 법칙

모든 기체는 온도와 압력이 같을 때, 같은 부피 속에 같은 수의 분자를 포함한다. 즉, 일정한 온도와 압력 하에서 기체의 부피는 몰(mol)수에 비례한다. 그리고 기체의 종류에 관계없이 기체 1몰은 0℃, 1기압(기체의 표준 상태)에서 22.4L의 부피를 가진다.

3-2. 보일-샤를의 법칙

일정량의 기체에 있어서 압력, 부피, 온도의 관계식은 다음과 같다.

$$\frac{P_1 \cdot V_1}{T_1} = \frac{P_2 \cdot V_2}{T_2} = k(\text{비례상수})$$

3-3. 돌턴(Dalton)의 부분압력의 법칙

혼합기체의 전체압력은 각 성분 기체의 부분압력의 합과 같다.

$$P_T = P_A + P_B + P_C + \dots$$

(P_T = 전체압력, P_A, P_B, P_C 등 = 각 성분기체의 부분압력)

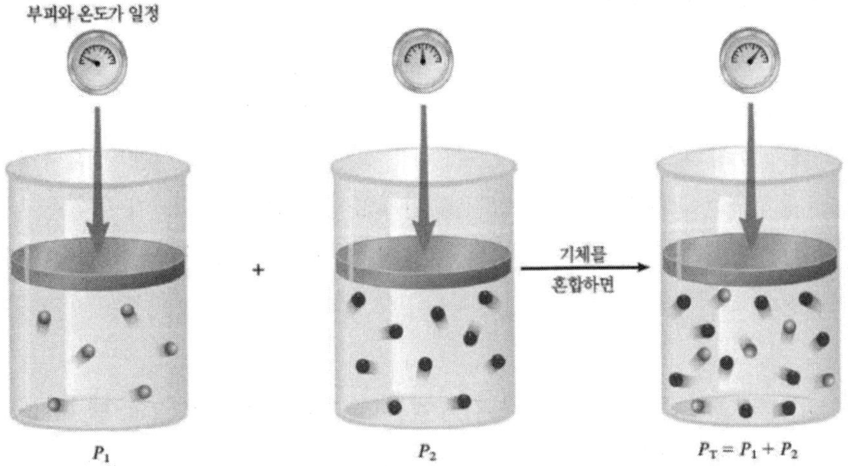

〈그림 2-2〉 돌턴의 부분압력의 법칙

3-4. 고체와 기체의 용해도

1) 고체의 용해도

일정 온도에서 용매 100g에 최대한 녹을 수 있는 용질의 g수를 말하며, 고체의 용해도는 용매와 용질의 종류, 온도에 따라 상이하다. 일반적으로 고체의 용해도는 온도가 높을수록 증가하고, 압력의 영향은 거의 받지 않는다.

2) 기체의 용해도

기체의 종류, 온도 및 압력에 따라 용해도 상이하다. 암모니아, 염화수소와 같이 기체가 극성을 가진 경우는 물에 잘 녹고, 수소, 질소, 산소와 같이 비극성기체의 경우에는 물에 잘 녹지 않는다. 일반적으로 온도가 높아지면 기체의 용해도는 감소한다. 그 이유는 고온에서 용액 중 기체 분자의 운동에너지가 커져 용매 분자와의 인력 저하에 의해 기체의 용해도 감소하기 때문이다.

3-5. 헨리(Henry)의 법칙

압력에 따른 용해되는 기체의 질량과 부피의 변화의 관계를 설명한다. 일정한 온도에서 일정량의 용매에 용해되는 기체의 질량(몰수)은 그 기체의 압력에 비례하고, 용해되는 기체의 부피는 압력에 관계없이 일정하다. 단, 이 법칙은 낮은 압력에서 용해도가 크지 않는 수소, 산소, 질소, 헬륨 등 난용성 기체에 대해서만 적용된다.

[예제] 20℃, 1atm에서 일정량의 물에 CO_2 0.1몰, VL가 녹을 때, 같은 온도에서 압력을 3atm으로 할 때 용해되는 CO_2의 몰수와 부피는?

[풀이]
용해되는 CO_2의 몰수 : $0.1 \times 3 = 0.3$몰(용해되는 기체의 몰수는 압력에 비례)
용해되는 CO_2의 부피 : $VL \times 3 \times 1/3 = VL$(기체의 부피는 압력에 반비례)

3-6. 공통이온효과(共通-效果; common ion effect)

르샤틀리에의 원리의 일종으로서 열역학적 평형이동에 관한 법치이다. 어떤 이온 평형계에서 평형에 관계되는 이온을 추가하면 그 이온을 감소시키는 방향으로 평형 상태가 이동하는 현상을 말한다.

예를 들면, 공기 중의 CO_2가 물에 녹으면 탄산(H_2CO_3)이 생성된다.

$$H_2O + CO_2 \rightleftarrows H_2CO_3$$
$$H_2CO_3 \rightleftarrows H^+ + HCO_3^-$$
$$HCO_3^- \rightleftarrows H^+ + CO_3^{2-}$$

만약 물이 알칼리성의 환경으로 변화가 일어 날 때에는 계에서 H^+이온이 적어진다는 뜻이다. 이때 중탄산이온(HCO_3^-)은 H^+이온을 증가하는 방향으로 화학평형이 이동하게 되어 물 속에는 CO_3^{2-}이온이 많아지게 된다.

물이 산성이 강해지는 방향으로 변화가 일어 날 때에는 계에서 H^+이온이 많아진다는 뜻이다. 이때 중탄산이온(HCO_3^-)은 H^+이온이 감소하는 방향으로 화학평형이 이동하게 되어 물속에는 CO_2성분이 많아지게 된다. 그래서 물이 산성일 때는 CO_2가, 알칼리성일 때는 CO_3^{2-}가 많은 것을 관측할 수 있다.

3-7. 그레이엄의 법칙(Graham's law)

이는 그레이엄(T. Graham)이 1831년 실험적으로 발견한 것으로, 기체가 세공으로부터 유출할 때, 그 속도는 온도, 압력이 일정하게 되면, 기체의 밀도 즉, 분자량의 제곱근에 반비례한다는 법칙이다.

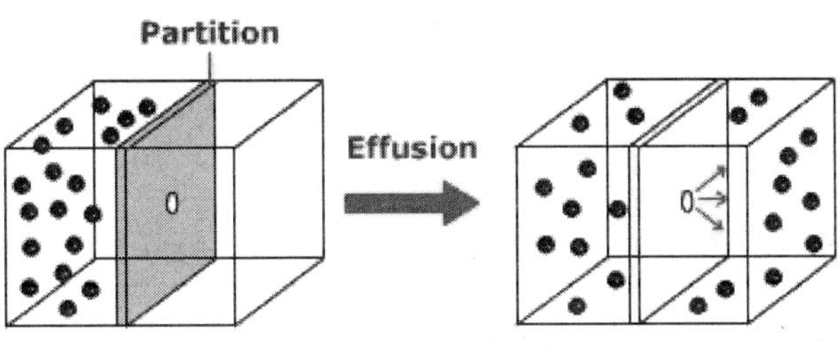

〈그림 2-3〉 분출(Effusion)

분출은 분자의 운동에 의존하고 분자의 속력은 온도에 따라 증가하기 때문에 온도가 증가함에 따라 기체의 확산과 분출의 속도는 증가한다. 또한 분자량이 증가함에 따라 속력은 감소한다. 이를 식으로 표현하면 다음과 같다.

$$\frac{v_1}{v_2} = \sqrt{\frac{M_2}{M_1}}$$

여기서 v_1: 기체1의 분출속도
M_1: 기체1의 분자량
v_2: 기체2의 분출속도
M_2: 기체2의 분자량

가 된다.

[예제] 어떤 기체의 확산 속도는 SO_2의 2배이다. 이 기체의 분자량은 몇 g/mol인가?(단, SO_2의 분자량은 64이다.)

[풀이]

"기체의 확산(분출) 속도는 기체 몰질량의 제곱근에 반비례한다."의 특성을 이용한다.

$$\frac{v_x}{v_{SO_2}} = \sqrt{\frac{M_{SO_2}}{M_x}} = \sqrt{\frac{64}{M_x}} = 2$$
$$\therefore M_x = 64/4 = 16\frac{g}{mol}$$

3-8. 게이-뤼삭의 결합부피법칙(Gay-Lussac's law of combining volumes)

"기체는 아주 간단한 비율로 결합하며, 이때 생기는 부피의 감소는 기체들의 부피나 적어도 어느 한 기체의 부피와 간단한 정수비가 성립된다"라는 법칙으로 배수비례의 법칙 또는 게이-뤼삭 법칙이라 한다. 예를 들면 질소 1 부피와 수소 3 부피를 결합시키면 2 부피의 암모니아가 생겨난다. 이 화학반응에서는 1:3:2의 간단한 정수비를 확인할 수 있다.

4. 화학농도단위

4-1. %(백분율: parts per hundred)

백분율은 기호로 '%'로 나타내고, '퍼센트'라고 읽는다. 백분율은 다음 공식으로 나타내고 여기에는 중량분율, 용량분율, 용액분율, 몰분율 등이 있다.

$$(\text{백분율}) = (\text{비율}) \times 100$$

1) 질량백분율(w/w%)

용액 100g에 포함되어 있는 용질 성분의 질량(g)을 나타낸다.

$$1\%(\mathrm{w/w}) = \frac{1\mathrm{g}}{100\mathrm{g}}$$

2) 용량백분율(v/v%)

용액 100mL에 포함되어 있는 용질 성분의 용량(mL)을 나타낸다.

$$1\%(\mathrm{v/v}) = \frac{1\mathrm{mL}}{100\mathrm{mL}}$$

3) 용액백분율(w/v%)

용액 100mL에 포함되어 있는 용질 성분의 질량(g)을 나타낸다.

$$1\%(\mathrm{w/v}) = \frac{1\mathrm{g}}{100\mathrm{mL}}$$

4) 몰백분율(w/w%)

용액 전체 몰수 100몰에 포함되어 있는 용질 성분의 몰수를 나타낸다.

$$1\%(\text{mol/mol}) = \frac{1\text{mol}}{100\text{mol}}$$

4-2. 백만분율(parts per million)

어떤 양이 전체의 100만분의 몇을 차지하는가를 나타낼 때 사용된다.

1) 질량 ppm

용액 10^6g에 포함되어 있는 용질 성분의 질량(g)을 나타낸다.

$$1\text{ppm}(\text{w/w}) = \frac{1\text{g}}{10^6\text{g}} = \frac{1\text{mg}}{1\text{kg}}$$

2) 용량 ppm

용액 10^6mL에 포함되어 있는 용질 성분의 용량(mL)을 나타낸다.

$$1\text{ppm}(\text{v/v}) = \frac{1\text{mL}}{10^6\text{mL}} = \frac{1\text{mL}}{1\text{kL}}$$

3) 용액 ppm

용액 10^6mL에 포함되어 있는 용질 성분의 질량(g)을 나타낸다.

$$1\text{ppm}(\text{w/v}) = \frac{1\text{g}}{10^6\text{mL}} = \frac{1\text{mg}}{\text{L}}$$

4) 질량 ppm과 mg/L와의 관계

mg/L의 농도로 표시된 용액에 있어서, 1L는 10^3cm^3에 해당한다. 용액의 비중이 s라면 1L는 $s \times 10^3$g, 즉 skg의 질량을 갖게 된다. 즉, mg/L 농도의 용액은 mg/(skg) = 1/s ppm에 해당한다.

$$1ppm(w/w) = s\left[\frac{mg}{L}\right]$$

용액의 비중이 1이면, 질량 ppm단위와 mg/L는 같다고 할 수 있다. 수질검사에서 mg/L와 ppm을 혼용하지만 관례적으로 모두 mg/L가 의미하는 농도의 표시법으로 사용된다.

4-3. 몰농도(molarity)

용액 1L 속에 녹아 있는 용질의 몰수(단위 : M 또는 mol/L)를 말한다. 온도가 변하면, 몰수는 변하지 않으나 용액의 부피가 변하므로 온도에 따라 몰 농도는 변하게 된다.

$$\text{용질의 몰수} = \text{용질의 질량/용질의 화학식량}$$

$$\text{몰농도(M)} = \frac{\text{용질의 몰수(mol)}}{\text{용액의 부피(L)}}$$

[예제] NaOH 수용액 1L에 NaOH 4.0g이 녹아 있는 용액의 몰농도는 얼마인가?

[풀이] NaOH의 몰수 = 4.0g/40g(NaOH의 화학식량) = 0.1mol
NaOH의 몰농도(M) = 0.1mol / 1L = 0.1M

4-4. 몰랄농도(molality)

용매 1kg 속에 녹아 있는 용질의 몰수(단위 : m 또는 mol/kg)를 말한다. 이는 온도에 관계없이 일정하고 용질의 양을 몰수로 나타내므로 입자수의 관계를 다루는데 편리하다.

$$몰랄농도(m) = \frac{용질의\ 몰\ 수(mol)}{용매의\ 질량(kg)}$$

[예제] 수산화나트륨(NaOH) 20g이 물 100g에 녹아 있는 용액의 몰랄 농도는?

[풀이]
NaOH의 화학식량 = Na원자량+O원자량+H원자량 = 23+16+1= 40
용질의 몰수 = 용질의 질량/화학식량 = (20g/40g)mol = 0.5mol
따라서 몰랄 농도 = 용질의 몰수/용매의 질량 = 0.5mol/0.1Kg = 5m이 된다.

4-5. 노르말 농도(normality)

규정농도 또는 당량농도라고도 한다. 용액 1L 속에 녹아 있는 용질의 당량수를 나타낸 농도를 말하며, 기호 N으로 표시한다. 산·알칼리의 중화반응 또는 산화제와 환원제의 산화환원반응의 계산 등에 널리 이용된다. 그러나 같은 물질이라도 관여하는 화학반응에 따라 당량수가 달라지는 경우가 있으므로, 농도의 표시법으로서는 모호한 점이 있다.

예를 들어, 과망간산칼륨을 산성용액 속에서 환원제로 반응시키면 망간이 7가에서 2가의 상태로까지 환원되므로, 과망간산칼륨의 식량의 1/5이 1L 속에 포함되는 용액을 1노르말농도로 한다. 그러나 중성에서 반응시키는 경우에는 망가니즈가 7가에서 4가의 상태로 환원된다. 따라서 1L 속에 식량의 1/3을 함유하는 용액이 1노르말농도가 된다.

여기서 당량이란 eq로 나타내며, 원자량 또는 분자량에 가수(산화수; 주고받는 전자수)로 나눈 값을 말한다. 1g당량이란 1당량을 질량으로 환산한 개념으로 당량에 g을 붙인 것이다. 1mol은 6.02×10^{23}의 개수를 의미하며 mol=가수×eq 의 관계식이 성립한다. 여기서 가수란 주고받은 전자수를 말한다.

예를 들면 황산(H_2SO_4)은 2가의 산으로서 분자량은 98, 당량은 49이다. 그리고 황산 1mol은 6.02×10^{23} 의 황산 분자로 구성되며, 2eq에 해당한다. 황산 1mol은 의 질량(=2eq의 질량)은 98g이며 1eq의 질량은 49g이 된다. 황산 1g 당량이 49g이므로 2g당량은 98g이라고 할 수 있다.

$$\text{원자 및 이온의 당량} = \frac{\text{원자량}}{\text{원자가}}, \text{ 몰수} = \text{가수} \times \text{당량수}$$

〈표 2-3〉 가수

가수	예 시
1	H^+, K^+, Cl^-, F^-, NaOH, $Na_2S_2O_3$
2	Ca^{2+}, Mg^{2+}, Sr^{2+}, O^{2-}, H_2SO_4, $Ca(OH)_2$
3	Al^{3+}, Cr^{3+}, PO_4^{3-}, H_3PO_4, $Al(OH)_3$
5	$KMnO_4$
6	$K_2Cr_2O_7$, KIO_3

참고) $2Na_2S_2O_3 \rightarrow 4Na^+ + S_4O_6^{2-} + 2e^-$

$KIO_3 + 5KI + 3H_2SO_4 \rightarrow 3I_2 + 3K_2SO_4 + 3H_2O$

(I를 보면 전자 6개를 뺏겨 0이 됨)

$MnO_4^- + 8H^+ + 5e^- \rightarrow Mn^{2+} + 4H_2O$

$Cr_2O_7^{2-} + 14H^+ + 6e^- \rightarrow 2Cr^{3+} + 7H_2O$

해설)

당량 구하기 (1) 원자 및 이온의 당량 = 원자량/원자가 Ca^{+2}의 당량 = 40/2 = 20 Mg^{+2}의 당량 = 24/2 = 12 (2) 분자(화합물)의 당량 = 분자량/ 양이온의 가수 $CaCO_3$의 당량 = 100/2 = 50(∵ $CaCO_3 \rightarrow Ca^{+2} + CO_3^{-2}$) $CaSO_4$의 당량 = 136/2 = 68(∵ $CaSO_4 \rightarrow Ca^{+2} + SO_4^{-2}$) (3) 산의 당량 = 분자량/$H^+$의 수 H_2SO_4의 당량 = 98/2 = 49(∵ $H_2SO_4 \rightarrow 2H^+ + SO_4^{-2}$) (4) 염기의 당량 = 분자량/$OH^-$의 수 $Ca(OH)_2$의 당량 = 74/2 = 37(∵ $Ca(OH)_2 \rightarrow Ca^{+2} + 2OH^-$) (5) 산화제 및 환원제의 당량 = 분자량/주고받는 전자수 $K_2Cr_2O_7$의 당량 = 294/6 = 49 $Na_2S_2O_3$의 당량 = 158/1 = 158 KIO_3의 당량 = 214/6 = 35.7 $KMnO_4$의 당량 = 158/5 =

31.6, $KMnO_4$의 경우에 있어서 예를 들어 보자 당량이란 분자량/주고받는 전자수 즉 과망간산 칼륨의 경우 158/5 = 31.6이 된다. 그런데 문제는 여기서부터 시작된다. 저기 왜 5로 나누어 주었느냐 하는 문제가 발생된다. (이것을 가수라 한다.) $KMnO_4 \rightarrow K^+ + MnO_4^-$ $MnO_4^- + 8H^+ + 5e^- \rightarrow Mn^{2+} + 4H_2O$ 위의 반응에서 주고받은 전자수는 5개이다. 즉, 반응에 관여한 원자의 산화수를 구해 보면 된다. 좌측의 MnO_4^-에서의 Mn의 산화수를 구해 보자. MnO_4^-의 전체 산화수는 -1, 산소의 산화수는 -2이므로, (Mn의 산화수)+(-2)×4 = -1, 따라서 Mn의 산화수는 +7. 우측에 있는 Mn원자의 산화수는 +2가 되므로, 이 반응과정에 관여한 주고받은 전자수는 5, 즉, Mn이 5개의 전자를 얻어서 환원이 된 것이다. $KMnO_4$는 이러한 반응과정을 통해 자신은 환원되고 다른 물질을 산화시켜 COD 실험에서의 산화제로 사용되는 것이다.

〈표 2-4〉 가수, 분자량, 몰수, 당량수와의 관계

화 학 식	명 칭	가수	분자량	1mol의 질량	1mol의 당량수	1당량의 질량
$KMnO_4$	과망간산칼륨	5	158	158g	5당량	158g/5
$K_2Cr_2O_7$	중크롬산칼륨	6	294	294g	6당량	294g/6
NaOH	수산화나트륨	1	40	40g	1당량	40g/1

[예제] 0.05N $KMnO_4$용액을 제조하기 위해서는 물 2L당, 몇 g의 $KMnO_4$가 필요한가? (원자량 K=39, Mn=55)

[풀이]
$KMnO_4$은 5가 산화제이므로 1당량의 질량은 ($KMnO_4$의 분자량)/5 g, 즉 158/5 g=31.6g이 된다. 따라서 필요한 $KMnO_4$의 양은 31.6×0.05×2=3.16g이 된다.

4-6. 혼합 용액의 몰 농도

농도가 서로 다른 용액(같은 용질)을 혼합할 때 용질의 전체 몰수는 변하지 않고 농도와 부피만 변하는 것에 착안하여 다음과 같이 구한다.

M(농도) = n(용질의 몰수)/V(부피)

용질의 전체 몰수 = $M_1V_1 + M_2V_2 = M(V_1 + V_2)$

∴혼합 용액의 몰 농도(M) = $(M_1V_1 + M_2V_2)/(V_1 + V_2)$

여기서, M_1, M_2 :용액의 몰 농도, V_1, V_2 : 용액의 부피를 의미한다.

[예제] 0.1M NaCl 수용액 500mL와 0.2M NaCl 수용액 500mL를 혼합한 용액의 몰농도를 구하라.

[풀이] 혼합 용액의 부피 = 500mL +500mL = 1L
혼합 용액의 용질의 몰수 = 0.1M×0.5L + 0.2M×0.5L = 0.15mol
∴ 혼합용액의 몰농도(M) = 0.15mol/1L = 0.15M

4-7. 농도의 환산

1) % 농도를 몰 농도로 환산

농도가 α%이고, 밀도가 ρ g/mL이며, 용질의 화학식량이 M_w인 용액을 몰 농도로 환산해 보자.

우선, 100g의 용액을 기준으로 하여 용액의 부피와 용질의 몰수를 구한다.

용액의 부피 = 용액의 질량(g)/용액의 밀도(g/mL) = $(100/\rho)$(mL)
= $(100/(1{,}000\rho))$(L)

용질의 몰수(mol) = 용질의 질량/용질의 화학식량 = α/M_w

몰 농도(M) = 용질의 몰수(mol)/용약의 부피(L)
= $(\alpha/M_w)/(1/(10\rho)) = 10\alpha\rho/M_w$

[예제] 35% 염산의 몰농도(M)를 구하라. (단, HCl의 분자량 : 36.5, 염산의 밀도 : 1.25g/mL)

[풀이]
35% HCl의 용액은 염산용액 100g 중에 35g의 HCl이 녹아 있음을 의미한다.

HCl의 M농도란 염산 용액 1L 중에 녹아 있는 HCl의 mol수를 의미한다.
HCl 100g 용액의 부피(V) = (100/1.25)(mL) = 0.08L
용질의 몰수(mol) = 35g/(36.5g/mol) ≒ 0.96mol
염산 용액 0.08L에 HCl이 0.96mol 녹아 있으므로 몰농도는 다음과 같이 구할 수 있다.
∴몰농도(M) = 0.96mol/0.08L = 12M

2) % 농도를 몰랄 농도로 환산

농도가 α%이고, 용질의 화학식량이 M_w인 용액의 몰랄 농도를 구해 보자. 우선 100g의 용액에서 용질 및 용매의 질량을 구한다.

용질의 질량(g) = α(g)
용매의 질량(g) = 용액의 질량(g)-용질의 질량(g) = 100-α(g)
용질의 몰수(mol) = 용질의 질량/용질의 화학식량 = α/M_w
몰랄 농도(m) = 용질의 몰수(mol)/용매의 질량(kg)

$$= \frac{\alpha/M_W(\text{mol})}{(100-\alpha)\times 10^{-3}(\text{kg})} = \frac{1{,}000\alpha}{(100-\alpha)M_W}$$

[예제] 농도가 20%이고, 용질의 화학식량이 40인 NaOH 수용액의 몰랄농도(m)는?

[풀이]
NaOH 수용액 100g 중에 20g의 NaOH이 녹아 있다.
용매의 질량 = 100-20=80g=0.08kg
용질의 몰수(mol) = 20g/40g(mol) = 0.5mol
몰랄농도(m) = 0.5mol/0.08kg = 6.25m

3) 몰 농도를 몰랄 농도로 환산

몰 농도가 bM이고, 용질 화학식량 M_w, 밀도 ρ(g/mL)인 용액의 몰랄 농도를 구해 보자. 우선 1L의 용액에서 용액의 질량 및 용질의 질량을 구한다.

용액의 질량(g) = 용액의 밀도×용액의 부피 = ρ×1,000 = 1,000ρ(g)

용질의 질량(g) = 용질의 몰수×용질의 화학식량 = b×M_w = bM_w

용질의 몰수(mol) = 용질의 질량(g)/용질의 화학식량 = bM_w/M_w = b

용매의 질량(g) = [용액의 질량 - 용질의 질량](g) = 1,000ρ-bM_w(g)

= (1,000ρ - bM_w)/1,000(kg)

몰랄 농도(m) = 용질의 몰수(mol)/용매의 질량(kg)

$$= \frac{b}{\left(\frac{1,000\rho - bM_w}{1,000}\right)} = \frac{1,000b}{1,000\rho - bM_w}$$

[예제] 3M NaOH 수용액의 몰랄농도(m)는?(단, NaOH의 화학식량 : 40, NaOH 수용액의 밀도 1.2g/mL)

[풀이]
우선 1L의 용액에서 용액의 질량 및 용질의 질량을 구한다. 3M NaOH 수용액 1L 중에는 NaOH 3mol이 녹아 있다.
용액의 질량(g) = 1.2g/mL × 1,000mL = 1,200g
용질의 질량(g) = 3mol × 40g/mol = 120g
용매의 질량 = (1,200g - 120g) = 1,800g = 1.08kg
따라서 몰랄농도(m) = 3mol/1.08kg ≒ 2.8m가 된다.

[예제] 순도가 9.8%인 H_2SO_4의 용액 4.0L에 대해서 다음 물음에 답하시오. (주의: 비중이 주어지지 않은 경우 항상 비중은 1로 계산한다)

① 4.0L에 녹아 있는 H_2SO_4의 질량은 얼마인가?

$$\frac{98g}{1,000mL} \times 4.0L = 392g$$

② 4.0L에 녹아 있는 H_2SO_4의 mol수와 당량수는 얼마인가?

$$\frac{392g}{98g} mol = 4mol$$

③ M농도와 N농도를 구하시오.

$$\frac{4mol}{4L} = 1M = 2N$$

④ 4.0L에는 존재하는 H^+이온과 SO_4^{2-}이온의 개수를 구하시오.(단, 아보가드로수 = 6.02×10^{23})

$$H^+\text{의 이온의 개수} = 8\times6.02\times10^{23}\text{개}$$

[예제] 500mL 수용액에 NaOH 40mg이 녹아 있을 때 이 수용액의 ppm과 %농도와 M농도, N농도를 구하시오.

[풀이]

$$\frac{40mg}{500mL} = \frac{80mg}{1L} = 80ppm, \frac{40mg}{500g} \times 100\% = 0.008\%$$

$$\frac{\frac{80mg}{40g}mol}{1L} = 0.002M = 0.002N$$

[예제] 어느 폐수 중 유해물질이 2μg/L존재한다. 이것을 ppm(mg/L)로 환산하면 얼마가 되는가?

[풀이]

$$\frac{2\mu g}{L} = \frac{2\times10^{-6}g}{L} = \frac{2\times10^{-3}mg}{L} = 2\times10^{-3}ppm$$

[예제] 질량으로 36.5%의 HCl을 포함하고 있는 수용액(1,000g)의 몰농도는? (단, 용액의 밀도는 $1.30g/cm^3$이다.)

[풀이]

$$\text{용액 1,000g에 녹아 있는 HCl의 몰수} = \frac{1,000\times0.365g}{36.5g} = 10mol$$

용액 1,000g의 부피는 $\frac{1,000}{1.3}$mL이다.

$$\text{몰농도} = \frac{10\text{mol}}{\frac{1,000}{1.3}\text{mL}} = \frac{10\text{mol}}{\frac{1,000}{1.3} \times 10^{-3}\text{L}} = 13\text{M}$$

[예제] NaOH 130g을 4.0L에 녹였을 때, 몰농도와 노말농도를 구하시오.

[풀이]

$$\frac{\frac{130\text{g}}{40\text{g}}\text{mol}}{4.0\text{L}} = \frac{130\text{mol}}{40 \times 4.0\text{L}} = 0.81\text{M} = 0.81\text{N}$$

[예제] 2M-$H_2SO_4$100mL속의 H_2SO_4의 당량수는?

[풀이]

$$\frac{2\text{mol}}{\text{L}} \times \frac{2\text{당량}}{\text{mol}} \times 0.1\text{L} = 0.4\text{당량}$$

5. 화학반응

5-1. 화학평형

1) 반응속도

화학반응의 빠르고 느린 정도를 의미하며 다음의 식으로 정의할 수 있다.

화학반응의 속도 = 반응 물질의 몰 농도 감소량/반응 시간
= 생성 물질의 몰 농도 증가량/반응 시간
= 몰 농도의 변화/시간의 변화

여기서 화학반응의 속도단위는 mol/(L · sec), mol/(L · min) 등이 있다.

온도가 일정할 때 반응 속도는 반응 물질의 몰 농도의 곱에 비례한다. 즉, 농도가 증가하면 반응물질의 충돌횟수가 증가하게 되어서 반응속도가 빨라지게 되는 것이다. 예를 들어, A와 B가 반응하여 C와 D가 생성되는 반응에서의 반응 속도는 다음과 같이 구해진다.

$$aA + bB \rightarrow cC + dD$$

$$\text{반응 속도}(n) = k\,[A]^m[B]^n$$

여기서, [A]: A의 몰 농도, [B] : B의 몰 농도,
m : A에 대한 반응 차수, n :B에 대한 반응 차수
k : 반응 속도 상수

를 의미한다.

반응차수는 실험적으로 구할 수 있으며, 반드시 정수가 아니고 분수나 "0"이 될 수 있다.

2) 화학평형

가역반응에서 정반응 속도와 역반응 속도가 같아져 반응이 정지된 것처럼 보이는 상태를 말한다.

$$aA + bB \underset{v_2}{\overset{v_1}{\rightleftarrows}} cC + dD$$

여기서 $v_1 = v_2$이다.

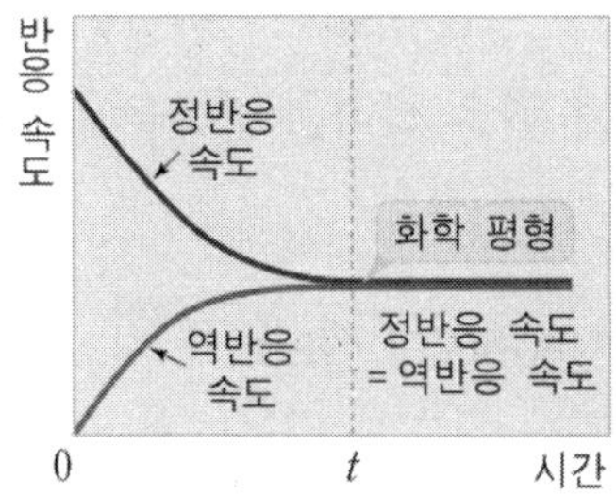

〈그림 2-4〉 화학평형

3) 화학평형의 법칙

화학평형의 법칙이란 "일정한 온도에서 화학 반응이 평형상태를 이루고 있을 때 반응 물질의 농도 곱과 생성물질의 농도 곱의 비는 항상 일정하다"를 의미한다.

A와 B가 반응하여 C와 D가 생성되는 반응이 평형 상태일 때 평형 상수식은 다음과 같이 정의된다.

$$aA + bB \rightleftarrows cC + dD$$

$$\text{평형상수} = K = \frac{[C]^c[D]^d}{[A]^a[B]^b}$$

여기서 K : 평형 상수

[A], [B], [C], [D] : 평형상태에서 각 물질의 몰 농도를 나타낸다.

평형상수는 일정한 온도에서 항상 일정한 값을 가지며 두 가지 이상 상태가 다른 물질들이 평형을 이룰 때는 평형 상수식에서 순수한 고체나 용매로 사용된 액체는 생략한다. 예를 들면 아래식에서 CaO와 $CaCO_3$는 고체이므로 생략한다.

$$CaO(s) + CO_2(g) \rightleftarrows CaCO_3(s)$$

$$K_1 = [CaCO_3]/[CaO][CO_2] \Rightarrow K_1 = 1/[CO_2]$$

그리고 평형 상수(K) 가 크다는 의미는 반응물질의 농도가 생성물질의 농도보다 작고, 평형 상수(K)가 작은 의미는 반응물질 농도가 생성물질보다 크다는 의미이다.

4) 평형이동의 법칙(르샤틀리에의 원리)

평형상태에 있는 화학반응이 반응의 조건(농도, 온도, 압력 등)이 변하면, 그 변화를 감소시키려는 방향으로 반응이 진행되어 새로운 평형상태에 도달한다.

(1) 농도와 평형이동

온도가 일정한 상태에서, 반응물질과 생성물질의 반응이 평형상태에 있을 때 반응물질(또는 생성물질)의 농도 증가하면 농도를 감소시키는 방향으로 평형이동한다. 그 반대로 반응물질(또는 생성물질)의 농도 감소하면 농도를 증가시키는 방향으로 평형이동한다. 예를 들면,

$$H_2(g)+I_2(g) \rightleftarrows 2HI(g)$$

에서 반응 물질인 H_2 첨가하면, $[H_2]$를 감소시키는 방향으로 평형이동이 일어나므로 위의 반응식은 오른쪽으로 평형이동한다(정반응 방향).

(2) 이온의 첨가와 평형이동

$$CH_3COOH(aq) \rightleftarrows CH_3COO^-(aq) + H^+(aq)$$

위의 반응에서 CH_3COONa를 첨가하면, CH_3COO^-농도가 증가하므로 CH_3COO^-이 감소하는 방향으로 평형이동이 일어난다(역반응방향). 그리고 NaOH를 첨가하면

$$NaOH(aq) \rightarrow Na^+ + OH^-$$

반응에 의해 발생한 OH^-가 H^+와 중화 반응하므로 결과적으로 H^+농도 감소하므로 H^+이 증가하는 방향으로 평형이동이 일어난다(정반응방향).

5-2. 산과 염기의 반응

1) 산과 염기

수용액에서 수소이온(H^+)을 내놓는 물질을 산, 수용액에서 수산이온(OH^-)을 내놓는 물질을 염기라고 한다.

(1) 주요 산의 종류

가. 염산(HCl)은 염화수소 기체를 물에 녹인 수용액, 자극적인 냄새가 나는 무색의 휘발성 산이다.

나. 황산(H_2SO_4)은 진한 황산과 묽은 황산이 있는데, 진한 황산은 물보다 무겁고 점성이 크며, 냄새가 없는 무색의 비휘발성 산이고 농도가 98% 정도로 물이 거의 없어 H^+을 내놓지 못하므로 산성을 띠지 않는다. 또한 진한 황산은 탈수 작용을 하며, 흡습성이 있어서 건조제로 사용한다. 묽은 황산은 진한 황산과 달리 탈수 작용과 흡습성이 없다. 그리고 강한 산성이며 금속과 반응하여 수소 기체를 발생한다. 묽은 황산은 많은 양의 물에 진한 황산을 조금씩 넣어 만들며, 이때 많은 열이 발생한다.

다. 질산(HNO_3)은 자극적인 냄새가 나는 휘발성 산으로서 대부분의 금속과 반응하여 수소(H_2) 이외에도 NO, NO_3 발생한다. 열이나 빛에 의하여 분해되므로 갈색병에 넣어 차고 어두운 곳에 보관해야 한다.

라. 아세트산(CH_3COOH)은 자극적인 냄새가 나는 무색의 휘발성 산이며, 식초는 3 - 5%의 아세트산 수용액이다. 순수한 아세트산은 17℃ 이하의 온도에서 고체 상태로 존재(빙초산)한다.

마. 탄산(H_2CO_3)은 이산화탄소(CO_2)를 물에 녹여 만든 산으로서 석회동굴

이 만들어지는 원인이 되는 물질이며, 청량음료 제작에 사용된다.

(2) 주요 염기의 종류

가. 수산화나트륨(NaOH)은 반투명한 흰색 고체로서 공기 중의 수분을 흡수하여 스스로 녹는 조해성이 있다. 공기 중의 이산화탄소와 반응하여 탄산나트륨(Na_2CO_3)을 만든다.

나. 수산화칼슘($Ca(OH)_2$)은 흰색 고체로서 물에 녹지 않지만 이온화가 잘 되므로 강한 염기성을 나타낸다. 산화칼슘 포화 수용액인 석회수는 이산화탄소와 반응하여 흰색 앙금인 탄산칼슘($CaCO_3$)을 생성하므로 이산화탄소의 검출에 사용한다.

다. 암모니아(NH_3)는 자극적인 냄새가 나는 무색의 휘발성 기체로서 물에 잘 녹아 OH^-을 생성하여 염기성을 나타내며 염화수소와 반응하여 염화암모늄의 연기를 생성한다.

(3) 산과 염기의 정의

가. 아레니우스(Arrhenius)의 정의

수용액이 이온화되어 수소이온(H^+)을 방출하는 물질을 산이라고 하고 수용액이 이온화되어 수산화 이온(OH^-)을 방출하는 물질을 염기라고 한다.

산의 예) HCl, HNO_3, H_2SO_4, H_3PO_4, CH_3COOH

염기의 예) NaOH, KOH, $Ca(OH)_2$, $Mg(OH)_2$

아레니우스(Arrhenius)의 정의의 한계는 H^+나 OH^-을 생성할 수 없는 물질, 또는 수용액이 아닌 경우에 일어나는 산과 염기의 설명이 곤란하다.

예) $HCl(g) + NH_3(g) \rightarrow NH_4Cl(s)$이는 산과 염기의 반응이나 기체 상태에서 일어나는 반응이므로 HCl과 NH_3가 각각 산과 염기로 작용하는 것을 설명할 수 없다.

나. 브뢴스테드-로우리(Broensted-Lowry)의 정의

양성자(H^+)를 내놓는 분자 또는 이온, 즉 양성자 공여체(proton doner)를 산이라고 한다. 그리고 양성자(H^+)를 받아들일 수 있는 분자 또는 이온 즉, 양성자 수용체(proton accepter)를 염기라 한다.

$$HCl(\text{산}) + H_2O(\text{염기}) \rightleftarrows Cl^-(\text{염기}) + H_3O^+(\text{산})$$

다. 루이스(G. N. Lewis)의 정의

다른 물질의 전자쌍을 받아들이는 물질 즉, 전자쌍 수용체를 산이라고 한다. 그리고 다른 물질에게 전자쌍을 내놓는 물질 즉, 전자쌍 공여체를 염기라 한다.

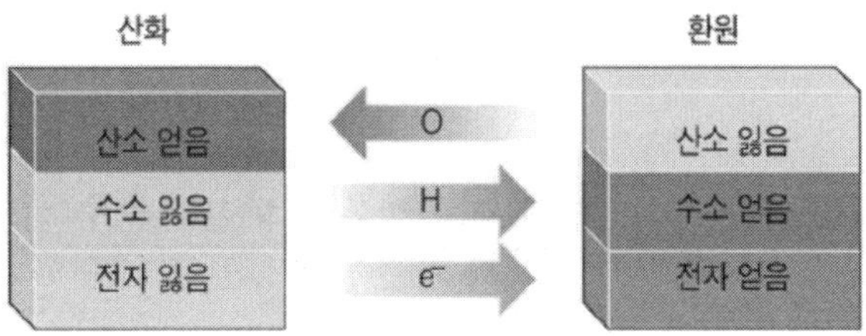

〈그림 2-5〉 산화와 환원

〈표 2-5〉 산화 환원의 반응

산 화	환 원
전자를 주는 것 산화수 증가 산소와 화합하는 현상 수소를 잃는 현상	전자를 얻는 것 산화수 감소 산소를 잃는 현상 수소와 화합하는 현상

〈표 2-6〉 산화제와 환원제

산화제	환원제
상대방으로부터 전자를 뺏음 자신은 환원됨 상대방을 산화시킴	상대방에게 전자를 줌 자신은 산화됨 상대방을 환원시킴

F_3B(산) + NH_3(염기: 비공유전자쌍을 내놓음) ⇄ F_3B-NH_3(배위결합)
※개념의 범위: 루이스의 정의〉브뢴스테드-로우리의 정의〉아레니우스의 정의

(4) 산과 염기의 세기

이온화도는 산, 염기의 종류 및 온도와 농도에 따라 상이한데, 온도가 높을수록, 농도가 묽을수록 이온화도 증대한다. 이온화도가 클수록 산과 염기의 세기는 강해진다.

여기서 이온화도란 다음과 같이 정의된다.

$$\text{이온화도}(\alpha) = \frac{\text{이온화된 전해질의 몰수}}{\text{용해된 전해질의 총 몰수}}$$

$$\text{여기서 } (0 < \alpha \leq 1)$$

(5) 이온화 상수

산의 이온화 상수(K_α)란 수용액에서 산이 이온화 평형상태에 있을 때의 평형 상수를 말한다.

$$HA + H_2O \rightleftarrows H_3O^+ + A^-$$

위의 식과 같이 산 HA는 물에 녹아 이온화되어 평형상태에 있을 때,

$$\text{평형 상수는 } K = \frac{[H_3O^+][A^-]}{[HA][H_2O]}$$

가 되는데, 물의 농도는 거의 일정하므로 $[H_2O]$를 상수로 취급하고, $K[H_2O]=K_\alpha$라 하면

$$K_\alpha = K[H_2O] = \frac{[H_3O^+][A^-]}{[HA]}$$

의 관계가 성립한다. 이를 이온화 상수라 한다. 온도가 일정하면 농도에 관계없이 산이나 염기의 종류에 따라 이온화 상수가 항상 일정하다. 이온화 상수가 클수록 산과 염기의 세기가 강해지는데 이는 이온화 상수가 클수록 정반응이 우세하여 H^+나 OH^-가 많이 생기기 때문이다.

(6) 이온화도와 이온화 상수의 관계

약한 산 HA가 수용액에서 이온화되어 평형상태에 있을 때의 이온화도와 이온화 상수의 관계를 구해 보자.

$$HA \rightleftarrows H^+ + A^-$$

처음 농도 C mol/L(M)인 약한 산 HA가 수용액에서 이온화되어 평형상태로 되었을 때 HA, H^+, A^-의 농도는 각각 $C(1-\alpha)$, $C\alpha$, $C\alpha$가 된다.

이때, 이온화 상수는 다음과 같이 구해진다.

$$K_\alpha = \frac{[H^+][A^-]}{[HA]} = \frac{(C\alpha)^2}{C(1-\alpha)} = \frac{C\alpha^2}{1-\alpha}$$

그런데 약한 산은 α가 매우 작으므로 $1-\alpha \fallingdotseq 1$이라고 가정하면 이온화상수는 다음과 같이 나타낼 수 있다.

$$K_\alpha = C\alpha^2, \qquad \alpha = \sqrt{\frac{K_\alpha}{C}}$$

평형상태에서 H^+농도는 다음과 같이 구할 수 있다.

$$[H^+] = C\alpha = \sqrt{K_\alpha C}$$

강한 산의 경우 $\alpha \fallingdotseq 1$이므로 $[H^+] = C$가 된다.

(7) 용해도적(용해도곱)

용해도적은 포화용액에서 염을 구성하는 양이온과 음이온의 농도를 곱한 값을 말하며 K_{sp}로 나타낸다. 즉 아래 용액과 같은 포화용액의 화학반응식에서

$$A_mB_n \rightleftarrows mA^+ + nB^+$$

여기서 용해도적은 다음과 같이 나타낸다.

$$K_{sp} = (A^+\text{의 농도})^m \times (B^+\text{의 농도})^n$$

여기서

$K_{sp} = [A^+]^m[B^+]^n$: 포화상태
$K_{sp} < [A^+]^m[B^+]^n$: 과포화상태
$K_{sp} > [A^+]^m[B^+]^n$: 불포화상태

가 된다.

[예제] Ag_2SO_4의 몰용해도는 1.5×10^{-2}mol/L이다. 이 염의 용해도적(K_{sp})를 구하시오.

[풀이]

$$Ag_2SO_4 \rightleftarrows 2Ag^+ + SO_4^{-2}$$

SO_4^{-2}이온과 Ag^+이온은 1:2 결합이므로 SO_4^{-2}이온 1개 생성 시 Ag^+이온은 2개가 생성되므로 Ag^+의 농도는 3×10^{-2}mol/L가 된다. 따라서

$K_{sp} = [Ag^+]^2[SO_4^{-2}] = (3\times10^{-2})^2\times(1.5\times10^{-2}) = 1.35\times10^{-5}$

(8) 산과 염기의 가수

산이나 염기 1몰이 완전히 이온화될 때 내놓을 수 있는 H^+ 또는 OH^-의 몰수를 가수라고 한다. 산 1몰이 이온화되어 내놓는 H^+가 1몰, 2몰, 3몰일 때 각각 1가 산, 2가 산, 3가 산이라 한다. 그리고 염기 1몰이 이온화되어 내놓는 OH^-가 1몰, 2몰, 3몰일 때 각각 1가 염기 2가 염기, 3가 염기라 한다.

예) :

산	예	염기	예
1가산	HCl, HNO_3	1가 염기	$NaOH$, KOH
2가산	H_2SO_4, H_2CO_3	2가 염기	$Ca(OH)_2$, $Ba(OH)_2$
3가산	H_3PO_4	3가 염기	$Al(OH)_3$

(9) 산과 염기의 성질

산의 묽은 수용액은 신맛이 나며, 물에 녹으면 전해질이 된다. 산은 대부분의 금속과 반응하여 수소기체를 발생시킨다. 또한, 염기와 반응하여 염과 물을 발생시키며 파란색의 리트머스 종이를 빨간색으로 변화시킨다.

염기는 산과 반대적인 성질을 띠는데 염기의 묽은 수용액은 쓴맛이 나며, 물

에 용해되어서 전해질로 변하며, 일부 금속과 반응하여 수소기체를 발생시킨다. 또한 산과 반응하여 염과 물을 발생시키며, 빨간 리트머스 종이를 파란색으로 변화시킨다. 그리고 피부에 닿으면 미끈거리는 특성이 있다.

2) 중화반응

(1) 수소이온농도

$$H_2O(\ell) \rightleftarrows H^+(aq) + OH^-(aq)$$

순수한 물에서 극히 일부분의 물 분자들끼리 서로 수소이온을 주고받아 H^+과 OH^-로 이온화되는 데, 물이 이온화하여 평형상태를 이룰 때의 평형상수는 다음과 같이 구할 수 있다.

$$\text{정반응속도}\quad V_1 = K_1[H_2O]$$
$$\text{역반응속도}\quad V_2 = K_2[H^+][OH^-]$$

평형상태에서 $V_1 = V_2$이므로 $K_1[H_2O] = K_2[H^+][OH^-]$의 관계식이 성립한다.

$$\therefore \text{ 물의 평형상수, } K = \frac{K_1}{K_2} = \frac{[H^+][OH^-]}{H_2O}$$

그런데 $[H_2O]$의 농도는 $[H^+]$, $[OH^-]$이온 농도에 비해 매우 큰 값이므로 변화없는 상수로 처리하여도 무방하다.

$$\therefore \text{물의 이온화상수} = K_W = [H^+][OH^-]$$

물의 이온화 과정이 흡열반응이므로 K_w는 온도가 높을수록 커진다. 25℃의 순수한 물의 $K_w = [H^+][OH^-] = 1.00 \times 10^{-14}$로 일정한 값을 갖는다.

25℃에서 수용액의 K_w값은 일정하므로 산을 가하여 용액 중의 H^+농도가 증가하면 OH^-의 농도는 감소하여 $[H^+] > [OH^-]$되므로 수용액은 아래 식과 같이 산성이 되고,

$$[H^+] > 1.0 \times 10^{-7}M > [OH^-]$$

염기를 가하여 용액 중의 OH^-농도가 증가하면 H^+의 농도는 감소하여 $[H^+] < [OH^-]$되므로 수용액은 아래와 같이 염기성이 된다.

$$[H^+] < 1.0 \times 10^{-7}M < [OH^-]$$

(2) pH

수용액 속의 $[H^+]$의 역수에 대한 상용로그 값을 아래에 보인 바와 같이 수소이온지수라고 하고 pH로 나타낸다.

$$pH = \log(1/[H^+]) = -\log[H^+]$$
$$[H^+] = 10^{-pH}$$

(3) pOH

수용액 속의 $[OH^-]$의 역수에 대한 상용로그 값을 pOH로 나타내고 다음과 같이 정의한다.

$$pOH = \log(1/[OH^-]) = -\log[OH^-]$$
$$[OH^-] = 10^{-pOH}$$

(4) pH와 pOH의 관계

$$pOH + pH = 14$$

[예제] $[H^+]=1.0\times10^{-9}M$인 용액의 pH와 pOH를 구하라.

[풀이]

$pH = -\log[H^+] = -\log(1.0\times10^{-9}) = 9$

$pOH = 14 - pH = 5$

[예제] pH = 3일 때 $[H^+]$와 $[OH^-]$를 구하라.

[풀이]

$[H^+] = 10^{-pH} = 10^{-3}M$

$pOH = 14 - pH = 14 - 3 = 11$이므로

$[OH^-] = 10^{-pOH} = 10^{-11}M$

[예제] 25℃에서 0.1M $Ca(OH)_2$수용액의 pH는 얼마인가? 단, $Ca(OH)_2$의 이온화도는 1이다.

[풀이]

$Ca(OH)_2$는 2가 염기이므로 1mol이 이온화되어 OH^-2mol을 내놓기 때문에, $[OH^-]$의 농도는 다음과 같다.

$[OH^-] = 0.1\times2 = 0.2M$

$pOH = -\log[OH^-] = -\log0.2 = 1-\log2 = 0.7$

$pH = 14 - 0.7 = 13.3$

[예제] 물 500mL에 $Ca(OH)_2$ 185mg을 용해시킨 용액의 pH는 얼마인가?(단, $Ca(OH)_2$는 완전해리하고 Ca의 원자량=40으로 한다)

[풀이]

물 1L에 용해되어 있는 $Ca(OH)_2$는 185×2=370mg이므로 OH^-의 농도는 $\frac{370\times10^{-3}\times2}{74}$M가 되므로 pOH는 다음과 같다.

$$pOH = -\log\left(\frac{370 \times 10^{-3} \times 2}{74}\right)$$
$$\therefore pH = 14 - pOH = 12$$

(5) 25℃에서 수용액의 성질과 pH

산성 용액에서 : $pH < 7 < pOH$

중성 용액에서 : $pH = 7 = pOH$

염기성 용액에서 : $pH > 7 > pOH$

그리고 온도가 달라질 때, 즉, 25℃ 중성 상태의 pH는 7이나, 온도가 높아지면 H^+의 농도가 증가하여 pH는 7보다 작아지고, 온도가 낮아지면 H^+의 농도가 감소하므로 pH는 7보다 커진다.

(6) 중화적정

산과 염기가 반응하여 물과 염이 생성되는 반응을 중화반응이라고 하며, 알짜 이온 반응식은 아래와 같이 산의 H^+와 염기의 OH^-이 반응하여 물이 생성되는 반응식이 된다.

$$H^+(aq) + OH^-(aq) \rightarrow H_2O(\ell)$$

산과 염기가 완전히 중화하려면 산과 염기가 내 놓는 H^+와 OH^-의 몰수가 같아야 하며 이 때 혼합액은 중성이 된다. 농도가 M_1(mol/L)인 n_1가의 산 V_1(L)과 농도가 M_2(mol/L)인 n_2가의 염기 V_2(L)가 혼합하여 중화되기 위해서는 산 용액 속에 들어 있는 H^+의 몰수인 $n_1M_1V_1$과 염기 용액 속에 들어 있는 OH^-의 몰수는 $n_2M_2V_2$와 같아야 한다.

중화: 산의 H^+의 몰수 = 염기의 OH^-의 몰수

$$n_1M_1V_1 = n_2M_2V_2 \text{ 또는 } N_1V_1 = N_2V_2$$

여기서 n_1, n_2 : 산, 염기의 가수, M_1, M_2 : 산, 염기의 몰농도, V_1, V_2 : 산, 염기의 부피, N_1, N_2 : 산, 염기의 규정농도를 의미한다.

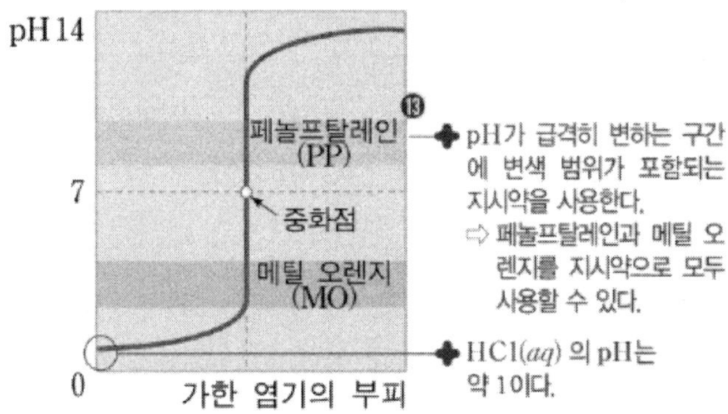

〈그림 2-6〉 강산과 강염기의 중화적정곡선

[예제] 어떤 H_2SO_4수용액 20mL에 0.2M NaOH수용액 20mL를 적정하여 완전히 중화되었다. 이때 H_2SO_4수용액의 농도를 구하라.

[풀이]

H_2SO_4는 2가의 산이므로 1몰의 H_2SO_4은 2몰의 H^+이온을 방출한다($n_1 = 2$). NaOH는 1가의 염기이므로 1몰의 NaOH는 1몰의 OH^-방출($n_2 = 1$)

중화반응의 양적 관계 $n_1M_1V = n_2M_2V_2$에서,

$$2 \times M_1 \times 20mL \;=\; 1 \times 0.2M \times 20mL,\; M_1 = 4/40 = 0.1M$$

가 된다. ∴ H_2SO_4수용액의 농도는 0.1M이다.

(7) $[H^+]$의 mol수와 $[OH^-]$의 mol수가 다른 경우의 화학반응

가. 산과 산의 용액을 혼합한 경우

N_1규정 농도의 산의 용액 V_1과 N_2 규정 농도의 산의 용액 V_2를 혼합한 용액의 규정농도를 구하는 경우, 혼합한 용액의 H^+의 mol수는 $(N_1V_1+N_2V_2)$가 되고 용액의 부피는 (V_1+V_2)가 되므로 혼합용액의 규정농도 N과의 관계는

다음과 같다.

혼합전의 H^+의 몰수=$(N_1V_1+N_2V_2)$=혼합후의 H^+의 몰수=$N(V_1+V_2)$

$$\therefore N = \frac{N_1V_1 + N_2V_2}{V_1 + V_2}$$

나. 염기과 염기의 용액을 혼합한 경우

N_1규정 농도의 염기의 용액 V_1과 N_2규정 농도의 염기의 용액V_2를 혼합한 용액의 규정농도를 구하는 경우, 혼합한 용액의 OH^+의 mol수는 $(N_1V_1+N_2V_2)$가 되고 용액의 부피는 (V_1+V_2)가 되므로 혼합용액의 규정농도 N과의 관계는 다음과 같다.

혼합전의 OH^+의 몰수=$(N_1V_1+N_2V_2)$=혼합후의 OH^+의 몰수=$N(V_1+V_2)$

$$\therefore N = \frac{N_1V_1 + N_2V_2}{V_1 + V_2}$$

다. 산과 염기의 용액을 혼합한 경우

N_1규정 농도의 산의 용액V_1과 N_2규정 농도의 염기의 용액V_2를 혼합한 용액의 규정농도를 구하는 경우, 산의 용액의 mol수가 염기의 용액의 mol수보다 클 때는, 혼합한 용액의 H^+의 mol수는 $(N_1V_1-N_2V_2)$가 되고 용액의 부피는 (V_1+V_2)가 되므로 혼합용액의 규정농도 N과의 관계는 다음과 같다.

적정전의 H^+의 mol수 - 적정전의 OH^-의 mol수 =$(N_1V_1-N_2V_2)$
=혼합후의 H^+의 몰수=$N(V_1+V_2)$

$$\therefore N = \frac{N_1V_1 - N_2V_2}{V_1 + V_2}$$

그리고 산의 용액의 mol수가 염기의 용액의 mol수보다 작을 때는

$$N = \frac{N_2V_2 - N_1V_1}{V_1 + V_2}$$

가 된다.

[예제] 0.02M H_2SO_4용액의 pH를 구하라.

[풀이]
강산이며 2가이므로 1L당 0.02×2＝0.04mol의 수소이온을 방출한다.
∴ $pH = -\log[H^+] = -\log(0.04) = 1.4$

[예제] 0.02M HCl용액의 pH를 구하라.

[풀이]
강산이며 1가이므로 1L당 0.02×1＝0.02mol의 수소이온을 방출한다.
∴ $pH = -\log[H^+] = -\log(0.02) = 1.7$

[예제] 148mg/L의 $Ca(OH)_2$용액의 pH를 구하라.

[풀이]
강염이며 2가이므로 1L당 $(148\times10^{-3}/74)\times2$mol의 OH^{-1}이온을 방출한다.
$pOH = -\log[OH^-] = -\log[(148\times10^{-3}/74)\times2] = 2.4$
∴ $pH = 14 - pOH = 14 - 2.4 = 11.6$

[예제] 10^{-3}M의 HCl 용액 3L와 10^{-4}M의 $Ca(OH)_2$용액 2L를 혼합하였을 때, 혼합 후의 pH를 구하라.

[풀이]
각각 강산 및 강염, 1가 및 2가 용액이다. HCl는 $10^{-3}\times3$mol의 H^+이온을, $Ca(OH)_2$ 용액은 $10^{-4}\times2\times2$mol의 OH^-이온을 방출한다.
OH^-이온의 양이 H^+이온의 양보다 적으므로 OH^-이온은 중화하여 사라지고

$(10^{-3}\times3mol - 10^{-4}\times2\times2mol)$만큼 H^+이온이 5L에 녹아 있게 되므로 pH는 다음과 같이 구할 수 있다.

$$\therefore pH = -\log\left(\frac{10^{-3}\times3-10^{-4}\times2\times2}{5}\right) = 3.3$$

[예제] HCl 400mg이 녹아 있는 용액 1L에 1M의 $Ca(OH)_2$용액 2mL를 넣으면 pH는 얼마가 되는가?

[풀이]

$$pH = -\log\left(\frac{\frac{0.4}{36.5}-2\times0.002}{1+0.002}\right) = 2.16$$

5-3. 완충용액

1) 정의

완충용액(buffer solution)이란 일반적으로 H^+이나 OH^-를 가해도 일정한 양까지는 그 용액의 수소 이온 농도(pH)가 크게 변하지 않는 용액을 말한다. 완충용액은 약산과 그 짝염기 또는 약염기와 그 짝산으로 구성된 용액으로, 각각 약간의 강산이나 강염기가 첨가되어도 용액의 pH 변화가 거의 없게 된다. 여기서 짝염기이란 산의 음이온, 즉 산에서 양성자(H^+)가 제거되고 남은 물질을 말하고, 짝산이란 염기의 양이온, 즉 염기에 양성자(H^+)가 결합되어 생긴 물질을 말한다. CH_3COOH의 예를 들어 설명하면 다음과 같다.

$$CH_3COOH(aq) + H_2O(\ell) \rightleftarrows CH_3COO^-(aq) + H_3O^+(aq)$$

여기서, CH_3COOH의 짝염기는 CH_3COO^-이고 H_2O의 짝산을 H_3O^+라 한다.

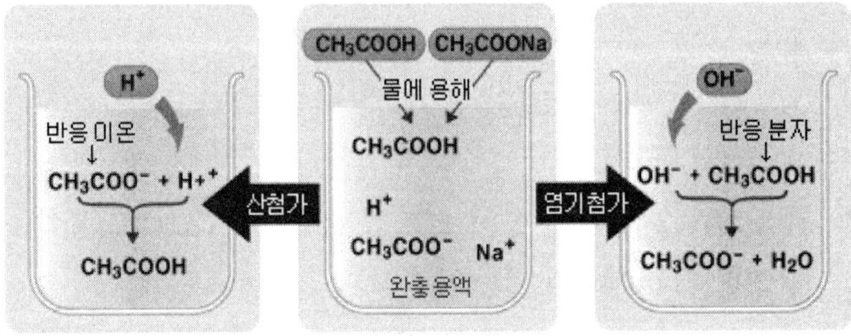

〈그림 2-7〉 CH_3COOH와 CH_3COONa를 혼합한 완충용액

2) 완충의 원리

(1) 완충용액의 제작

가장 간단한 CH_3COOH와 CH_3COONa를 혼합한 완충용액을 고려해 보자. 아세트산과 아세트산나트륨은 수용액에서 다음과 같이 해리 및 가수분해 된다. 여기서 CH_3COOH는 약산이므로 일부만 해리되고 CH_3COONa는 거의 완전히 가수분해된다.

$$CH_3COOH(aq) \rightleftarrows H^+(aq) + CH_3COO\text{-}(aq) \quad : \text{해리 (a)}$$
$$CH_3COONa(aq) \rightleftarrows Na^+(aq) + CH_3COO\text{-}(aq) \quad : \text{가수분해 (b)}$$

즉, 식(a)에서 해리에 의해 CH_3COOH의 농도는 감소하게 되고, CH_3COO^- 농도는 증가하게 된다. 그러나 약산이므로 그 크기는 매우 작다고 할 수 있다. 그리고 식(b)에서 가수분해에 의해 CH_3COO^-의 농도는 증가하게 된다. 여기서 일부 CH_3COO^-는 다음 식에 의해 새로운 평형상태로 이동하나 그 양은 무시할 만큼 작다.

$$H_2O(\ell) + CH_3COO^-(aq) \rightleftarrows CH_3COOH(aq) + OH^-$$

즉, CH_3COONa의 농도는 CH_3COO^-농도와 거의 같다고 보아도 된다. 최종적으로 평형상태에서의 완충용액의 농도는 다음과 같이 된다.

[CH_3COOH의 평형농도] = [해리 및 가수분해 이전의 CH_3COOH농도]
+ [가수분해에 의한 OH^-농도]
- [해리에 의한 H^+농도]
≒ [해리 및 가수분해 이전의 CH_3COOH농도]

[CH_3COO^-의 평형농도] = [해리 및 가수분해 이전의 CH_3COONa농도]
- [가수분해에 의한 OH^-농도]
+ [해리에 의한 H^+농도]
≒ [해리 및 가수분해 이전의 CH_3COONa농도]

결국, 약산과 그 짝염기의 혼합에 의해 CH_3COO^-이온이 많아지는 상태로 화학평형에 도달하게 된다.

이러한 완충용액의 주된 이온화 평형식은 다음과 같다.

$$CH_3COOH(aq) \rightleftarrows CH_3COO^-(aq) + H^+(aq)$$

아세트산의 이온화 상수는 다음과 같다.

$$K_a = \frac{[H^+][CH_3COO^-]}{CH_3COOH}$$

$$[H^+] = \frac{K_a[CH_3COOH]}{[CH_3COO^-]}$$

양변에 -log를 취한다.

$$-\log[H^+] = -\log K_a - \log\frac{CH_3COOH}{CH_3COO^-}$$

$$pH = pK_a + \log\frac{CH_3COO^-}{CH_3COOH}$$

즉, 여기서 K_a, pK_a는 해리상수로서 아세트산의 경우 각각 1.8×10^{-5}, 4.75이고 위 식을 Henderson-Hasselbalch식이라 한다.

(2) 완충용액의 원리

완충용액에 산을 넣어서 용액 속에 H^+가 증가했을 때는 위의 화학평형식에서 공통이온의 효과에 의해 평형이 역방향으로 이동하여 증가된 대부분의 H^+이온이 CH_3COO^-와 반응하여 CH_3COOH가 되므로 pH의 변화는 거의 없다.

그리고 완충용액에 염기를 넣어서 용액 속에 OH^-가 증가했을 때는 위의 화학평형식에서 OH^-이온이 H^+이온과 중화되어 소모되어 평형이 정방향으로 이동하여 pH의 변화는 거의 없다.

[예제] 0.280M CH_3COOH 0.5L와 0.200M CH_3COONa 0.5L를 혼합하여 이루어진 완충용액의 pH는 얼마인가?

[풀이]
혼합 후 평형상태에서 CH_3COOH와 CH_3COO^-의 농도는 각각 0.140M, 0.100M이 되므로 pH는 다음과 같다.

$$pH = pK_a + \log\frac{[CH_3COO^-]}{[CH_3COOH]}$$

$$\therefore pH = 4.75 + \log\frac{0.100}{0.140} = 4.60$$

[예제] 위 예제의 완충용액에 2.0M HCl 10mL를 첨가했을 때 pH값은 얼마로 바뀌는가?

[풀이]
염산을 첨가했을 때 H^+이온은 CH_3COO^-와 반응하여 CH_3COOH을 생성한다.

$$[CH_3COOH] = \frac{0.14\frac{mol}{L} \times 1.0L + 2.0\frac{mol}{L} \times 0.01L}{1.0L + 0.01L} = 0.158M$$

$$[CH_3COO^-] = \frac{0.10\frac{mol}{L} \times 1.0L - 2.0\frac{mol}{L} \times 0.01L}{1.0L + 0.01L} = 0.079M$$

pH값의 변화가 거의 없음을 알 수 있다.

6. 반응조

하수처리 공정은 물리적, 화학적 및 생물학적 공정의 조합으로 이루어져 있다. 이러한 공정들로 구현되는 수질의 오염처리는 소위 '반응조'라는 용기 또는 탱크 내에서 이루어진다.

여기서는 수질오염처리에서 기본적으로 사용되는 반응조의 종류와 반응조의 거동을 수학적으로 표현하는 '반응식'에 대해 기술하고자 한다.

6-1. 반응조의 형태

수질오염처리에서 기본적으로 사용되는 반응조에는 회분식 반응조(Batch Reactor), 플러그흐름 반응조(Plug Flow Reactor), 완전혼합 반응조(Continuous-Flow stirred Tank Reactor) 등이 있다.

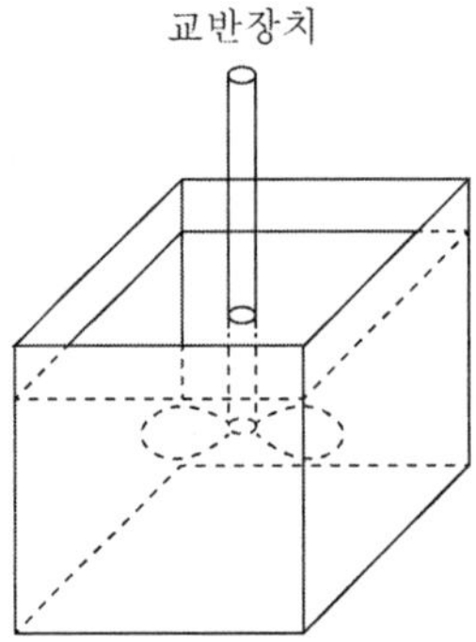

(a) 회분식 반응조

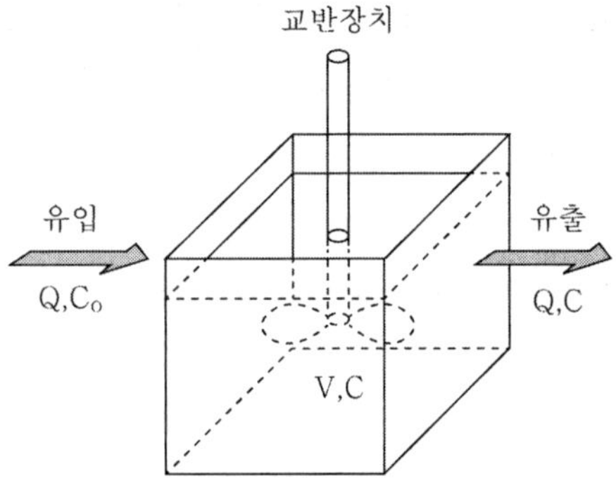

(b) 완전혼합 반응조

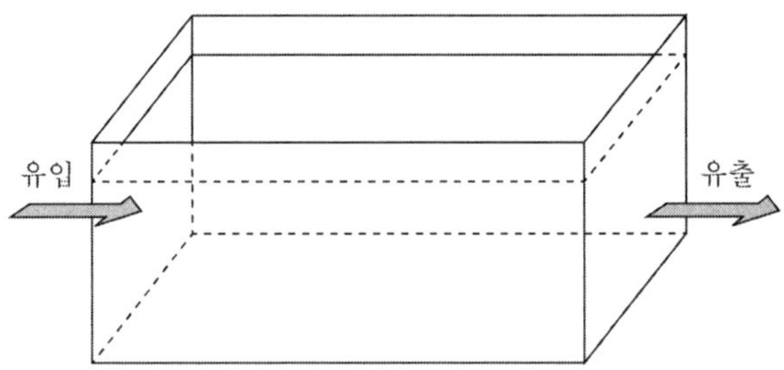

(c) 개방형 플러그흐름 반응조

(d) 폐쇄형 플러그흐름 반응조

〈그림 2-8〉 반응조의 형태

1) 회분식 반응조(Batch Reactor)

회분식 반응조는 반응과정 중에 유입과 유출이 없이 반응하여 반응완료 후 한꺼번에 배출되는 반응조를 말한다. 반응조에서의 반응물은 완전 혼합되고 시간이 경과함에 따라 반응물의 농도와 양이 감소한다. 이 반응조는 주로 농축물질들을 희석하거나 화학물질들을 배합할 때 사용한다. 이 반응조의 특징은 연속처리가 안 된다는 것이다. 회분식 반응조의 적용분야로서 순차적인 회분식 반응조에서의 활성슬러지의 생물학적 처리, 농축용액과 반응용액의 혼합 등이 있다.

2) 완전혼합 반응조(Continuous-Flow Stirred Tank Reactor: CFSTR)

완전혼합 반응조는 반응과정 중에 유입과 유출이 있으면서 반응조내에서 순간적으로 균일하게 완전한 혼합이 이루어지는 반응조를 말한다. 유입과 유출량이 같으므로 반응조 안에서는 반응물의 양은 변하지 않고 농도의 변화만 있게 된다. 이 반응조의 특징은 혼합을 위한 동력소모가 많게 된다. 그리고 오염물질이 유입되면 순간적으로 분산되기 때문에 미생물이 안정되게 분해할 수 있어 충격부하나 유독물질에 강하다고 할 수 있다. 완전혼합 반응조의 적용분야로서 포기조, 호기방식의 슬러지 소화 등이 있다.

3) 플러그흐름 반응조(Plug Flow Reactor: PFR)

플러그흐름 반응조 내의 유체가 길이의 방향으로 혼합이 거의 없고 폭의 방향으로 혼합이 있는 상태로 되고 유입된 순서대로 반응조로 유출되는 반응조를 말한다. 이러한 형태의 반응조에는 개방형인 개방형 플러그흐름 반응조(Plug Flow Open Reactor)와 폐쇄형인 폐쇄형 플러그흐름 반응조(Plug Flow Closed Reactor)가 있다. 플러그흐름 반응조의 예로서 표준 활성슬러지 공법이 있다. 플러그흐름 반응조의 적용분야로서 염소 접촉조, 자연적 정화 시스템 등이 있다.

6-2. 반응식

하수처리 공정에서 흔히 사용되는 반응조는 **완전혼합** 및 플러그흐름 반응조이다. 특히 완전혼합 반응조는 포기조, 호기방식의 슬러지 소화에 많이 사용된다.

반응조 내에서 유체(流體)가 혼합되는 정도를 표현하는 수치를 분산수(分散數;dispersion number)라고 한다. 분산수가 0이면 유수(流水)의 유속이 일정하고 수평으로 흐르는 플러그흐름의 상태를 의미한다. 그리고 이 수치가 무한대이면 이상적인 완전 혼합된 상태를 의미한다.

본 절에서는 완전혼합 반응조에 대한 수리적 특성을 모델링한다. 수리적 모델링에 의한 결과를 반응조에 체류할 실제의 시간과 반응조의 평균체류시간을 결정하는데 이용할 수 있다. 유입된 물질은 반응조 내에서 순간적으로 분산되는 것, 즉 분산수가 무한대인 완전히 혼합 상태인 것으로 가정한다. 그리고 "질량은 반응조 내에서 새로이 만들어지거나 소멸되지 아니 한다"라는 질량수지의 원리(질량보존의 법칙)를 적용한다.

1) 슬러그 주입(Slug Input)

슬러그 주입은 초기에 반응조의 농도가 C_0농도가 되도록 반응물질을 반응조 입구에 순간적으로 주입하는 것을 의미한다.

반응조에 있어서 질량수지의 원리에 의해 다음과 같은 식이 성립한다.

반응조 내의 반응물질의 양의 변화율 = 단위시간 당 반응조로 유입되는 반응물질의 양 - 반응조에서 유출되는 반응물질의 양

반응물질은 초기에만 주입되므로 이 문제는 경계치 문제에 해당되고 초기 이후에 유입되는 반응물질은 "0"이므로, 반응식은 다음과 같이 된다.

$$\frac{dC}{dt}V = 0 - QC$$

위의 식을 정리하면,

$$\frac{dC}{C} = -\frac{Q}{V}dt$$

이를 적분한다.

$$\int_{C_0}^{C}\frac{dC}{C}=-\int_{0}^{t}\frac{Q}{V}dt$$

$$\ln C=-\frac{Q}{V}t+C_1$$

정리하면,

$$C=e^{-\frac{Q}{V}t+C_1}$$

경계조건 즉, $t=0$일 때 $C=C_0$이므로, $e^{C_1}=C_0$이다.
따라서 구하는 식은 다음과 같다.

$$C=C_0e^{-\frac{Q}{V}t}=C_0e^{-\frac{t}{\tau}}$$

여기서,

C = 시간 t에서의 반응조의 농도
C_0 = 반응조의 초기농도
C_1 = 적분상수
t = 시간
Q = 유입, 유출의 유량
V = 반응조의 부피
τ = 이론적 체류시간($\frac{V}{Q}$)

순간적으로 혼합된 반응물질의 유출 농도의 변화는 다음 그림과 같다.

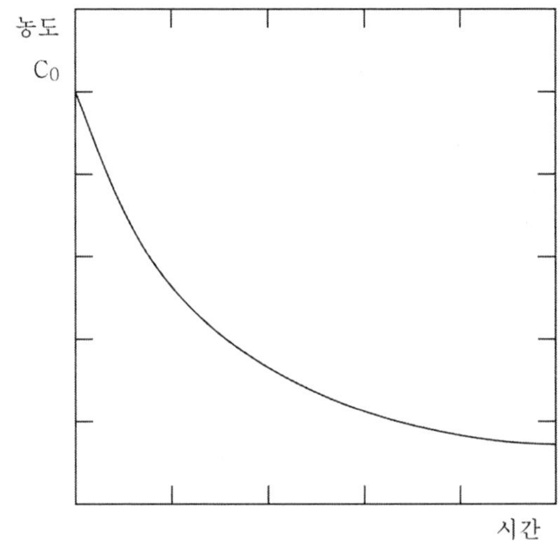

〈그림 2-9〉 완전혼합 반응조(슬러그 주입)

2) 연속적인 단계주입(Step Input)

(1) 초기농도 0인 반응조에 C_0농도의 반응물질을 연속적으로 주입하는 경우

슬러그 주입은 초기에 C_0농도의 반응물질을 반응조 입구에 연속적으로 일정한 양을 주입하는 것을 의미한다.

반응조에 있어서 질량수지의 원리에 의해 다음과 같은 식이 성립한다.

반응조 내의 반응물질의 양의 변화율 = 단위시간 당 반응조로 유입되는 반응물질의 양 - 반응조에서 유출되는 반응물질의 양

반응물질은 초기부터 C_0의 일정한 양으로 주입되므로 반응식은 다음과 같이 된다.

$$\frac{dC}{dt}V = QC_0 - QC$$

위의 식을 정리하면,

$$\frac{dC}{C_0 - C} = \frac{Q}{V}dt$$

이를 적분한다.

$$\int_0^C \frac{dC}{C_0 - C} = \int_0^t \frac{Q}{V}dt$$

$$-\ln(C_0 - C) = \frac{Q}{V}t + C_1$$

정리하면,

$$C - C_0 = e^{-\frac{Q}{V}t - C_1} = C_2 e^{-\frac{Q}{V}t}$$

경계조건 즉, $t = 0$일 때 $C = 0$이므로, $C_2 = -C_0$이다.
따라서 구하는 식은 다음과 같다.

$$C = C_0(1 - e^{-\frac{Q}{V}t}) = C_0(1 - e^{-\frac{t}{\tau}})$$

여기서,

C = 시간 t에서의 반응조의 농도
C_0 = 반응조의 입구에 주입하는 크기가 일정한 반응물의 농도
C_1 = 적분상수
C_2 = 상수
t = 시간
Q = 유입, 유출의 유량
V = 반응조의 부피

τ = 이론적 체류시간($\frac{V}{Q}$)

순간적으로 혼합된 반응물질의 유출 농도의 변화는 다음 그림과 같다.

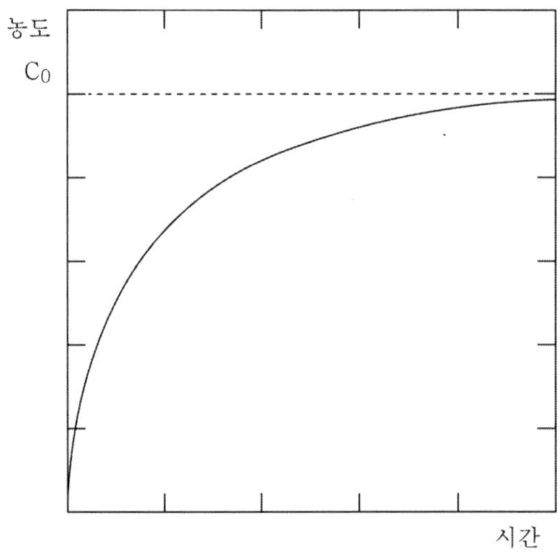

〈그림 2-10〉 완전혼합 반응조(연속적인 단계주입)

(2) 초기농도 C_0인 반응조에 농도가 0인 반응물질을 연속적으로 주입하는 경우

$$\frac{dC}{dt}V = -QC$$
$$-\frac{dC}{C} = \frac{Q}{V}dt$$
$$C = e^{-(\frac{Q}{V}t + C_*)}$$

$t=0$일 때 $C = C_0$이므로

$$C = C_0 e^{-\frac{Q}{V}t}$$

[예제] 1,000m^{3}인 탱크에 염소이온 농도가 100mg/L이다. 탱크내에 물은 완전혼합이고, 계속적으로 염소이온이 없는 물이 430m^3/day로 유입된다면 탱크내 염소이온농도가 10mg/L로 낮아질 때까지의 소요시간(hr)은?(단, $C_t/C_0=e^{-kt}$)

[풀이]

$$10mg/L = 100mg/L \times e^{\left(-\frac{480m^3/day}{1000m^3}\times t\right)}$$
$$t = \frac{100}{48} ln10\ day = 4.80 day = 115 hours$$

[예제] 1차 반응에 있어서 반응초기의 농도가 100mg/L이고, 반응 4시간 후에 10mg/L로 감소되었다. 반응 2시간 후의 농도는?

[풀이]

1차 반응식은 다음과 같다.

$$\ln\left(\frac{C_t}{C_0}\right) = -k\times t$$

여기서 k를 구하면, $k = -\frac{1}{t} ln\left(\frac{C_t}{C_0}\right) = -\frac{1}{4hr} ln\left(\frac{10}{100}\right) = 0.576/hr$가 된다.

따라서 반응 2시간 후의 농도는 $C_2 = 100mg/L \times e^{-0.576\times 2} = 31.6$mg/L가 된다.

연 습 문 제

01. 1차 반응에 있어 반응 초기의 농도가 100mg/L이고, 4시간 후에 10mg/L로 감소되었다. 반응 1시간 후의 농도(mg/L)는?

① 26.2　　② 36.2
③ 46.2　　④ 56.2

02. 25℃, AgCl의 물에 대한 용해도가 1.0×10^{-5}M이라면 AgCl에 대한 K_{sp}(용해도적)은?

① 1.0×10^{-4}　　② 2.0×10^{-7}
③ 2.0×10^{-9}　　④ 1.0×10^{-10}

03. 어느 1차 반응에서 반응개시의 농도가 220mg/L이고 반응 1시간 후의 농도는 94mg/L이었다면 반응 4시간 후의 반응 물질의 농도는?

① 3.4mg/L　　② 7.3mg/L
③ 12.6mg/L　　④ 18.2mg/L

04. 2M HCl 용액 200mL 속에 순수한 HCl은 몇 g인가?

① 11.2g　　② 12.6g
③ 13.2g　　④ 14.6g

05. 물의 점성은 분자 상호 간의 인력 때문에 생기며 층간의 전단 응력으로 점성도를 나타나게 된다. 이러한 점성도는 수온과 불순물 농도에 따라 달라지는데 수온이 25℃에서 0℃로 감소하면 수수한 물의 점성도는 ?

① 2배로 증가한다.　　② 4배로 증가한다.
③ 6배로 증가한다.　　④ 8배로 증가한다.

06. 난용성염의 용해이온과 관계, $A_mB_n(aq) mA^+(aq)+nB^-(aq)$에서 이용농도와 용해도적($K_{sp}$)과의 관계 중 과포화상태로 침전이 생기는 상태를 옳게 나타낸 것은?

① $[A^+]^m[B^-]^n > K_{sp}$
② $[A^+]^m[B^-]^n = K_{sp}$
③ $[A^+]^m[B^-]^n < K_{sp}$
④ $[A^+]^n[B^-]^m > K_{sp}$

07. 용량 2,000L인 물의 용존산소 농도가 9.2mg/L인 경우, Na_2SO_3로 물속의 용존 산소를 완전히 제거하려고 한다. 이론적으로 필요한 Na_2SO_3의 양은? (단, Na 원자량:23)

① 약 125g
② 약 135g
③ 약 145g
④ 약 155g

08. 0.2N $Ca(OH)_2$ 100mL를 제조하려면 $Ca(OH)_2$ 몇 g이 필요한가?(단, $Ca(OH)_2$ 분자량은 74)

① 0.37
② 3.7
③ 0.74
④ 7.4

09. 25℃, pH = 6.35인 용액에서 $[OH^-]$이온 농도는?

① 약 4.2×10^{-6}mol/L
② 약 3.2×10^{-7}mol/L
③ 약 2.2×10^{-8}mol/L
④ 약 1.2×10^{-9}mol/L

10. 초산(CH_3COOH) 300mg/L용액의 pH = 3이다. 이 용액의 해리상수(K_a)는?

① 2×10^{-3}
② 2×10^{-4}
③ 2×10^{-5}
④ 2×10^{-6}

11. 98%의 농황산(비중 1.84) 100mL를 물 100mL에 희석한 용액 중의 황산의 무게중량 조성(W/W(%))은?

① 61.2
② 63.5
③ 67.8
④ 69.3

12. $[H^+]=5.0 \times 10^{-4}$mol/L인 용액의 pH는?

① 3.1
② 3.3
③ 3.5
④ 3.7

13. 초기농도가 100mg/L인 오염물질의 반감기가 10day라고 할 때 반응속도가 1차 반응을 따를 경우 1일 후 농도는?

① 79.3mg/L ② 82.3mg/L

③ 88.3mg/L ④ 93.3mg.L

14. $BaCl_2$ 0.3N 500mL를 만드는데 $BaCl_2 \cdot 2H_2O$소요되는 양은?(단, $BaCl_2 \cdot 2H_2O$분자량은 244.48)

① 13.1g ② 18.3g

③ 21.4g ④ 23.2g

15. 다음 중 동점성(Kinematic viscosity) 계수와 관계가 가장 먼 것은?

① Poise ② Stoke

③ cm^2/sec ④ μ/ρ(점성계수/밀도)

16. Morrill 지수에 관한 설명 중 옳은 것은?

① Morrill 지수의 값이 0일 때 이상적 완전혼합 상태가 된다.

② Morrill 지수의 값이 작을수록 이상적 완전 혼합 상태가 된다.

③ Morrill 지수가 1에 가까울수록 이상적 plug flow 상태가 된다.

④ Morrill 지수란 반응조에 주입된 물감의 90%와 10%의 유입시간의 비를 말한다.

17. 방사성 원소의 붕괴반응은 몇 차 반응의 대표적인 예라 할 수 있는가?

① 0차 반응 ② 1차 반응

③ 2차 반응 ④ 총괄 2차 반응

18. 순수한 물의 농도(mole/L)는?

① 18.6 ② 36.6

③ 48.6 ④ 55.6

19. 바닷물 중에는 0.054M의 $MgCl_2$가 포함되어 있다. 바닷물 250mL에는 몇 g의 $MgCl_2$가 포함되어 있는가?(단 Mg 및 Cl의 원자량은 각각 24.3 및 35.5임)

① 약 0.8g ② 약 1.3g

③ 약 2.6g ④ 약 3.8g

20. 다음 기체 중 Henry법칙에 가장 잘 적용되는 기체는?

① Cl_2 ② O_2

③ NH_3 ④ HF

21. 다음이 설명하고 있는 기체 법칙은?

공기와 같은 혼합기체 속에서 각 성분 기체는 서로 독립적으로 압력을 나타낸다. 각 기체의 부분 압력은 혼합물 속에서의 그 기체의 양(부피 퍼센트)에 비례한다. 바꾸어 말하면 그 기체가 혼합기체의 전체부피를 단독으로 차지하고 있을 때에 나타내는 압력과 같다.

① Dalton의 부분 압력 법칙 ② henry의 부분 압력 법칙

③ Avogadro의 부분 압력 법칙 ④ Boyle의 부분 압력 법칙

22. 25℃, 2기압의 압력에 있는 메탄가스 10kg의 부피는?(단, 이상기체 상수(R) : 0.082L · atm/moL · K)

① 5.64×103L ② 6.64×103L

③ 7.64×103L ④ 8.64×103L

23. $[OH^-]$농도가 2.5×10^{-4}M인 용액의 pH는?

① 10.2 ② 10.4

③ 10.6 ④ 10.8

24. 다음 농도의 이온을 포함하는 물의 이온강도는?

$Ca^{2+}=10^{-4}M$, $CO_3^{2-}=10^{-5}M$, $HCO_3^-=10^{-3}M$, $SO_4^{2-}=10^{-4}M$, $Na^+=1.02\times10^{-3}M$

① 약 1.05×10^{-3} ② 약 1.22×10^{-3}

③ 약 1.43×10^{-3} ④ 약 1.67×10^{-3}

25. 진한 산성폐수를 중화 처리하고자 한다. 10% NaOH 용액 사용시 40mL가 투입되었는데 만일 10% $Ca(OH)_2$로 사용한다면 몇 mL가 필요하겠는가?(단, 완전 해리 기준, 원자량 Na=23, Ca=40)

① 17.4 ② 18.5

③ 37.0 ④ 57.5

26. 시판되고 있는 액상 표백제는 8W/W(%) 하이포아염소산 나트륨(NaOCl)을 함유한다. 표백제 3,000mL 중의 NaOCl의 무게(g)는?(단, 표백제의 비중은 1.1이다.)

① 254 ② 264

③ 274 ④ 284

27. 0.04m – HCl이 10% 해리되어 있는 수용액의 pH는?

① 2.4 ② 2.8

③ 3.2 ④ 3.6

28. 수분함량 97%의 슬러지 14.7m^3을 수분함량 80%로 농축하면 농축 후 슬러지 용적은?(단, 슬러지 비중은 1.0)

① 4.92m^3 ② 3.87m^3

③ 2.21m^3 ④ 1.43m^3

29. 4g의 NaOH를 물에 용해시켜 전량을 250mL로 하였다면 이 용액의 N농도는?

① 0.1 ② 0.2

③ 0.4 ④ 0.8

30. 25℃ AgCl의 물에 대한 용해도가 1.0×10^{-4}M이라면 AgCl에 대한 K_{sp}(용해도적)은?

① 1.0×10^{-6} ② 2.0×10^{-6}

③ 1.0×10^{-8} ④ 2.0×10^{-8}

31. [기체가 관련된 화학반응에서는 반응하는 기체와 생성하는 기체의 부피 사이에 정수관계가 성립한다.]라는 내용의 기체법칙은?

① Graham의 결합 부피 법칙 ② Gay-Lussac의 결합 부피 법칙

③ Dalton의 결합 부피 법칙 ④ Henry의 결합 부피 법칙

32. 1차 반응에 있어 반응 초기의 농도가 100mg/L이고, 반응 4시간 후에 10mg/L로 감소되었다. 반응 2시간 후의 농도(mg/L)는?

① 24.9　　② 31.6
③ 44.7　　④ 56.2

33. 기체분석법의 이해에 바탕이 되는 법칙으로 기체가 관련된 화학 반응에서는 반응하는 기체와 생성된 기체의 부피 사이에는 정수관계가 성립된다는 법칙은?

① Graham 법칙　　② Charles 법칙
③ Gay-Lussac 법칙　　④ Dalton 법칙

34. 증류수에 NaOH 40mg을 가하여 1L로 제조한 용액의 pH는?(단, 완전해리기준, Na 원자량 23임.)

① 9　　② 10
③ 11　　④ 12

35. NaOH 용액의 pH가 10.7일 때, 수산 이온(OH^-)의 농도는?

① 5×10^{-5}mole/L
② 5×10^{-4}mole/L
③ 2×10^{-5}mole/L
④ 2×10^{-4}mole/L

36. 25℃, 2기압의 압력에 있는 메탄가스 100kg을 저장하는데 필요한 탱크의 부피는? (단, 이상기체 법칙 적용, R=0.082L · atm/mol · K)

① 5.64×104L　　② 5.64×105L
③ 7.64×104L　　④ 7.64×105L

37. 반응조에 주입된 물감의 10%, 90%가 유출되기까지의 시간은 t_{10}, t_{90}이라 할 때 Morrill지수는 t_{90}/t_{10}으로 나타낸다. 이상적인 Plug flow인 경우의 Morrill 지수값은?

① 1보다 작다.　　② 1이다.
③ 1보다 크다.　　④ 0이다.

38. 물 100g에 30g의 NaCl을 가하여 용해시키면 몇 %(W/W)의 NaCl 용액이 조제되는가?

① 23% ② 27%
③ 30% ④ 33%

39. 1차 반응에 있어 반응 초기의 농도가 100mg/L이고, 반응 4시간 후에 10mg/L로 감소되었다. 반응 3시간 후의 농도(mg/L)는?

① 17.8 ② 21.6
③ 24.3 ④ 28.2

40. 0.1N NaOH 용액의 농도는 몇 %인가?(단, Na : 23)

① 2 ② 4
③ 0.2 ④ 0.4

41. 0.0005M의 NaCl용액의 농도(ppm)는?(단, NaCl 분자량 : 58.5)

① 9.3 ② 19.3
③ 29.3 ④ 39.3

42. $[H^+]=5.0\times10^{-3}$mol/L인 용액의 pH는?

① 2.3 ② 2.6
③ 2.9 ④ 3.2

43. 0.01M NaOH 100mL를 중화하는데 0.1N H_2SO_4를 몇 mL가 소비되는가?

① 5 ② 10
③ 20 ④ 100

44. 3% NaCl의 M 농도는?(단, NaCl 분자량 : 58.5)

① 0.1M ② 0.5M
③ 1.0M ④ 1.5M

45. 어떤 오염물질의 반응 초기 농도가 200mg/L에서 2시간 후에 40mg/L로 감소되었다. 이 반응이 1차 반응이라고 한다면 3시간 후의 농도(mg/L)는?

① 18.0　　② 22.0

③ 26.0　　④ 28.0

46. 0.05N의 약산인 초산이 8% 해리되어 있다면 이 수용액의 pH는?

① 3.2　　② 2.9

③ 2.7　　④ 2.4

47. CaF_2의 포화용액 중에 Ca^{2+}의 농도는 18℃에서 2×10^{-4}mole/L이다. CaF_2의 용해도적은?

① 4.3×10^{-11}　　② 3.2×10^{-11}

③ 2.6×10^{-9}　　④ 1.6×10^{-8}

48. pH 2인 용액은 pH 5인 용액보다 몇 배 더 산성인가?

① 3　　② 300

③ 1000　　④ 5000

49. Na^{+} 368mg/L, Ca^{2+} 200mg/L, Mg^{2+} 264mg/L인 농업용수가 있다. 이 때 SAR(Sodium Adsorption Rate)의 값은?(단, Na원자량 : 23, Ca원자량 : 40, Mg 원자량 : 24)

① 4　　② 8

③ 16　　④ 32

50. 5% NaCl의 M농도는?(단, NaCl 화학식량=58.5, 용액비중은 1.0)

① 0.35M　　② 0.55M

③ 0.85M　　④ 1.25M

51. 물 500mL에 NaOH 0.08g을 용해시킨 용액의 pH는?

① 2.4　　② 2.7

③ 11.3　　④ 11.6

52. 0.02 M-KBr과 0.03 M-$ZnSO_4$를 함유하고 있는 용액의 이온강도는?(단, 완전히 해리 기준)

① 0.06 ② 0.11

③ 0.14 ④ 0.18

53. 어떤 용액의 NaOH 농도가 0.02M이다. 이 농도를 mg/L 단위로 옳게 표시한 것은?

① 200 ② 400

③ 600 ④ 800

54. $PbSO_4$가 25℃수용액에서의 용해도가 0.041g/L라면 용해도적은?(단, Pb 원자량은 207)

① 약 1.6×10^{-8} ② 약 1.8×10^{-8}

③ 약 2.3×10^{-8} ④ 약 2.7×10^{-8}

55. 이상적 plug flow에 관한 설명으로 옳지 않은 것은?

① 분산(Variance)은 0이다.

② 분산수(Dispersion No.)는 0이다.

③ 모릴지수(Morrill Index)가 0이다.

④ 충격부하, 부하변동에 취약한 편이다.

56. 25℃, pH=4.35인 용액에서 $[OH^-]$의 농도는?

① 4.47×10^{-5}mol/L ② 6.54×10^{-7}mol/L

③ 7.66×10^{-9}mol/L ④ 2.24×10^{-10}mol/L

57. 98%의 농황산(비중 1.84) 100mL를 물 150mL에 희석한 용액 중의 황산의 무게중량 조성[W/W(%)]은?

① 54.0 ② 58.4

③ 63.5 ④ 68.3

58. 다음 기체 중 Henry법칙에 가장 잘 적용되는 기체는?

① CO ② SO_2

③ HCl ④ HF

59. $Ca(OH)_2$ 690mg/L용액의 pH는?(단, 완전해리)

① 약 12.3 ② 약 12.5

③ 약 12.8 ④ 약 13.1

60. 어느 폐수의 카드뮴(Cd^{2+})농도는 89.92mg/L이다. M농도는 얼마인가?(단, 카드뮴의 원자량은 112.4이다.)

① 2×10^{-4}mol/L ② 4×10^{-4}mol/L

③ 6×10^{-4}mol/L ④ 8×10^{-4}mol/L

61. $PbSO_4$의 용해도는 0.04g/L이다. 이 때 $PbSO_4$의 용해도적(K_{sp})은?
(단, $PbSO_4$분자량은 303이다.)

① 0.87×10^{-4} ② 0.87×10^{-8}

③ 1.32×10^{-4} ④ 1.74×10^{-8}

62. 방사성 원소의 붕괴반응은 몇 차 반응의 대표적인 예라 할 수 있는가?

① 0차 반응 ② 1차 반응

③ 2차 반응 ④ 총괄 2차 반응

63. 시판되고 있는 액상 표백제는 8W/W(%) 하이포아염소산나트륨(NaOCl)을 함유한다고 한다. 표백제 2,886mL 중의 NaOCl의 무게(g)는?(단, 표백제의 비중은 1.1이다.)

① 254 ② 264

③ 274 ④ 284

64. 다음 설명하는 기체확산에 관한 법칙은?

기체의 확산속도(조그마한 구멍을 통한 기체의 탈출)는 기체 분자량의 제곱근에 반비례 한다.

① Dalton의 법칙 ② Graham의 법칙

③ Gay-Lussac의 법칙 ④ Charles의 법칙

65. 98%의 농황산(비중 1.84) 100mL를 물 150mL에 희석한 용액의 M농도와 N종도는 얼마인가?

① 1.72N, 5.36M ② 1.72N, 7.36M

③ 3.72N, 7.36M ④ 3.72N, 5.36M

66. $Mg(OH)_2$의 용해도적은 3.4×10^{-11}이다. 물에 대한 $Mg(OH)_2$의 용해도를 g/L로 구하면? (단, Mg:24, O:16, H:1)

① 1.96×10^{-2} g/L ② 1.48×10^{-2} g/L

③ 1.18×10^{-2} g/L ④ 1.02×10^{-2} g/L

67. 0.1N HCl 40mL와 중화하는 데 필요한 0.25N NaOH의 부피는?

① 10mL ② 12mL

③ 14mL ④ 16mL

68. pH 1.7인 용액 중의 $[H^+]$은 몇 mg/L인가?

① 19.95 ② 17.53

③ 15.45 ④ 13.53

69. 염소소독시 pH가 높을 때 가장 잘 일어나는 반응은?

① $HOCl \rightarrow H^+ + OCl^-$

② $Cl_2 + H_2O \rightarrow HOCl + HCl$

③ $H^+ + OCl^- \rightarrow HOCl$

④ $HOCl + HCl \rightarrow Cl_2 + H_2O$

70. 이상적인 플러그 흐름 상태를 나타내는 반응조의 '분산수'로 가장 알맞은 것은?

① 무한대일 때 ② 0 일 때

③ 1 일 때 ④ -1 일 때

71. 10^{-2M} CH3COOH 용액의 전리상수 Ka = 1.8×10^{-5M}일 때 이 용액의 pH는?

① 3.1 ② 3.4

③ 3.7 ④ 3.9

72. 화학반응에서 의미하는 산화에 대한 설명이 아닌 것은?
① 산소와 화합하는 현상이다.
② 원자가가 증가하는 현상이다.
③ 전자를 받아들이는 현상이다.
④ 수소화합물에서 수소를 잃는 현상이다.

73. 0.3N의 $BaCl_2 \cdot H_2O$(분자량=244.4g) 용액 250mL를 만드는 데 필요한 $BaCl_2 \cdot H_2O$의 양(g)은?
① 6.6g ② 9.2g
③ 10.3g ④ 16.6g

74. 염기에 관한 내용으로 옳지 않는 것은?
① 염기 수용액은 미끈미끈하다.
② 전자쌍을 받는 화학종이다.
③ 양성자를 받는 분자나 이온이다.
④ 수용액에서 수산화이온을 내어놓는 것이다.

75. 다음과 같은 용액을 만들었을 때 농도가 가장 큰 것은? (단, Na=23, S=32, Cl=35.5)
① 3.5 L 중 NaOH 150 g
② 30 mL 중 H_2SO_4 5.2 g
③ 5L 중 NaCl 0.2 kg
④ 100 mL 중 HCl 5.5 g

76. $KMnO_4$의 gram 당량은 얼마인가? (단, $KMnO_4$ 분자량 = 158)
① 26.3 ② 31.6
③ 39.5 ④ 52.6

77. 다음 중 산화 환원반응이 아닌 것은?
① $Cu + 2H_2SO_4 \rightarrow CuSO_4 + 2H_2O + SO_2$
② $2H_2S + SO_2 \rightarrow 2H_2O + 3S$

③ $I_2 + 2Na_2S_2O_3 \rightarrow Na_2S_4O_6 + 2NaI$

④ $Na_2SO_4 + 2HCl \rightarrow 2NaCl + H_2O + SO_2$

78. 500mL 물에 125mg의 염이 녹아 있을 때 이 수용액의 농도를 %로 나타낸 값은?

① 0.125% ② 0.250%

③ 0.0125% ④ 0.0250%

[정답]

1. ④ 2. ④ 3. ② 4. ④ 5. ① 6. ① 7. ③ 8. ③ 9. ③ 10. ② 11. ② 12. ② 13. ④ 14. ② 15. ① 16. ③ 17. ② 18. ④ 19. ② 20. ② 21. ① 22. ③ 23. ② 24. ③ 25. ③ 26. ② 27. ① 28. ③ 29. ③ 30. ③ 31. ② 32. ② 33. ③ 34. ③ 35. ② 36. ③ 37. ② 38. ① 39. ① 40. ④ 41. ③ 42. ① 43. ② 44. ② 45. ① 46. ④ 47. ② 48. ③ 49. ① 50. ③ 51. ④ 52. ③ 53. ④ 54. ② 55. ③ 56. ④ 57. ① 58. ① 59. ① 60. ④ 61. ④ 62. ② 63. ① 64. ② 65. ② 66. ③ 67. ④ 68. ① 69. ① 70. ② 71. ② 72. ③ 73. ② 74. ② 75. ② 76. ② 77. ④ 78. ④

제 3 장

물의 특성

1. 물의 일반적인 특성

물은 산소와 수소가 결합된 것으로, 생명을 유지하는 데에 없어서는 안 되는 화학 물질이다. 화학식 H_2O를 가지며 표준 온도 압력(STAP : 섭씨 25℃ 1bar)에서 무색투명하고, 무취무미(無臭無味, 아무 냄새도 아무 맛도 안 난다는 의미)하다. 물은 지구 위의 거의 모든 곳에서 발견되며, 지표면의 70% 정도를 덮고 있다. 물은 가장 보편적인 용매로 보통 액체 상태의 물을 가리키지만 고체 상태인 것을 얼음, 기체 상태인 것을 수증기라고 부른다.

1-1. 물의 물리적 성질

1) 물의 밀도, 비중 및 몰농도

(1) 밀도, 비중

물은 온도 3.98°C(39.16°F)에서 최대 밀도($1g/cm^3=1,000kg/m^3$)를 갖는다. 그 이유는 온도가 더 내려가면 물 분자는 얼음과 비슷한 육각구조를 만들어 약간의 빈 공간이 생기기 때문이다. 이러한 공간은 얼음이 될 때에 생기는 것에 비하면 크지 않으나 여전히 밀도에 영향을 준다.

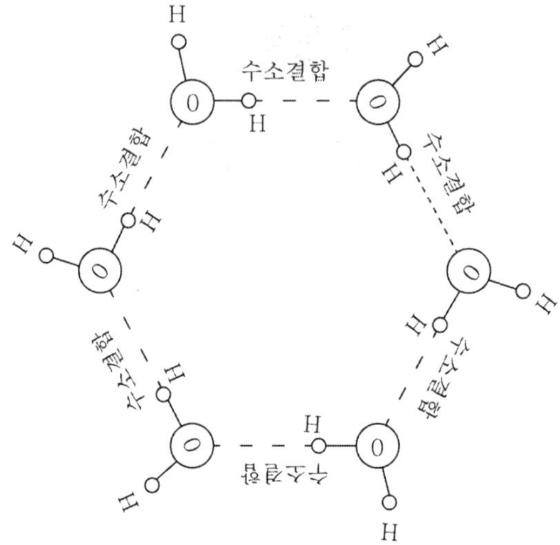

〈그림 3-1〉 얼음분자 사이의 수소결합

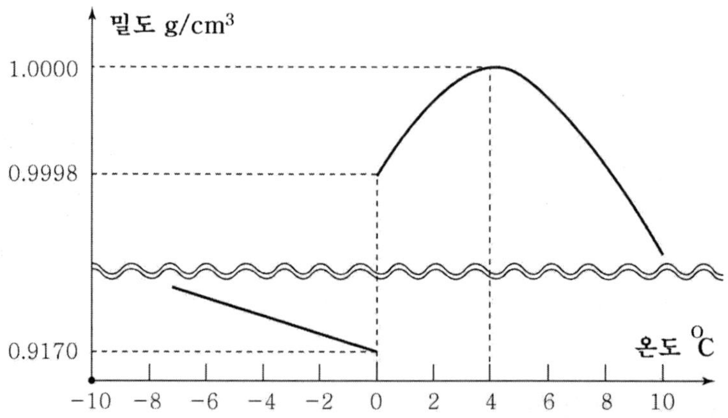

〈그림 3-2〉 물의 온도에 따른 밀도의 변화

물체의 비중(specific gravity)은 그 물체의 밀도와 4℃의 물의 밀도의 비를 말한다. 따라서 비중은 단위가 없는 무차원량이며, 물의 비중은 밀도 자체가 비중값이 된다.

(2) 몰농도

물 1L에 녹아 있는 물의 몰수를 물의 몰농도라고 하며 다음과 같이 구할 수 있다.

물 1L는 1,000g에 해당하며 이를 몰수로 환산하면, 1,000/18=55.6mol이 된다. 따라서 물의 몰농도는 55.6M(mol/L)가 된다.

2) 물의 응집력과 표면장력

액체 상태의 물분자에 장력 또는 전단력이 작용하면 저항력이 생기는데, 장력에 저항하는 힘을 응집력(cohesion), 전단력에 대항하는 힘을 점성(viscosity)이라고 한다. 이 힘의 근원은 물 분자의 수소결합에 의한 것이다. 물분자 사이의 수소결합은 아주 짧은 시간 10~14초 동안만 유지되지만, 물분자는 끊임없이 수소결합을 형성하므로 대부분의 액체보다 강한 응집력을 가진다. 이런 물의 응집력은 생명체에서 중요한 역할을 한다. 식물의 경우, 잎의 표면에서 물이 증발하면 잎맥에 있는 물을 끌어당기게 되고 응집력은 뿌리로부터 물이 중력의 반대 방향으로 이동할 수 있도록 하는데 원동력이 된다.

표면장력(surface tension)은 액체의 표면이 가능한 한 작은 면적을 차지하기 위하여 스스로 수축하려고 작용하는 힘을 말한다. 이런 성질은 분자들 간의 인력에 의해서 설명할 수 있는데, 액체 속에 있는 분자들은 주위 분자들에 의해서 서로 잡아당겨지고 있다. 그런데 액체 표면에 있는 분자들은 안쪽에서 당겨지는 힘밖에 없기 때문에 표면이 수축하게 되고 작은 면적을 차지하려고 하게 된다. 물은 수소 결합 때문에 표면장력이 크다. 물은 표면장력이 크기 때문에, 물보다 밀도가 큰 철로 된 바늘도 물 위에 띄울 수 있다. 이슬이 구형인 이유도 표면장력이 크기 때문인데, 같은 부피일 때 가장 적은 표면적을 가지는 것이 구이기 때문이다.

온도가 상승함에 따라 액체표면의 분자가 액체내부로 당기는 힘이 감소하므로 표면장력은 감소한다.

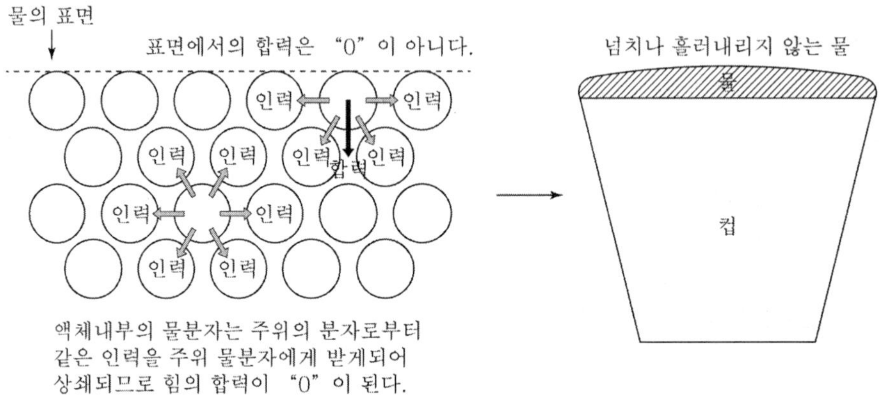

〈그림 3-3〉 표면장력

3) 모세관현상

모세관현상(capillarity)은 표면장력 때문에 생기는 현상이다. 물에 얇은 유리관을 넣었을 때, 물은 유리 벽면에 있는 산소와 물분자의 수소간의 인력에 의해 끌려간다. 그런데, 표면을 작게 하기 위해서 물 표면이 위로 올라오게 되고 다시 벽면과 붙은 부분은 유리 벽면과의 인력 때문에 조금 더 올라가게 된다. 이 과정이 반복되어 어떤 힘을 들이지 않고도 물이 높은 곳까지 올라가게 된다.

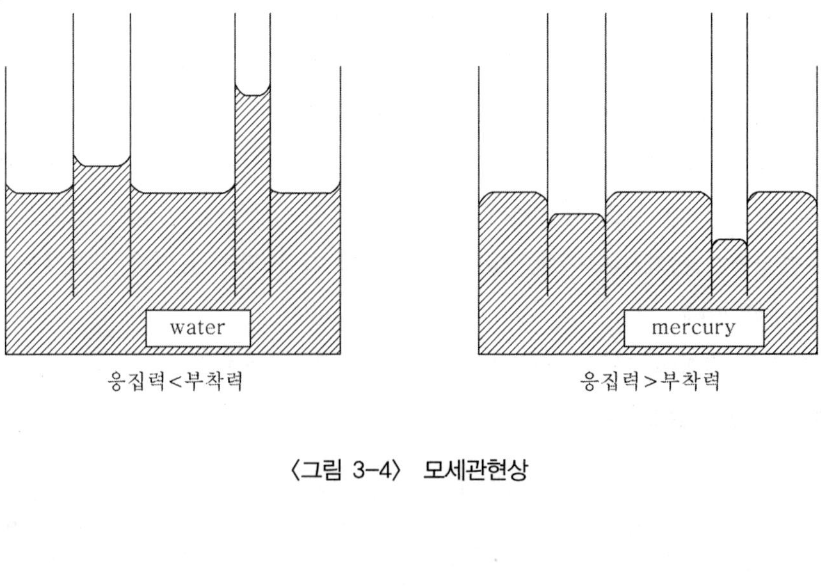

〈그림 3-4〉 모세관현상

관이 가늘면 가늘수록 물은 더 높은 곳까지 올라가게 된다. 식물의 뿌리부터 잎까지 물관을 타고 물이 올라가는 것도 모세관 현상의 일종이다.

4) 기타 물리적 성질

〈표 3-1〉 물의 물리적 성질

항 목	내 용
비열	1cal/(g · ℃), (1℃ 증가기준은 14.5~15.5℃) 수소결합에 의해 비열이 크다.
비점	100℃(1기압하)
증발열	539cal/g
빙점	0℃(1기압하)
융해열	80cal/g
밀도	$\rho = 1g/cm^3 = 1g/mL = 1kg/L = 102kg_f \cdot s^2/m^4$
점성	온도가 증가할수록 점성은 작아진다.

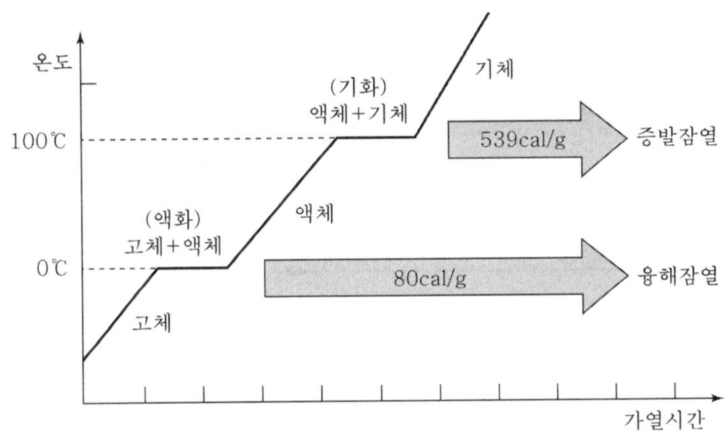

〈그림 3-5〉 잠열

1-2. 물의 생물학적 성질

1) 탁월한 용매의 특성

물분자는 빈 공간(90%)을 많이 가지고 있어 물은 물질을 녹이는 탁월한 능력을 지니고 있다. 원리는 서로 다른 분자가 물분자의 틈으로 스며드는 빈공간형(mode of vacant)과 물분자를 추출하고 그 뒤에 자리잡는 치환형(replacement mode)로 설명될 수 있다.

어느 물질을 녹였을 때 용해시킨 물질을 용매(solvent)라 하고, 용해된 물질을 용질(solute)라 하며 물이 용매일 때 이를 수용액(Solution)이라 한다.

2) 생체와 물의 관계

생물 내에 존재하는 액체가 바로 수용액으로서 물은 생명현상에 필수적인 대단히 다양한 종류의 용질을 녹일 수 있고, 모든 세포와 혈액의 용매인 것이다. 생체에 있어서의 물의 역할을 나열하면 다음과 같다.

(1) 물은 비열이 크기 때문에 인체의 체온을 일정하게 유지해준다.

(2) 물은 기화열이 커서 더울 때는 땀으로 몸을 식혀준다.

(3) 물은 수소결합을 하여, 4℃의 물의 비중이 가장 크기 때문에 수상 생물이 빙하기를 넘길 수 있었다. 온도가 내려가면서 물분자는 서로 가까워져서 밀도가 점점 높아지는데, 4℃에서 물의 밀도는 최대가 된다. 또한 액체 상태일 때보다 고체 상태일 때 물 분자 사이의 간격이 멀기 때문에 얼음의 밀도는 액체 상태의 물보다 낮다. 만일 고체 상태의 얼음이 액체 상태인 물보다 밀도가 높으면 모든 얼음이 강바닥에 가라앉게 되므로 물 속의 대부분의 생물은 겨울을 넘기지 못하고 사멸할 것이다.

(4) 먹이 사슬의 기초가 되는 식물들의 뿌리가 물을 흡수할 수 있는 것은 물의 수소결합에 기초한 모세관 현상 때문이다.

(5) 물은 광합성의 수소 공여체로서 생명체에 중요한 대사물이 된다.

$$CO_2+H_2O+\text{빛에너지} \rightarrow (CH_2O)_n+O_2$$

(6) 생체 내 함유량 중 가장 많은 부분을 차지하고 있는 물은 생물체 내의 여러 물질을 용해시킬 수 있는 용매로서도 작용한다. 이런 용매로서의 물의 특성은 물의 극성에 기인한 것이다

1-3. 물의 화학적 성질

물은 화학적으로 많은 성질을 갖는다. 대표적인 성질은 수소 결합, 산과 염기의 생성, 그리고 금속과의 산화(결합 및 부식)이다.

1) 물분자의 구조와 수소결합

물 분자는 두 개의 수소원자와, 하나의 산소원자가 공유결합으로 이루어져 있다. 수소 원자는 원자핵으로 양전하를 띠는 양성자 한 개와 전자 한 개로 이루어져 있다. 산소원자는 원자핵에 양전하를 띠는 양성자 8개와 전하가 없는 중성자가 보통은 8개로 구성되고, 전자 8개로 이루어져 있다. 산소원자는 8개나 되는 전자를 두 구역에 나눠서 분포시키는데, 산소 핵에 가까운 쪽에 2개를, 바깥쪽에 6개의 전자가 분포되어 있다. 수소원자 및 산소원자는 최외각 전자의 수가 각각2개 및 8개로 되어야 안정하다. 이를 위해 수소원자와 산소원자가 각각 전자를 내놓아 전자쌍을 만들고, 이 전자쌍을 함께 나누어 공유함으로써 결합(공유결합)되어 있다. 화학식은 H_2O로 나타낸다.

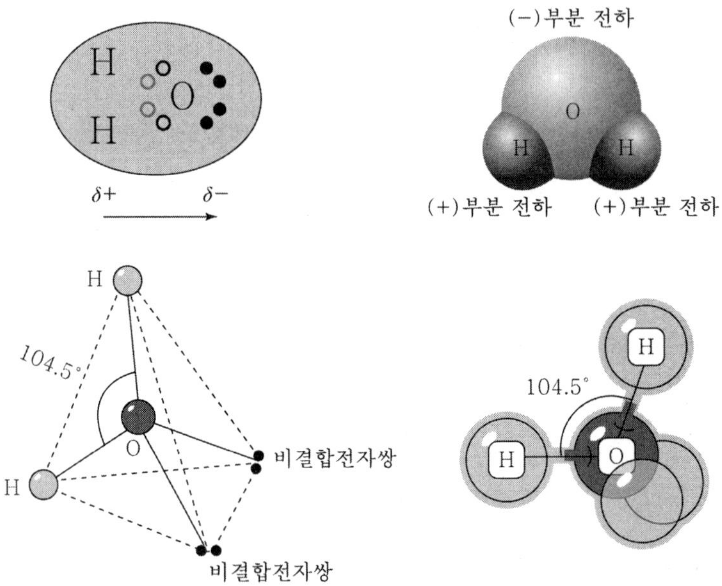

〈그림 3-6〉 물분자의 구조

위의 그림에서 알 수 있듯이, 비공유 전자쌍이 공유 전자쌍을 강하게 밀기 때문에 104.5° 구부러진 굽은형 구조를 이루고 있다.

따라서 물 분자는 선형이 아니며 산소 원자는 수소 원자보다 더 높은 전기음성도를 갖고 있다. 산소가 수소보다 공유 전자쌍을 세게 끌어당기므로 산소 원자가 약간의 음전하를 띠고 있는 반면 수소 원자는 약간의 양전하를 띠어 극성을 갖는다. 그 결과물은 전기 쌍극자모멘트가 있는 극성 분자가 되어 물은 좋은 무기 용매이다. 따라서 극성 물질과 잘 섞이며 염화나트륨과 같은 이온성 물질을 잘 녹인다. 그러나 무극성 물질과는 잘 섞이지 않는 특징을 가지고 있다.

※수소결합에 의한 물의 특성

(1) 물을 가열할 때 쓰이는 에너지의 일부는 수소결합을 끊는 데 쓰인다. 따라서 물이 다른 분자들에 비해 상대적으로 가열하기 어렵기 때문에 물은 높은 비열을 갖게 된다.

(2) 수소 결합으로 인해 물은 분자량이 비슷한 다른 물질에 비해 녹는점, 끓

는점, 융해열, 기화열이 크다. 물의 비열과 기화열이 크다는 점은 생물체의 수분과 체온이 일정하게 유지될 수 있다는 점과 관련이 있다.

(3) 물보다 얼음의 밀도가 작은 것은 수소 결합에 의한 육각형 구조와 관련된다.

(4) 표면장력과 모세관 현상도 수소결합으로 설명할 수 있다. 물은 다른 분자와 달리 그 점성에 비교해 표면장력이 큰데, 표면에 있는 물 분자가 공기 중으로 끌려가지 않고 내부에 있는 물 분자의 수소결합력을 받기 때문이다. 모세관 현상은 수소나 산소원자를 포함하지 않은 물질(예: 금속)에서는 잘 안 나타나는데 그 이유는 물이 모세관 현상을 일으킬 때 그 관을 이루는 분자와 수소결합력이 작용하기 때문이다. (유리관을 이루는 유리는 SiO_2이므로 수소결합력이 작용한다.)

(5) 약 4℃에서 물의 밀도가 가장 크다.

※녹는점과 끓는점에 대한 문제에 대해서

(1) 일반적으로 수소결합을 고려하지 않을 때는 분자량이 클수록 분자간 인력이 커지므로 끓는점과 녹는점이 높다.

(2) 분자량이 비슷한 경우에는 극성결합을 하는 물질은(예 : 수소결합) 끓는점 녹는점이 높다.

2) 산과 염기

물은 보통 금속류를 녹여 염기를 만들고 비금속류를 녹여 산을 만든다. 산과 염기의 기준은 양이온으로 하전된 수소 이온과 음이온으로 하전된 수산화이온이며, 수소이온이 많으면 산성이고 수산화이온이 많으면 염기성이며, 두 이온의 값이 0에 가까우면 중성이 된다. 대표적인 산으로는 염산, 질산, 황산 등이 있으며 이 3가지의 산은 모두 강한 산이다. 대표적인 알칼리(염기)로는 수산화나트륨, 수산화칼륨, 암모니아수 등이 있으며 3가지 모두 강한 염기이다. 한편 산과 염기는 수소이온이나 수산화이온을 포함하고 있으므로 전해질이고, 이온 물질을 갖는 모든 물이 전해질이다.

3) 금속과의 결합 및 부식

물은 산소와 함께 금속을 잘 부식시키는 성질이 있다. 철의 경우 반응성이 크나 직접적으로는 산소와 잘 반응하지 않으며 아주 천천히 산화철을 생성한다. 하지만 물이 묻은 철은 상황이 다른데, 그 이유는 물이 철을 이온화하면서 전자를 내놓고 이 전자를 받은 산소원자가 양이온으로 하전된 철 분자와 결합을 하면서 이루어지기 때문이다. 이러한 산화는 물기가 완전히 없어질 때까지 멈추지 않아 결국 속까지 모두 산화시키고 만다. 금속의 산화를 막기 위해 기름칠을 하는 경우가 많은데 이는 기름과의 물과의 반발력을 이용한 것이다.

한편 찬물에서 급격히 반응하는 금속은 포타슘, 칼슘, 소듐 등이 있고, 뜨거운 물에서 급격히 반응하는 금속은 마그네슘, 알루미늄, 아연 등이 있다.

※기타 물의 특징

(1) 물은 투명하므로 햇빛이 물 속에 들어올 수 있다. 따라서 수생식물은 물속에서 살 수 있다. (오직 강한 자외선 빛만이 살짝 흡수된다.)

(2) 물 분자는 평상시에는 수소와 산소가 쉽게 분리되지 않으나 전기분해와 같은 강한 에너지를 가해 주면 분리가 가능해진다.

(3) 순수한 물은 낮은 전기전도율을 갖지만 염화나트륨과 같은 작은 양의 이온 물질이 있는 경우 전기 전도율이 높아진다.

(4) 물(다른 액체도 포함)의 끓는점은 기압에 의존한다.

(5) 물은 다른 액체보다 끓이기 어려운데 이는 물을 끓일 때 쓰이는 에너지의 일부가 수소 결합을 끊는 데 쓰이면서 완충되기 때문이다.

(6) 물 분자는 1기압 내에서 0℃,(32°F, 273.15K)에서 응고된다. 물이 응결할 때는 다른 분자들과는 달리 부피가 약 10% 정도 증가하는데, 이는 물 분자 사이의 수소 결합이 강해지면서 육각구조를 만들고 이 사이에 빈 공간이 생기게 되기 때문이다.

(7) 물은 에탄올과 같은 많은 물질과 가혼성을 가지므로 모든 부분에서 하나의 균질한 액체를 형성한다. 한편 물과 대부분의 기름이 섞이지 않는데 이는 가혼성이 없다고 하며 밀도에 따라 층을 형성한다. 기체로서의 수증기는 완전히

공기와 가혼성을 갖는다.

(8) 세포 안의 모든 주된 구성 요소(단백질, DNA, 다당류) 또한 물에 잘 녹는다.

2. 수자원의 특성

지구의 표면 위 아래와 대기에 떠 있는 총체적인 물을 수권이라고 부른다. 대략 1,360,000,000km^{3}를 차지하는 물은 대부분 바다에 액체 형태로 존재한다. 그리고 물의 분포는 바닷물(97.33%), 빙하(2.04%), 지하수(0.61%), 호수와 강(0.01%) 그리고 기타(0.01%)로 이루어져 있다. 물은 수소와 산소를 혼합한 뒤 방전을 일으켜서 인공적으로 만들어 낼 수 있다. 지하수와 민물은 수자원으로서 인간에게 실질적으로나 잠재적으로 유용하다.

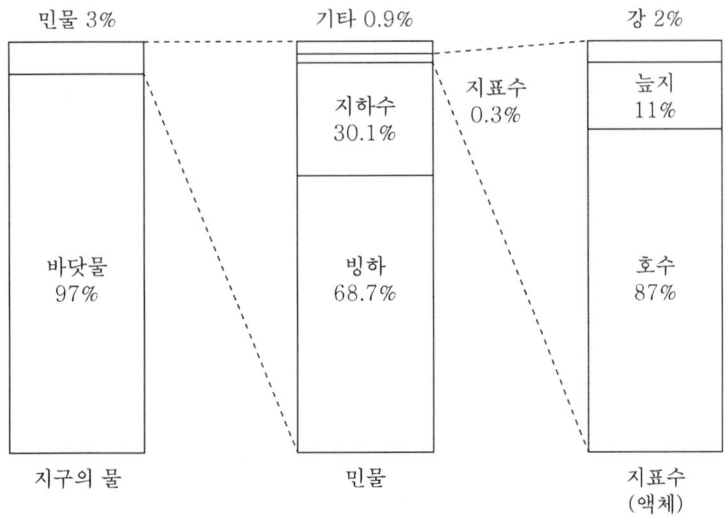

〈그림 3-7〉 지구에서 물의 분포

2-1. 빗물의 특성

1) 강수의 원리

강수현상은 상승기류에 의해 수증기를 포함한 대기가 높은 고도로 운반되어 압력의 감소로 냉각되어 수증기가 물방울이나 얼음결정으로 응축되면서 발생한다. 공기중의 수증기가 포화상태가 되어도 큰 물방울이 형성되기 어려우므로 일정 면적을 가진 고체나, 하전입자 즉, 응결핵이 필요하다. 자연적으로는 해수에서 공급되는 미세한 소금입자, 지표면의 흙먼지, 꽃가루, 우주에서 대기중으로 쏟아지는 우주선(하전입자) 등이 응결핵 역할을 한다.

2) 비의 성분

빗물은 대부분 해염(海鹽) 입자가 핵이 되어 형성되었기 때문에, 빗물 속에는 많고 적은 차이는 있지만 바닷물 속에 섞여 있는 각종 이온, Ca^{2+}, Mg^{2+}, Na^{+}, K^{+}, SO_4^{2-}, Cl^{-} 등이 포함되어 있는 것이 보통이다. 그러나 빗물은 천연수 중에서 가장 이온함량이 적다. 일반적으로 해안에서 가까울수록 염분함량이 많은 비가 내린다. 바다로부터 멀리 떨어지면 염분조성은 해염과는 달라진다. 강우량이 많을 때는 염분농도가 감소하고 국지적으로는 도시나 화산 등의 영향을 받는다. 또한 빗물 속에는 대기성분과 우주선(宇宙線)과의 충돌에 의해 생긴 미량의 원소들, 물방울이 될 때 핵이 되는 응결핵, 대기중 천연 방사성물질이 함유되어 있다. 그리고 최근 연구 결과에 따르면 유럽에 내리는 강수에는 음용수에는 함유되어서는 안될 살충제 성분이 다량 포함되어 있는 것으로 나타났다.

순수한 비는 낙하하면서 대기중의 CO_2가 물에 녹아서 약한 산성인 탄산을 형성하여 pH가 5.6 정도의 약산성이 된다. 그리고 지표수나 지하수와는 달리 용해성분이 적어 연수이며 완충효과가 적다.

3) 산성비

pH가 5.6 이하인 비를 산성비라고 하고 이는 그 생성원에 따라 달라진다. 비가 산성으로 되는 것은 근본적으로 2가지 강산 즉 황산(H_2SO_4)과 질산(HNO_3)에 기인한다. 황산은 화산작용이나 습지의 황산환원박테리아, 그리고 화석연료의 연소나 황화물이 있는 광물의 채취 같은 인위적인 원인에 의하며 질산은 번개와 같은 자연현상과 연소부산물로 생성된다. 이들 각 성분이 산성비에 기여하는 바는, SO_2가 60~70%를, 질소화합물은 30~35%, 나머지는 HCl에 의한 것으로 알려져 있다. 최근 황배출량은 줄어드는 반면 질소산화물의 강하량은 증가하고 있는데 이것은 황을 함유한 오염원의 사용이 줄어드는 반면 자동차가 급증한 것 때문으로 보인다.

산성비가 생태계에 미치는 영향들은 육상 생태계의 경우 pH5.1 이하, 수생 생태계의 경우 pH5.5 이하로 떨어지는 경우이다. 생물에 대한 직접 피해는 생체 유기화합물을 분해하여 생체조직을 파괴하는 것이다. 강산은 식물 상피조직의 옥스 조직 내 지방산 에스테르류를 산화 또는 가수분해시켜 잎이 쉽게 젖게 되고 더욱 피해를 받게 된다. 한편 동물의 점막조직에 영향을 미친다. 이뿐 아니라 간접적으로도 피해를 미친다. 칼슘이나 마그네슘이 고갈된 알칼리 토양이나 산성 토양에 산성이 침하되면 토양입자에 결합되어 있는 알루미늄을 방출한다. 알루미늄의 용탈은 생태계에 심각한 영향을 미친다.

〈표 3-2〉 산성비와 피해

산성비 피해대상	피해 내용
인간	① 호흡기질병 ② 식량생산감소 ③ 알루미늄 등 중금속장애 ④ 유적지 및 구조물 부식
식생	① 식물의 광합성저해 · 잎의 탈색 ② 산성에 강한 이끼성장으로 뿌리의 영양물질 흡수를 돕는 곰팡이가 소멸됨. ③ 용탈된 알루미늄이 식물에 흡수되어 발육저하 ④ 다른 오염물질과 상승작용을 일으켜 식물들이 환경스트레스에 민감해짐.
수중생태계	① 물에 녹아 있는 무기성분 조성을 변화시킴, 호수 밑바닥에 유해 중금속이 용탈되어 수중 생태계 악영향을 줌. ② 알루미늄이 호수에 유입되면 어류는 과도한 점액분비로 아가미가 막혀 호흡장애를 일으킴. ③ 수생 생물의 영양분인 인산염과 결합하여 영양분 가치를 떨어뜨림. ④ 호수가 지나치게 산성화하면 호수 바닥에 침전물의 형태로 존재하는 낮은 독성 상태의 무기수은을 고도로 독성이 있고 동물 지방에 잘 녹는 메틸 수은(CH_3Hg)으로 전환하여 생물 농축을 일으킴 ⑤ 식물성, 동물성 플랑크톤, 부착 조류, 수생식물 및 저서생물들의 조성이 바뀌고 단순화되어 호수와 물이 아주 맑아져 깨끗한 호수와 구별하기 어렵게 됨.
토양	① 석회질을 거의 품고 있지 않은 화강암, 편마암, 석영이 많은 암석을 모암으로 하는 토양은 산성을 거의 중화하지 못해 매우 약해짐. ② 알루미늄의 독성이 증가하여 식물에게 해를 끼치고 토양 중 카드뮴, 아연, 납, 철, 망간 등의 금속을 잘 녹게 하며 수중 생태계에 잘 퍼져 들어가 먹이사슬을 통해 생물 농축을 일으킴.

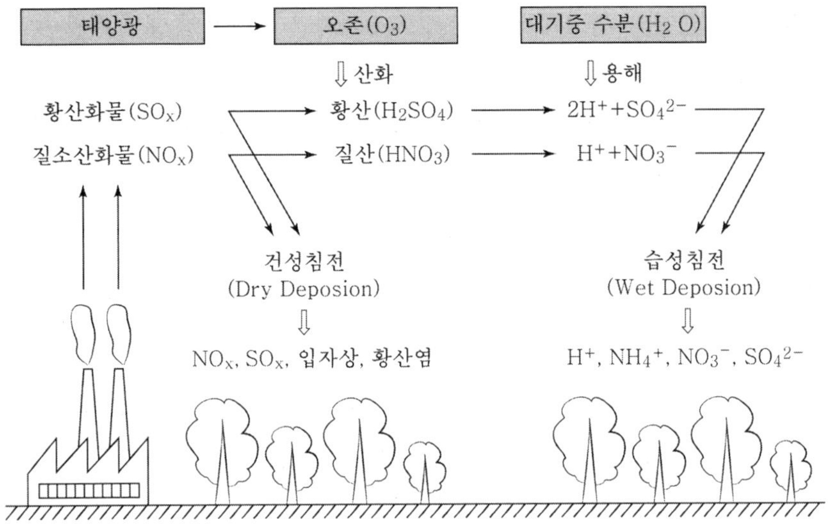

〈그림 3-8〉 산성비

4) 우리나라의 빗물의 특성

우리나라에 떨어지는 물은 모두 빗물로부터 비롯된 것으로서 전체 비의 양은 1천290억톤이다. 그 중에서 우리가 사용하는 양은 24% 밖에 되지 않는다. 우리나라에 내리는 빗물은 외국에서의 산성비와 매우 다른 특징을 보이고 있다. 외국의 경우 비가 내리기 시작하는 초기 강우의 경우 pH가 낮고, 시간이 갈수록 즉 비가 계속 내릴 때 pH가 높아질 것으로 예상할 수 있다. 그러나 우리나라의 경우 초기 강우인 때 pH가 높으며 비가 계속 내리면 pH가 낮아지거나 일정 수준이 유지된다. 그 이유는 우리나라의 경우 초기 강우에 의해서 제거되기 쉬운 먼지가 대기중에 존재하다가 강우시 흡수되어 빗물을 중화시키기 때문이다. 즉 대기의 토양입자 중의 양이온 성분 즉 NH_4^+, Ca^{2+}, K^+, Mg^{2+}, Na^+이 다량 함유되어 있고 이들 양이온이 일반적으로 초기 강우를 중화시키는 역할을 한다. 양이온의 농도는 경우에 따라 큰 차이를 보이고 있으며 다량의 양이온이 존재할 때에는 알카리 비가 오기도 한다. Ca^{2+}, K^+이온의 근원은 토양입자로 알려져 있으며 NH^{4+}이온의 경우 농업, 축산활동, 쓰레기의 부패 과정에서 나오는 것으로 알려져 있다. 황사 현상이 있을 때에나 대기 중 먼지 성분이 다량 존재할 경우에는 pH7 이상인 알칼리 비가 내리기도 한다. 따라서 황사나 먼지 문제는 부유분진의 관점에서 보면 문제점이지만 산성비의 관점에서 보면 중요한 중 중화제의 공급처이기도 하다.

그리고 빗물의 양이온 총량과 음이온 총량은 반드시 같아야 하므로 $[H^+]$는 다음과 같은 식으로 표현된다.

$$[H^+]=2[SO_4^{2-}]+[NO^-]+[Cl^-]-2[Ca^{2+}]-[Na^+]-2[Mg^{2+}]-[NH_4^+]-[K^+]$$

위의 식으로 보면 양이온이 증가하면 수소이온 농도$[H^+]$가 감소하여 pH가 증가하는 것이 명확하다. 우리나라에서 산성비 정책을 세우는데 필요한 것은 우리나라에 떨어지는 산성물질 강하 총량에 대한 전국적 규모의 연구이다. 우리나라와 같이 부유분진이 산성도에 영향을 크게 미치는 나라에서는 pH보다는 H^+, SO_4^{2-}, NO_3^-, Ca^{2+}, K^+, NH_4^+이온의 농도 및 그 총량이 더 의미가 있는 숫자가 된다.

2-2. 지표수(Surface Water)의 특성

지표수란 지표면 위에 존재하는 물의 총칭으로, 흐르는 물을 하천수(Stream), 고여 있는 물을 호수(Lake)라고 한다. 지표수는 지하수와 함께 수자원으로서 큰 역할을 하고 있다.

1) 지표수에 대한 CO_2, 유기물 및 조류의 영향

지표수는 다음과 같이 CO_2와 CO_3^{2-}의 구성비, 유기물의 유입 그리고 조류의 존재에 의해 크게 영향을 받는다.

(1) CO_2와 CO_3^{2-}의 영향

지표수는 대기에 존재하고 있는 CO_2의 접촉을 통하여 지표수의 성질에 영향을 준다. 지표수에 녹아 있는 CO_2와 CO_3^{2-}의 구성비는 지표수의 화학적 성질과 관계가 있다.

공기중의 이산화탄소는 다음과 같이 물과 반응한다.

$$CO_2+H_2O \rightleftarrows H_2CO_3 \rightleftarrows HCO_3^-+H^+$$
$$HCO_3^- \rightleftarrows CO_3^{2-}+H^+$$

평형 이동의 법칙(르샤틀리에의 원리)에 의하면, 평형상태에 있는 화학반응이 반응의 조건(농도, 온도, 압력 등)이 변하면, 그 변화를 감소시키려는 방향으로 반응이 진행되어 새로운 평형상태에 도달한다. 만약, 물이 산성화되면 H^+이온이 증가하게 되므로 위의 화학반응은 역방향으로 진행되게 된다. 역반응이 진행되면 용액속에 CO_2 이온이 많아지게 된다. 반대로 물이 염기성화되면, H^+이온이 감소하므로 화학반응은 정방향으로 진행하여 결국엔 CO_3^{2-} 이온이 많아지게 된다. 여기서 CO_2는 약산성물질이고 CO_3^{2-}는 염기성물질이다. 따라서 물속의 이온분포를 알면, 다음과 같이 그 물의 성질을 알 수 있다.

이온분포	지표수의 성질
CO_2 〉 CO_3^{2-}	산성
CO_3^{2-} 〉 CO_2	염기성

(2) 유기물의 영향

유기물이 지표수에 유입되면, 미생물의 분해작용으로 CO_2가 생성되어 다음과 같이 산성으로 변한다.

호기성 미생물에 의한 분해: $C_6H_{12}O_6+6O_2 \rightarrow 6CO_2+6H_2O$

혐기성 미생물에 의한 분해: $C_6H_{12}O_6 \rightarrow 3CO_2+3CH_4$

(3) 조류(Algae)가 지표수에 존재할 때는 조류가 낮에는 광합성과 호흡을 하고 밤에는 호흡을 하므로 지표수의 성질이 낮과 밤에 따라 변한다. 낮에는 광합성작용으로 O_2를 내고 CO_2를 흡수하고, 호흡작용으로 CO_2가 발생하나 흡수되는

CO_2가 훨씬 많으므로 전체적으로는 CO_2가 감소하여 지표수의 pH가 높아진다. 그리고 밤에는 호흡작용만 있기 때문에 CO_2가 증가하여 pH가 낮아지게 된다.

2) 하천(Stream)

하천은 지표면을 변화시키는 가장 주요한 기구로 침식, 운반, 퇴적 작용에 의한 침식지형 및 퇴적지형을 형성시킨다. 또한 하천은 지류에서 본류로 흘러 나가면서 화물운반 및 전기에너지를 생성하거나, 질소·인 등의 토사나 암반에 포함된 영양원을 바다에 제공하는 것 등이 가능해진다. 이러한 하천의 운반작용이 바다의 생물자원을 유지시키는 중요한 역할을 하고 있다. 하천이 상류에서 하류로 흘러감에 따라 유량, 토사의 운반량과 퇴적량이 증가하고 수심이 깊어진다. 반대로 하류로 갈수록 자갈의 둥근 정도를 나타내는 원마도 및 경사도는 감소하게 된다. 하천수는 지하수보다는 함유량은 적지만, 암반이나 토양으로부터 SiO_2, Ca, Na, Mg, K, Fe 등의 광물질과 HCO_3^-, SO_4^{2-}, Cl^-, NO_3^- 등을 녹여 함유하고 있는데, 이들이 지구 생태계에 매우 영향을 미치고 있다.

우리 나라 하천의 특징을 살펴보면 다음과 같다.

우선, 동고서저의 경동지형의 영향으로 큰 하천의 대부분이 황해와 남해로 흐르며, 이 하천들은 유역 면적이 넓고 유로가 길고, 유량이 풍부하여 평야가 잘 발달해 있다. 반면 동해로 유입하는 하천은 소규모 급류천을 형성하고 있으며, 유로가 짧고 유역 면적이 좁아 평야 발달이 미약하다. 이러한 이유로 동해안은 서해안보다 영양염류의 공급이 적어 수역의 영양이 떨어지는 특징을 갖고 있다.

두번째로는, 우리 나라의 하천은 최대유량과 최소유량의 비로 정의하는 하상계수가 크다(유황(流況)이 불안정하다). 여기서 하상계수란 최대유량/최소유량의 값을 말한다. 하천의 유출량은 여름에 강수가 집중되어, 연 유출량의 60% 이상을 차지하고 있다. 겨울과 봄철에는 강수량 적기 때문이며, 또한 유역분지가 협소하다. 따라서 물자원의 이용도가 낮고, 내륙수운 이용 및 수력발전에 불리하다.

세번째로는, 하천의 경사도가 크고 길이가 비교적 짧다. 따라서 유속이 빨라 용존산소(DO) 공급능력이 좋으나 하천의 길이가 짧아 충분한 자정작용을 거치지 않고 바다로 유입될 가능성이 크다.

마지막으로, 서남해안은 조류의 영향으로 밀물때 바닷물이 역류하여 수위가 주기적으로 오르내리는 감조(感潮)하천이다. 그래서 하류부근의 농경지에 염해의 피해가 있으며, 집중호우 시에 만조가 겹치면 하천주변의 저지대는 홍수의 위험이 있다. 또한 수질오염 심화, 해안 생태계 파괴, 인근해 어업 및 양식업 피해 등이 발생하기 쉽다.

3) 호수(Lake)

호수는 하천과 비교해 수심이 깊고 정지된 물로 일반적으로 유입구와 유출구가 있으며 깊이와 지역에 따라 다양한 생물종이 서식하고 있다.

온대지역의 호수에서는 여름과 겨울에 표수층, 수온약층, 심수층이라고 불리우는 3층의 수층이 형성되는 성층현상이 일어난다. 이때에는 심수층에서 산소 결핍 현상이 일어나고 호수바닥의 영양분이 순환되지 않아 표수층에 영양물질의 결핍이 일어날 수 있다.

그리고 봄과 가을에 호수의 수직 깊이에 따른 밀도차에 의해 전도현상이 일어난다. 이때에는 깊은 곳까지 산소가 공급되고 호수바닥의 영양분이 잘 순환되지만 호수바닥의 침전물 부상에 의해 호수 전체가 더럽게 보여 질 수 있다.

강으로부터 유입되는 침전물과 호수의 생물의 사체에 의해 점점 얕아져 늪 또는 소택지가 된다.

우리 나라는 화강암이 잘 발달되어 있어 핀란드와 같은 자연적으로 조성된 호수보다는 홍수조절, 용수공급, 수력발전 및 관광운하 등의 수자원 이용을 위해 인공적으로 조성한 호수가 대부분이다.

2-3. 지하수의 특성

지하수는 토양이나 암석 사이의 빈틈을 채우고 있거나 흐르는 물을 말한다. 대부분의 지하수는 토양이나 암석 틈으로 스며든 비와 눈 녹은 물이 모여 만들어지는데, 흐르는 속도는 지역에 따라 달라서 하루 평균 1.5m 정도로 흐르는 곳도 있지만, 어떤 곳은 연평균 약 1.5m의 속도로 아주 천천히 흐르기도 한다.

지하수는 토양중의 유기물과 무기물을 용해한 상태로서 빗물보다 다양한 성분을 포함하고 있으며 지하수중의 성분 함량에 따라 가정용 및 가정용에 준하는 목적으로 이용하는 생활용수와, 농작물 재배와 경작을 목적으로 하는 농업용수 및 폐수시설을 설치한 사업장에서 사업활동 목적으로 이용되는 공업용수로 구분하여 사용한다.

지하수의 특징을 나열하면 다음과 같다.

(1) 수온이 연중 일정하며, 속도가 느리고 미생물이 거의 없어 자정속도가 느리다.

(2) 토양이나 암반의 염분을 녹여 흐르므로 지표수에 비하여 염분함량이 크다.

(3) 지형, 지질, 햇볕, 등 국지적인 환경의 영향을 크게 받는다.

(4) 지하수는 지하 밑에서 흐르므로 대기와의 순환이 불량하여 O_2가 부족하고 CO_2가 많이 존재하여 약산성을 띈다.

(5) 미생물의 존재는 미약하나 지하수내의 유일한 분해작용은 미생물에 의해 이루어진다.

(6) 지하수 상층부의 천연 부식물질이 미생물에 의해 분해되어 유리탄산이 물에 녹아 지하 하층부로 이동한다. 따라서 하층부로 갈수록 중탄산이온이 많아져 알칼리도가 높아지게 된다.

$$CO_2 + H_2O \rightarrow HCO_3^- + H^+$$

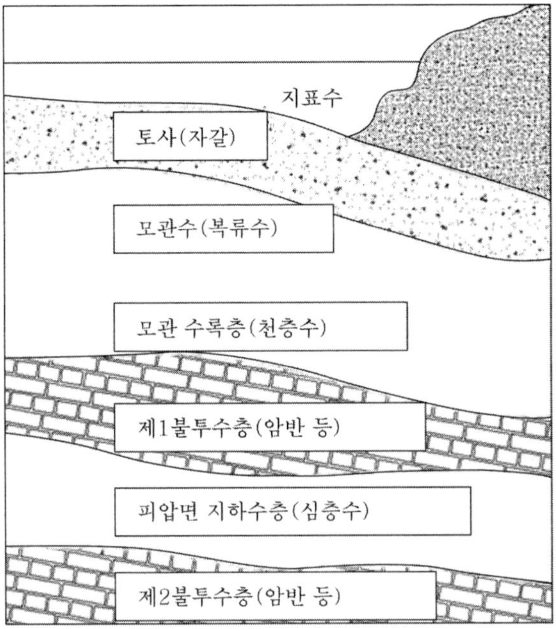

〈그림 3-9〉 지하수의 구조

※ 참고

(1) 복류수: 하천이나 호수의 저부 또는 측부의 자갈층에 포함되어 있는 물을 복류수라고 하며 이 복류수는 어느 정도 여과된 것이므로 지표수에 비해 수질이 양호한 편이나 지하수 중 오염되기 가장 쉬운 수원이다.

(2) 천층수: 복류수 다음 단계의 수원으로서 제1불투수층 위에 고여 있는 물이며 토양의 각종 무기물질 등을 용해하여 성분변화나 경도유발물질이 가장 높은 수원이다.

(3) 심층수: 제1불투수층(암반 등)밑을 흐르는 수원으로서 수맥을 형성하고 있으며 대지의 정화작용으로 무균 또는 거의 이에 가깝고 수온은 사시사철 일정하며 성분변화도 적다. 깊이는 50m 이상 내려가는 것이 보통이며 일단 한곳이 오염되면 수맥 전체가 오염될 확률이 높다.

(4) 용천수: 지하에서 피압면 지하수층을 따라 이동하던 지하수가 암석이나 갈라진 지층의 틈을 통해 지표면으로 솟아나오는 것을 용천(spring)이라 하고, 이 물을 용천수라고 한다.

3. 물의 분포와 순환

3-1. 물의 분포

물은 크게 해수와 담수로 구분하며, 담수는 빙하, 지하수, 하천 및 호수로 나뉜다. 지구상에 존재하는 물의 총량은 약 13억 6,000만㎦이고, 이 양의 97% 정도가 해수이며, 담수는 나머지 3%에 불과하다. 담수 중의 약 69.56%는 극지방의 빙산과 빙하로 존재하고 약 30.10%는 지하수이며 약 0.34%는 지표수(하천 및 호소)이다.

담수의 양은 빙하, 지하수, 지표수의 순으로 많다. 그리고 지구전체의 강수량은 약 $4\times10^{14}m^3$/년이고 이 중 25%만이 육지로 떨어진다.

3-2. 물의 순환

인간 활동에 사용되는 물은 대부분 비나 눈의 형태로 지표에 내린 것이다. 지상에 내린 물의 일부는 지표에서 바로 증발하고, 식물로부터 증산되며, 일부는 산림, 호수 등을 거치면서 증발된다. 또, 토양을 통하여 스며들기도 하고, 작은 하천이나 강을 통하여 대부분 바다로까지 이어지는 표면유출을 일으킨다. 바닷물은 공기 중으로 증발하여 빗물의 일부가 된다. 이와 같이 물은 지구 내에서 대기와 육지, 바다로 번갈아 이동하는데, 이를 물의 순환이라 부른다.

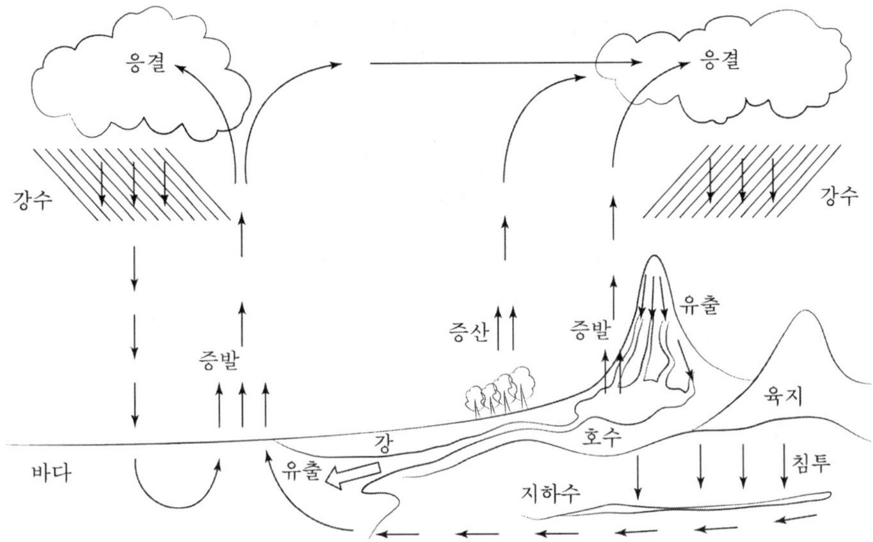

〈그림 3-10〉 물의 순환

이와 같은 물의 순환 과정을 통해 물은 해양, 대륙, 대기에 분배되고 수권은 적도의 강한 태양열을 저장하고 고위도로 분산시키는 역할을 한다.

4. 우리나라의 수자원 이용현황

시베리아 한랭 기단과 남태평양의 열대기단이 접하는 지역에 있는 우리 나라는 비교적 습윤한 지역으로 평균 강수량이 유럽의 두 배가 넘는다. 지역에 따라 약간의 차이는 있지만, 우리 나라에서는 연평균 대략 1,274mm의 물이 비나 눈으로 내린다. 남한 면적이 99,300㎢인 점을 고려하면, 1,276억톤의 물이 연간 공급되는 것으로 계산된다. 공급된 물 중 43%인 545억톤 가량이 증발되거나 지하로 침투되고, 총 강수량의 약 57%에 해당하는 731억톤이 하천으로 흘러들게 된다. 이 중에서도 우기인 6월과 9월 사이에 전체 강수량의 64.5%가 집중되어 있어, 이 시기의 강수는 대부분 홍수로 유실된다. 평상시에는 총 강수량의 18%에 해당하는 238억톤 가량의 물이 이용 가능한 유출이다. 우리나라의 수자원 이용현황을 살펴보면 농업용수, 하천유지용수, 생활용수, 공업용수 순으로 많다.

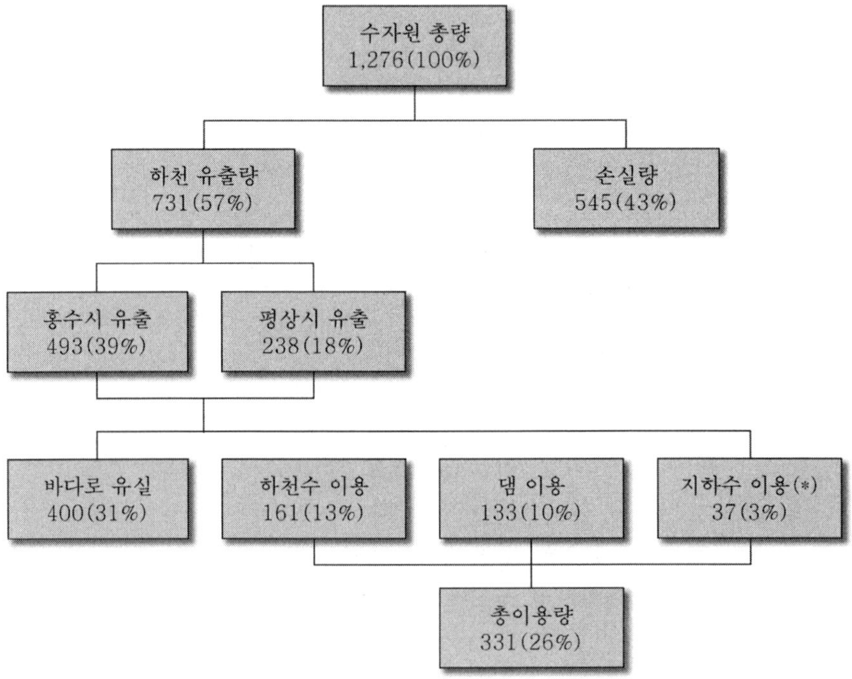

주) 지하수 이용(*) : 제주도 지하염수 이용량 620백만㎥이 포함된 양임

〈그림 3-11〉 우리 나라의 수자원

우리 나라는 연평균 강수량은 세계평균치의 1.4배 정도 많으나 인구 기준으로 보면 세계 평균의 1/10에 불과하여 물부족 국가로 분류되어 있다. 그리고 하천의 길이가 짧고 경사가 심해 우수가 바로 바다로 빠져 나가버릴 뿐 아니라 강수량이 여름에 집중되어 있는 관계로 하상계수가 외국의 10배 이상이기 때문에 물이용에 불리한 여건을 가지고 있다. 따라서 우리 나라는 60년대 근대화 과정을 거치면서 물관리 역사가 시작되었고, 1980년대 이후에는 수질보전, 수생태계관리를 체계적으로 관리하기 시작했다.

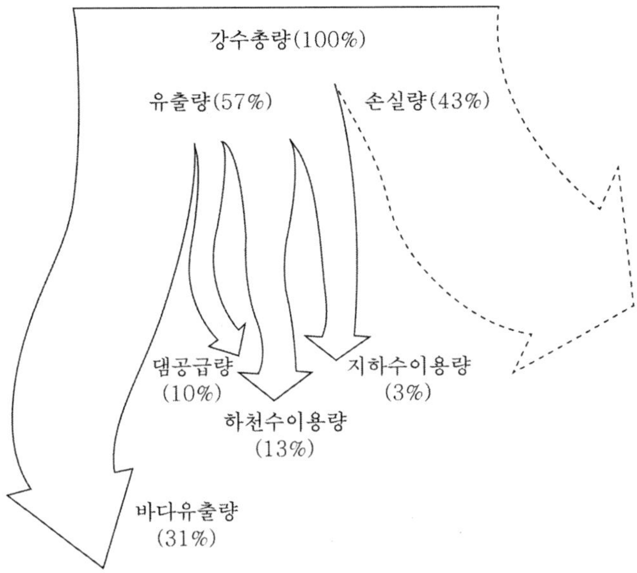

〈그림 3-12〉 우리 나라 수자원의 이용실태

연 습 문 제

01. 물의 특성을 나타내는 용어와 가장 거리가 먼 것은?
① 유용한 용매 ② 수소결합
③ 비극성 형성 ④ 육각형 결정구조

02. 물의 물리, 화학적 특성으로 틀린 것은?
① 물은 수소와 산소의 공유결합 및 수소결합으로 되어 있다.
② 물 분자는 H^+와 OH^-로 극성을 이루므로 유용한 용매가 된다.
③ 물은 표면장력과 융해열이 작아 광합성의 수소공여체로 사용된다.
④ 물은 비열이 커서 수온의 급격한 변화를 방지해 주므로 생물의 활동이 가능한 기온이 유지된다.

03. 우리나라 수자원에 대하여 이용량을 용도별로 나눌 때 그 수요가 가장 높은 것은?
① 생활용수 ② 공업용수
③ 농업용수 ④ 하천유지용수

04. 물의 물리 화학적 특성 중 틀린 것은?
① 물은 고체상태인 경우 수소결합에 의해 육각형 결정구조를 가진다.
② 물(액체)분자는 H^+와 OH^-의 극성을 형성하므로 다양한 용질에 유효한 용매이다.
③ 물은 광합성의 수소 공여체이며 호흡의 최종산물로서 생체의 중요한 대사물이 된다.
④ 물은 융해열이 크지 않기 때문에 생명체의 결빙을 방지할 수 있다,

05. 다음 중 물이 가지는 특성 중 틀린 것은?
① 물의 밀도는 0℃에서 가장 크며 그 이하의 온도에서는 얼음형태로 물에 뜬다.
② 물은 광합성의 수소공여체이며 호흡의 최종산물이다.

③ 생물체의 결빙이 쉽게 일어나지 않는 것은 융해열이 크기 때문이다.
④ 물은 기화열이 크기 때문에 생물의 효과적인 체온조절이 가능하다.

06. 물의 물리적 성질을 나타낸 것으로 옳지 않은 것은?
① 비열 1.0cal/g(20℃)
② 표면장력 72.75dyne/cm(20℃)
③ 비저항 2.5×107Ω · cm
④ 기화열 539.032cal/g(100℃)

07. 다음 중 지하수의 수질특성으로 옳지 않은 것은?
① 세균에 의한 유기물분해가 주된 생물작용이다.
② 지표수에 비하여 경도가 높은 편이다.
③ 국지적인 환경조건의 영향이 적다.
④ 자정속도가 느리다.

08. 농업용수 수질의 척도로 사용되는 SAR를 구하는데 포함되지 않는 항목은?
① Na
② Mg
③ Ca
④ Fe

09. 자연수의 수질 및 특성에 관한 설명으로 옳지 않은 것은?
① 자연수의 pH는 CO_2와 CO_3^{2-}의 비율로서 결정되는데, 공기 중의 탄산가스가 수분에 용해된 탄산의 포화평형상태 pH는 약 6.3이다.
② 낙차가 큰 물은 교란과 폭기작용으로 인해 pH가 높아진다.
③ 조류의 광합성 작용이 활발하면 물의 pH는 높아진다.
④ 액체상태의 물은 공유결합과 수소결합의 구조로 H^+, OH^-로 전리되어 전하적으로 양성을 가진다.

10. 지하수의 특성에 관한 내용으로 옳지 않은 것은?
① 토양수 내 유기물질 분해에 따른 CO_2의 발생과 약산성의 빗물로 인한 광물질의 침전으로 경도가 낮다.
② 기온의 영향이 거의 없어 연중 수온의 변동이 적다.
③ 하천수에 비하여 흐름이 완만하여 한번 오염된 후에는 회복되는데 오랜 시간이 걸리며 자정 작용이 느리다.
④ 토양의 여과작용으로 미생물이 적으며 탁도가 낮다.

11. 물의 물리 화학적 특성에 관한 설명으로 가장 거리가 먼 것은?
① 물은 고체상태인 경우 수소결합 에 의해 육각형 결정구조를 가진다.
② 물(액체)분자는 H^+와 OH^-의 극성을 형성하므로 다양한 용질에 유효한 용매이다.
③ 물은 광합성의 수소 공여체이며 호흡의 최종산물로서 생체의 중요한 대사물이 된다.
④ 물은 융해열이 크지 않기 때문에 생명체의 결빙을 방지할 수 있다.

12. 수자원 종류에 대해 기술한 것으로 틀린 것은?
① 지표수는 담수호, 염수호, 하천수 등으로 구성되어 있다.
② 호수 및 저수지의 수질변화의 정도나 특성은 배수지역에 대한 호수의 크기, 호수의 모양, 바람에 의한 물의 운동 등에 의해서 결정된다.
③ 천수는 증류수 모양으로 형성되며 통상 25℃, 1기압의 대기와 평형상태인 증류수의 이론적인 pH는 7.2이다.
④ 천층수에서 유기물은 미생물의 호기성활동에 의해 분해되고, 심층수에서 유기물분해는 혐기성상태하에서 환원작용이 지배적이다.

13. 농업용수의 수질 평가시 사용되는 SAR(Sodium Adsorption Ratio) 산출식에 직접 관련된 원소로만 옳게 나열된 것은?
① K, Mg, Ca　　② Mg, Ca, Fe
③ Ca, Mg, Al　　④ Ca, Mg, Na

14. 음용수를 염소 소독할 때 살균력이 강한 것부터 순서대로 옳게 배열된 것은?(단, 강함 〉 약함)

1. HOCl	2. OCl^-	3. Chloramine

① 1. → 2. → 3.　　② 2. → 3. → 1.
③ 2. → 1. → 3.　　④ 1. → 3. → 2.

15. 지하수의 특성에 관한 설명으로 옳지 않은 것은?
① 염분농도는 비교적 얕은 지하수 에서는 하천수보다 평균 30% 정도 이상 큰

값을 나타낸다.

② 지하수에 무기물질이 물에 용해되는 순서를 보면 규산염, Ca 및 Mg의 탄산염, 마지막으로 염화물 알칼리 금속의 황산염 순서로 된다.

③ 자연 및 인위의 국지적 조건의 영향을 받기 쉽다.

④ 세균에 의한 유기물의 분해가 주된 생물작용이 된다.

16. 물의 점성과 점성계수에 관한 설명으로 옳지 않은 것은?

① 물의 점성은 분자상호간의 인력 때문에 생기며 층간의 전단응력으로 점성을 나타낸다.

② 점성계수의 단위는 stokes로 나타낸다.

③ 점성계수는 온도가 20℃보다 0℃일 때 그 값이 크다.

④ 동점성계수는 점성계수를 밀도로 나눈 값이다.

17. 빗물의 특성에 대한 내용과 거리가 먼 것은?

① 빗물은 낙하하면서 대기중의 CO_2를 포화상태로 녹여 순수한 빗물의 pH를 약 5.6으로 만든다.

② 일반적으로 빗물은 용해성분이 많아 경수이며 완충작용이 강하다.

③ SO_2나 NO_2같은 기체가 빗물에 녹아 H_2SO_4와 HNO_3가 되어 산성비를 만든다.

④ 수자원으로서의 부정기적인 강우패턴과 집수・저장방법 문제로 가치가 비교적 크지 않은 편이다.

18. 음용수 중에 암모니아성 질소를 검사하는 것의 위생적인 의미로 가장 알맞은 것은?

① 조류발생의 지표가 된다.

② 자정작용의 기준이 된다.

③ 분뇨, 하수의 오염지표가 된다.

④ 냄새 발생의 원인이 된다.

19. 지하수 수질의 수직분포에 관한 내용으로서 틀린 것은?

① 산화, 환원 전위는 상층수에서 높고 하층수에서 낮다.

② 알칼리도는 상층수에서 크고 하층수에서 작다.

③ 염분은 상층수에서 작고 하층수에서 크다.

④ 유리탄산은 상층수에서 크고 하층수에서 작다.

20. Glucose($C_6H_{12}O_6$) 200mg/L 용액을 호기성 처리시 필요한 이론적인 양(mg/L)은?
(단, BOD_5:N:P = 100:5:1, K_1=0.1 day^{-1}), 상용대수기준

① 약 1.5
② 약 2.5
③ 약 3.5
④ 약 4.5

21. pH 8인 자연수에서 가장 많이 존재하는 알칼리도 유발물질은?

① CO_2
② HCO_3^-
③ CO_3^{-2}
④ OH^-

22. 다음은 물의 특성에 관한 설명이다. 이중 잘못된 것은?

① 물은 기화열이 커서 생물의 효과적인 체온조절이 가능하다.
② 물의 온도가 상승하면 표면장력이 증가한다.
③ 물은 비열이 커서 수온의 급격한 변화를 방지해 준다.
④ 물이 고체인 경우 수소결합에 의해 육각형의 결정구조를 가진다.

23. 지하수 수질의 수직분포 내용이 잘 못된 것은?
(단, 수질의 수직분포라 함은 동일 수층에서의 상하의 수질차를 말한다.)

① 산화 환원 전위: 상층수- 고(高), 하층수- 저(低)
② 유리탄산: 상층수- 대(大), 하층수- 소(小)
③ 염분: 상층수- 대(大), 하층수- 소(小)
④ 알칼리도: 상층수- 소(小), 하층수- 대(大)

24. 다음은 물의 특성을 나타내는 값이다. 틀린 것은?

① 비점 : 100℃(1기압하)
② 비열 : 1.0cal/g℃ (15℃)
③ 기화열 : 539cal/g(100℃)
④ 융해열 : 179.4cal/g(0℃)

25. 물의 밀도가 가장 큰 값을 나타내는 온도는?

① -10℃
② 0℃
③ 4℃
④ 10℃

26. 자연수 중 지하수의 경도가 높은 이유는 다음 중 주로 어떤 물질의 영향인가?

① NH_3 ② O_2

③ Colloid ④ CO_2

27. 다음중 물이 가지는 특징 중 틀린 것은?

① 고체인 경우 수소결합에 의해 육각형 결정구조를 가진다.

② 물은 광합성의 수소공여체이다.

③ 물의 융해열은 유사 화합물에 비해 작아 고체에서 액체로 되기 쉽다.

④ 모세관 현상과 관계있는 표면장력은 72.75dyne/cm(20℃)이다.

28. 산성비를 정의할 때 기준이 되는 수소이온농도(pH)는?

① 4.3 ② 4.5

③ 5.6 ④ 6.3

29. 물의 점성은 분자 상호 간의 인력 때문에 생기며 층간의 전단 응력으로 점성도를 나타내게 된다. 이러한 점성도는 수온과 불순물 농도에 따라 달라지는데 수온이 25℃에서 0℃로 감소하면 순수한 물의 점성도는?

① 2배로 증가한다. ② 4배로 증가한다.

③ 6배로 증가한다. ④ 8배로 증가한다.

30. 지하수 수질 및 오염에 관한 설명으로 틀린 것은?

① DO가 낮아 미생물에 의한 생화학적 작용이나 화학적 자정능력이 약하다.

② 지하수의 성분조성은 하천수와 비슷하나 경도가 높다.

③ 지하수 중 천층수가 오염가능성이 높다.

④ 지표수에 비하여 자연, 인위적인 국지조건에 따른 영향이 적다.

31. 지하수의 특성을 지표수와 비교해서 설명한 것 중 옳지 않은 것은?

① 경도가 높다. ② 지정작용이 빠르다.

③ 탁도가 낮다. ④ 수온변동이 적다.

32. 지구상 담수의 존재량을 볼 때 그 양이 가장 큰 존재 형태는?

① 하천수 ② 빙하

③ 호소수 ④ 지하수

33. 다음 중 가경도(Pseudo Hardness) 유발 무질로 가장 대표적인 것은?

① 칼슘 ② 염소
③ 나트륨 ④ 철

34. 우수(雨水)에 대한 설명 중 틀리게 기술된 것은?

① 우수의 주성분은 육수(陸水) 보다는 해수(海水)의 주성분과 거의 동일하다고 할 수 있다.
② 해안에 가까운 우수는 염분함량의 변화가 크다.
③ 용해성분이 많아 완충작용이 크다.
④ 산성비가 내리는 것은 대기오염물질인 NOx, SOx 등의 용존성분 때문이다.

35. 지하수가 오염되었을 때, 실시할 수 있는 대책 중 오염물질의 유발요인이 집중적이고 오염된 면적이 비교적 적을 경우 적용할 수 있는 가장 적절한 방법은?

① 현장공기추출법
② 유해물질 굴착 제거법
③ 오염지하수의 양수 처리법
④ 토양내의 미생물을 이용한 처리법

36. 일반적으로 담수의 DO가 해수의 DO보다 높은 이유로 가장 적절한 것은?

① 수온이 낮기 때문에
② 염도가 낮기 때문에
③ 산소의 분압이 크기 때문에
④ 기압에 따른 산소용해율이 크기 때문에

37. 다음 중 지하수에 대한 설명 중 틀린 것은?

① 천층수 : 지하로 침투한 물이 제1불투수층 위에 고인 물로, 공기와의 접촉가능성이 커 산소가 존재할 경우 유기물은 미생물의 호기성 활동에 의해 분해될 가능성이 크다.
② 심층수 : 제1불침투수층과 제2불침투수층 사이의 피압지하수를 말하며, 지층의 정화작용으로 거의 무균에 가깝고 수온과 성분의 변화가 거의 없다.
③ 용천수 : 지표수가 지하로 침투하여 암석 또는 점토와 같은 불투수층에 차단되어 지표로 솟아나온 것으로, 유기성 및 무기성 불순물의 함유도가 낮고,

세균도 매우 작다.

④ 복류수 : 하천, 저수지 혹은 호수의 바닥, 자갈 모래층에 함유되어 있는 물로, 지표수보다 수질이 나쁘며 철과 망간과 같은 광물질 함유량도 높다.

38. 물의 물리 · 화학적 특성으로 옳지 않은 것은?
① 물은 온도가 낮을수록 밀도는 커진다.
② 물 분자는 H^+와 OH^-로 극성을 이루므로 유용한 용매가 된다.
③ 물은 기화열이 크기 때문에 생물의 효과적인 체온조절이 가능하다.
④ 생물체의 결빙이 쉽게 일어나지 않는 것은 물의 융해열이 크기 때문이다.

39. 산성 강우의 주요 원인물질로 가장 거리가 먼 것은?
① 황산화물 ② 염화불화탄소
③ 질소산화물 ④ 염소화합물

40. 환경공학 실무와 관련하여 수중의 질소농도 분석과 가장 관계가 적은 것은?
① 소독
② 호기성 생물학적 처리
③ 하천의 오염 제어 계획
④ 폐수처리에서의 산, 알칼리 주입량 산출

41. 광합성에 영향을 미치는 인자로는 빛의 강도 및 파장, 온도, CO_2 농도 등이 있는데, 이들 요소별 변화에 따른 광합성의 변화를 설명한 것 중 틀린 것은?
① 광합성량은 빛의 광포화점에 이를 때까지 빛의 강도에 비례하여 증가한다.
② 광합성 식물은 390~760nm 범위의 가시광선을 광합성에 이용한다.
③ 5~25℃ 범위의 온도에서 10℃ 상승시킬 경우 광합성량은 약 2배로 증가된다.
④ CO_2 농도가 저농도일 때는 빛의 강도에 영향을 받지 않아 광합성량이 감소한다.

42. 지하수의 특징이라 할 수 없는 것은?
① 세균에 의한 유기물 분해가 주된 생물작용이다.
② 자연 및 인위의 국지적인 조건의 영향을 크게 받기 쉽다.

③ 분해성 유기물질이 풍부한 토양을 통과하게 되면 물은 유기물의 분해 산물인 탄산가스 등을 용해하여 산성이 된다.

④ 비교적 낮은 곳의 지하수일수록 지층과의 접촉시간이 길어 경도가 높다.

43. 물의 일반적인 성질에 관한 설명으로 가장 거리가 먼 것은?

① 계면에 접하고 있는 물은 다른 분자를 쉽게 받아들이지 않으며, 온도 변화에 대해서 강한 저항성을 보인다.

② 전해질이 물에 쉽게 용해되는 것은 전해질을 구성하는 양이온보다 음이온간에 작용하는 쿨롱힘이 공기 중에 비해 크기 때문이다.

③ 물분자의 최외각에는 결합전자쌍과 비결합전자쌍이 있는데 반발력은 비결합전자쌍이 결합전자쌍보다 강하다.

④ 물은 작은 분자임에도 불구하고 큰 쌍극자 모멘트를 가지고 있다.

44. 지표수에 관한 설명으로 옳은 것은?

① 지표수는 지하수보다 경도가 높다.

② 지표수는 지하수에 비해 부유성 유기물질이 적다.

③ 지표수는 지하수에 비해 각종 미생물과 세균 번식이 활발하다.

④ 지표수는 지하수에 비해 용해된 광물질이 많이 함유되어 있다.

[정답]

1. ③ 2. ③ 3. ③ 4. ④ 5. ① 6. ① 7. ③ 8. ④ 9. ① 10. ① 11. ④ 12. ③ 13. ④
14. ① 15. ② 16. ② 17. ② 18. ③ 19. ② 20. ① 21. ② 22. ② 23. ③ 24. ④ 25. ③
27. ③ 28. ③ 29. ① 30. ④ 31. ② 32. ② 33. ③ 34. ③ 35. ② 36. ② 37. ④ 38. ①
39. ② 40. ④ 41. ④ 42. ④ 43. ② 44. ③

제 4 장

수질오염과 지표

1. 수질오염의 정의

수질오염이란 자연적 또는 인위적 요인에 의해 수계의 자정작용 이상으로 오염물질이 유입되어 생태계에 피해를 주는 것을 말한다. 수질오염현상으로서 사람이나 가축의 배설물 속의 병원성 미생물과 기생충에 의한 수인성 전염병, 과다한 유기물질이나 중금속 유입, 영양염류의 과다 유입에 의한 부영양화 현상 등을 들 수 있다. 수질오염 현상으로서 다음과 같은 내용을 검토한다.

(1) 오염의 현상으로 용존산소(DO: Desolved Oxygen)의 저하를 들 수 있다. 대기중에는 부피기준으로 21%의 산소가 존재하는데, 대기중의 산소의 압력에 의해 수중에 산소가 녹게 된다. 수심이 깊을수록, 수생물체가 많을수록, 미생물에 의한 오염물질 분해가 많을수록, 산소농도가 쉽게 저하하므로 물속은 산소가 쉽게 고갈되기 쉬운 환경이다. 산소농도가 낮아지면 혐기성 상태가 되어 보통의 생물들이 살기 어려운 환경이 된다.

(2) 중금속에 의한 오염을 들 수 있다. 중금속은 생체에 흡수되었을 때 생체 밖으로 배출이 잘 안 되고 농축되어 급성, 만성적 피해를 일으킨다. 특히 중금속은 먹이사슬의 윗 단계로 갈수록 농축농도가 심해져 만성적 피해를 일으키는 경우가 많다.

(3) 부영양화 현상을 들 수 있다. 질소나 인의 성분이 다량 유입될 때, 평상시와는 달리 식물성 플랑크톤이 과도성장을 하여(녹조현상) 산소와 햇빛을 차단하고 많은 오염물질들이 바닥에 쌓여 물속에는 산소가 고갈된 죽음의 오염환경으로 변하게 된다. 이러한 녹조현상을 갖는 물을 염소로 소독하는 경우, 트리할로메탄(THMs)과 같은 발암물질이 만들어지기도 한다. 주로 호수나 저수지 등과 같이 정체된 수체에서 발생하는 오염현상이다.

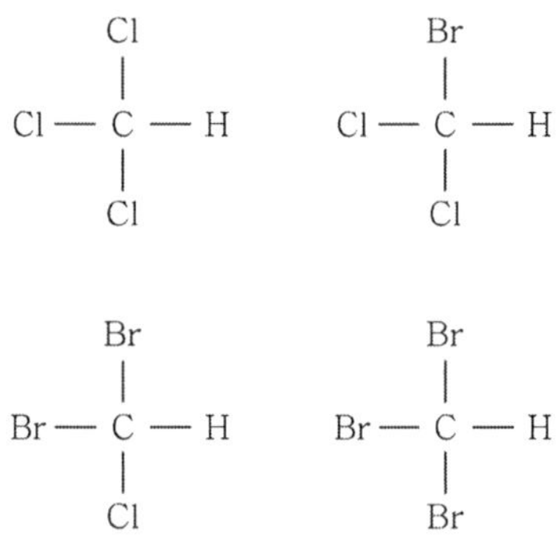

※메탄의 수소원자 3개가 염소(Cl), 불소(F), 취소(Br), 옥소(I)로 치환된 것을 트리할로메탄이라 한다.

〈그림 4-1〉 염소소독에 의해서 생성되는 트리할로메탄

트리할로메탄은 메탄(CH_4)유도체로서 분자량이 작은 염화탄화수소류이다. 수소원자 4개 중 3개가 염소, 브롬, 요오드로 치환된 것으로 10종의 화합물이 존재한다. 이 중 수돗물에서 발견되는 화합물을 〈그림 4-1〉에 보였는데, 이 4가지 화합물을 총칭하여 총트리할로메탄(Total Trihalomethanes; THMs)라고 한다. 총트리할로메탄의 생성은 반응시간이 길수록, pH가 높을수록, 휴민산의 농도가 높을수록, 체류시간이 길수록 높아진다. 그리고 일반적으로 클로로포름(CCl_3H)가 가장 많이 생성된다. $CHBrCl_2$와 $CHBr_2Cl$은 가열하면 유독성 가스가 발생하고 변이원성(變異原性)이 있다. 그리고 $CHBr_3$는 클로로포름보다 독성이 강하고, 국소점막자극, 간장애를 일으킨다. 수질오염 기준에서 THMs는 0.1mg/L 이하로 유지해야 한다.

(4) 전염성세균에 의한 오염을 들 수 있다. 이는 주로 감염된 인축의 배설물에 의한 것으로서 이질, 장티프스, 콜레라 등이 있다.

2. 수질오염원

오염원은 점오염원, 선오염원, 면오염원으로 구분할 수 있다. 여기서 선오염원, 면오염원을 합쳐 비점오염원이라 하기도 한다. 점오염원이 특정한 배출경로를 가진 것과는 달리, 비점오염원은 도시노면배수나 농경지배수와 같이 불특정한 배출경로를 통해 비점오염물질을 발생시키는 장소 또는 지역을 가리킨다.

공장, 학교, 집, 병원 등의 오염물질 배출은 오염지도상에 점으로 나타낼 수 있으므로 점오염원이라 한다. 점오염원은 그 배출시설 끝에 처리장치를 꼭 설치해야 한다. 예를 들면 가정이나 빌딩에서 배출한 오수는 정화조를 거친 후 하수종말처리장으로 흘러가게 하고, 공장에서 배출한 폐수는 폐수처리장에서 정화를 한 뒤 하천으로 방류하거나 하수종말처리장으로 흘러가도록 한다.

자동차는 이동성을 갖고 소단위로 오염물질을 배출하는 데, 도로에 따라서 오염을 발생시켜, 오염지도상에 점 아닌 선으로 표현하기가 용이한 오염원이기 때문에 선오염원이라 한다. 선오염은 배출량 및 오염기여도 파악에 불리하고 통제 또한 용이하지 못하다.

면오염물질은 주로 비가 올 때 지표면 유출수와 함께 유출되는 오염물질로서 농지에 살포된 비료나 농약, 토양침식물, 축사유출물, 교통오염물질, 도시지역의 먼지와 쓰레기, 자연동·식물의 잔여물, 지표면에 떨어진 대기오염물질 등을 말한다.

모든 오염물질을 포함한 채 배출되는 빗물이 실제로 주된 비점오염원이 된다. 비점오염물질은 대개 많은 비가 와야 유출되기 때문에 일간·계절간 배출량의 차이가 크고 예측과 정량화가 어려우며, 인위적 조절이 어려운 기상조건·지질·지형 등에 영향을 많이 받는 특성을 지니고 있다. 따라서 제도적으로 배출기준을 정하지 않고 있다.

3. 수질오염의 지표

수질오염의 정도를 측정하는 지표로는 pH(Hydrogen Ion Exponent : 소소이온농도), BOD(Biochemical Oxygen Demand : 생물화학적 산소요구량), COD(Chemical Oxygen Demand : 화학적 산소요구량), SS(suspended solids : 부유 물질), DO (Dissolved Oxygen: 용존산소), SOD(Sediment Oxygen Demand : 저질산소 요구량) 등이 있다.

3-1. pH

수질오염관리에 있어서 pH는 필요한 기본항목으로, 보통, 해수는 pH=8.2, 우수는 대기 중의 CO_2로 인하여 pH=5.6을 띄게 된다. 오염된 물의 처리에 있어서 생물학적 처리에 미치는 pH의 영향을 저감시키거나, 화학적 처리 시 적정 pH로 조정하기 위하여 pH관리가 반드시 필요하다. 하수만 유입되는 경우에는 하수는 대부분 중성이므로 별도의 pH조정을 하지 않지만, 하수처리장에 공장폐수가 유입되는 경우에는 공장폐수의 성상에 따라 산성 또는 알칼리성의 pH조정제를 주입하여 하수 성상을 중성으로 조절해 주어야 한다.

pH조정을 계획할 때는 산성 또는 알칼리성 유입하수의 성상에 따라 조정하여야 하며, pH 조정방법으로는 중화, 산성화 및 알칼리성화가 있다.

(1) 중 화

유입수내의 산성 및 알칼리물질에 의한 pH의 저하 또는 상승을 중성부근으로 조정하는 것을 중화라 하며, 하수종말처리시설내의 유량조정조에 의하여 어느 정도 중화효과가 있지만, 하수의 특성, 중화반응 등의 특성 및 유지관리면의 경제성, 용이성 등을 충분히 고려하여 중화조정을 하여야 한다. 특히, pH가 낮은 경우 상수관이나 구조물에 부식이 생기기 쉽고 pH가 높은 경우 관내에 스케일(scale)이 생기기 쉬우므로 중화조정에 주의를 기울여야 한다.

(2) 산성화 및 알칼리성화

하수를 산성화 또는 알칼리성화하여 각종 단위공정에 필요한 pH범위로 조정하며, 특히 응집이나 인의 침전시설에 많이 사용한다.

pH조정은 화학약품의 종류에 따라 비용의 변화가 크며, 하수중의 산이나 알칼리의 종류, 양등에 따라 화학약품을 선정하여야 한다. 산성하수의 pH조정은 강알칼리성의 가성소다(NaOH), 약알칼리인 탄산소다, 석회, 칼슘 및 마그네슘 화합물 등이 있으며, 가성소다(NaOH)가 가장 많이 사용되고 있다.

알칼리성하수의 pH조정은 생물학적 처리에 미치는 영향을 저감시키기 위해 강산성제 및 약산성제를 사용하여 중화한다. 강산성제로는 황산, 염산 등의 강산성제 사용시 반응속도가 빠르나 황산은 흡습성이 있으므로 취급에 주의를 하여야 하며, 염산은 비교적 슬러지 발생량이 적으나 부식성이 강하고 가격은 고가인 단점이 있다. 그리고 약산성제로서는 반응속도와 무관하며, pH를 7~8 이하로 할 필요가 없는 경우에는 탄산가스를 물에 녹여 사용하는 것이 가격이 저렴하다.

(3) pH 계산법

pH와 pOH의 정의는 다음과 같으며 수용액에서 둘의 합은 항상 14가 된다.

$$pH = -\log[H^+], \quad pOH = -\log[OH^-], \; pH + pOH = 14$$

여기서 $[H^+]$와 $[OH^-]$는 각각 수소이온의 M농도, 수산이온의 M농도를 나타낸다.

3-2. BOD

BOD는 하천수나 가정의 오수의 유기물량을 표시하기 위하여 가장 많이 사용되는 지표로서, 이것은 유기물을 미생물에 의해서 호기성 상태에서 20℃에서 5일간 분해 안정화(산화)시키는데 필요한 산소요구량(BOD_5)을 의미한다.

실제 물 속에는 유기물질의 종류가 대단히 많아 일일이 그 농도를 각기 측정하는 일은 대단히 어려운 작업이다. 따라서 이들이 물 속에 들어와서 갖는 공통적 특성, 즉 호기성미생물에 의해 산소가 소모된다는 점을 착안하여 많은 종류의 유기물질을 일일이 분석하지 않더라도 호기성 미생물에 의해 유기물질이 분해될 때 소모되는 산소량만을 측정하여 간접적으로 유기물의 양을 측정하는 방법이다.

단위는 주로 ppm(mg/L)으로 표시하며 수질오염이 심할수록 BOD의 수치가 높아진다. BOD 1mg/L 수준은 매우 깨끗한 상태로써 1급의 상수원수로 이용이 가능하고 3mg/L까지는 연어가 살 수 있고, 5mg/L까지 농업용수로 사용이 가능하지만, 10mg/L 이상이면 불쾌감을 주고 공업용수로도 사용이 불가능하다.

BOD는 탄수화물을 분해하는데 필요한 산소소비량인 CBOD와 질소화합물을 분해하는데 필요한 산소소비량인 NBOD로 구분한다. 묵시적으로, 아무런 단서조항이 없으면 BOD=CBOD를 의미하는 것으로 한다. BOD_u는 수중에 존재하는 탄수화물을 미생물이 분해하는데 소비되는 총산소량을 말하며, 분해기간은 20℃에서 약 20일 정도이다. 엄밀히 말하면 BOD는 탄수화물을 소비하는데 사용되는 산소소비곡선인 CBOD(또는 BOD로 표시)와 질소화합물을 소비하는데 사용되는 산소소비곡선인 NBOD(또는 NOD로 표시)로 구성되어 있다.

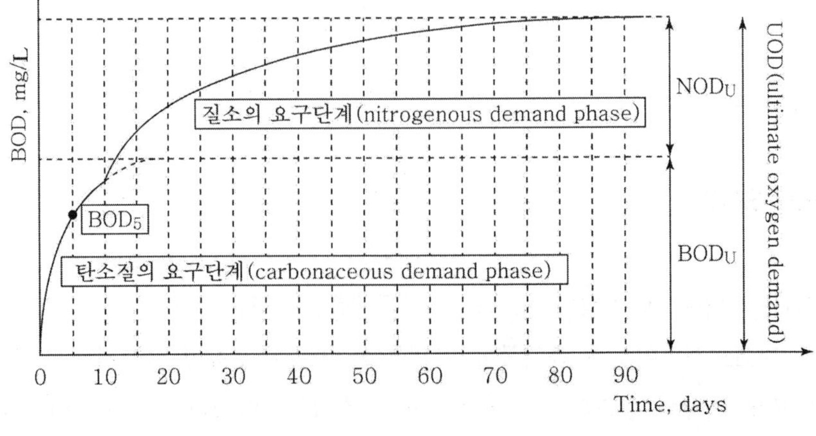

〈그림 4-2〉 BOD곡선

BOD_u(최대 생물화학적 산소요구량)는 수중에 존재하는 탄수화물을 미생물이 분해시키는데 필요한 총산소량으로서 소요되는 시간은 20℃에서 약 20일 정도이다. 즉, 다음과 같이 정리할 수 있다.

$$BOD_u = \text{최종 BOD} \fallingdotseq BOD_{20}$$

1) CBOD(또는 BOD)

일반적으로 미생물이 유기물을 분해할 때, 제1단계의 산화로, 20℃에서 5일 후에는 약 60~70%, 20일 후는 대략 95~99%의 탄소계의 유기물이 분해된다. 이 1단계를 CBOD(또는 BOD)라고 하며 이루어지는 반응식은 다음과 같다.

$$\text{탄수화물} + O_2 \rightarrow CO_2 + H_2O$$
$$\text{단백질} + O_2 \rightarrow CO_2 + H_2O + NH_3$$

미생물이 유기물질을 분해하는 속도는 그 순간에 존재하는 유기물의 질량에 비례하는 것으로 생각할 수 있다. 따라서 다음 식의 성립이 가능하다고 할 수 있다.

$$-\frac{dBOD}{dt} \propto BOD$$

윗 식을 적분하여 정리하자.

$$-\frac{dBOD}{dt} = k \cdot BOD,$$ 여기서 k는 비례상수이다.

$$\frac{1}{BOD}dBOD = -k \cdot dt$$

시간 = 0에서 시간 = t까지 적분하자. 여기서, 시간이 0일 때는 BOD = BOD_u이고 시간이 t일 때는 BOD = BOD_t(즉, t일 후 남아 있는 BOD)임에 유의한다.

$$\int_{BOD_u}^{BOD_t} \frac{1}{BOD}dBOD = -k\int_0^t dt$$

$$\ln\frac{BOD_t}{BOD_u} = -k \cdot t$$

$BOD_t = BOD_u \cdot e^{-kt} = BOD_u \cdot 10^{-k_1 t}$, 여기서 k = $[\ln(10)] \cdot k_1 = 0.4343k_1$이다.

따라서 다음 식이 성립한다.

$$\text{잔존 } BOD_t = BOD_u \cdot 10^{-k_1 t}$$

여기서, BOD_u : 최초의 전체 BOD,
k_1 : 탈산소계수
잔존 BOD_t : t일 후 남아 있는 잔존 BOD

그리고 소비 BOD는 총 BOD_u에서 잔존 BOD_t를 뺀 값으로 나타낼 수 있다.

$$\text{소비 } BOD_t = BOD_u - \text{잔존 } BOD_t = BOD_u \cdot (1 - 10^{-k_1 t})$$

일반적으로 BOD_t는 소비 BOD_t를 의미하며 다음과 같이 나타낼 수 있다.

$$소비\ BOD_t = BOD_u \cdot (1 - 10^{-k_1 t}) \equiv BOD_t$$

여기서 k_1은 수온이 달라지면 호기성미생물의 분해 능력이 달라지므로 수온의 함수이다. k_1은 다음과 같이 보정하여 사용한다.

$$k_1 = k_1(20℃에서의\ 값) \times \theta^{T-20},\ \theta = 1.047$$

여기서, θ : 온도보정계수
k_1 : 탈산소계수

시료채취 5일 후의 잔존 BOD_5는 다음과 같다.

$$BOD_5 = BOD_u \cdot \ (1 - 10^{-k_1 \cdot 5})$$

※참고: 대략적인 계산으로서 $BOD_u ≒ 1.5 \times BOD_5$를 사용하기도 한다.

[예제] 시료의 5일 BOD가 200mg/L이고 탈산소계수 값은 0.300/day(밑수는 10)이면 이 시료의 BOD_u는 얼마인가?(유효숫자 3자리로 나타내어라.)

[풀이]

$$BOD_u = \frac{200}{1 - 10^{-0.3 \times 5}} = 207mg/L$$

2) NBOD(또는 NOD)

탄소계의 유기물 산화에 따른 DO소모가 수렴되는 시점에서 제2단계로 질소

계유기물의 산화가 시작된다.

제2단계의 산소소비곡선을 NOD(또는 NBOD)라 하며 질산화 작용을 하는 미생물에 의해 산화되는 과정이다. 이 질산화 박테리아는 증식과 분해 속도가 늦어, 8~9일이 경과되어야 질산화가 일어나기 시작하며 완전 산화하는 데는 90일 정도가 걸린다. 질소화합물은 단백질에 포함되어 있으며 특히 사람과 가축의 배설물에 많이 존재한다. 따라서 물에 질소화합물이 많이 존재하면 배설물에 의해 오염되어 있을 가능성이 크다.

단백질 → 아미노산 :가수분해

아미노산 → NH_4^+-N (암모니아성 질소)

$2NH_4^+ + 3O_2 \rightarrow 2NO_2^- + 4H^+ + 2H_2O$: Nitrosomnas박테리아가 관여함

$2NO_2^- + O_2 \rightarrow 2NO_3^-$: Nitrobacter박테리아가 관여함

전체 질산화 반응 : $NH_4^+ + 2O_2 \rightarrow NO_3^- + 2H^+ + H_2O$

여기서 첫 번째 반응식은 3개의 산소분자가, 두 번째 반응식은 1개의 분자가 관여하므로 속도면에서 볼 때, 두번째 반응식이 훨씬 빠르다. 따라서 유기물분해가 2단계과정을 거칠 때는 NH_4^+-N(NH_4^+이온으로 존재하는 질소를 의미)가 증가하다가 감소하면서 NO_2^--N가 생기기 시작하는데 NO_2^--N는 곧바로 $2NO_3^-$-N로 변하기 때문에 $2NO_3^-$-N이온은 높게 검출되나 NO_2^--N이온은 낮게 검출되게 된다. 이러한 변화과정은 장시간에 걸쳐 진행된다. 이 질소화합물들은 다른 오염물질보다 유해성은 작지만, 존재형태에 따라 오염물의 유입 시점, 유입 지점, 경과시간 및 진행상태가 예측 가능하기 때문에 유력한 오염도의 지표가 된다.

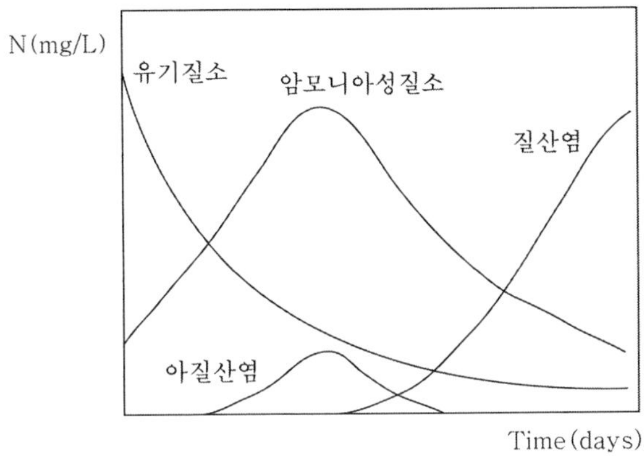

〈그림 4-3〉 호기성하에서 오수중에서 일어나는 질소 변화

따라서 미생물의 유기물산화 후 $2NO_3^-$-N가 검출되었다면 탄소계 유기물이 산화가 거의 완료된 것으로 보아도 좋다. 이는 수중에 DO가 충분할 때에 그렇다는 것이지 충분하지 않을 때는 혐기성 상태로 되어 다음과 같이 탈질작용이 일어난다.

$$NO_3^- \rightarrow NO_2^- \rightarrow N_2(\text{또는 } N_2O,\ NH_3)$$

탈질작용이 일어나면 수중에 가라앉아 있던 산화된 유기물덩어리가 부상하기도 하여 하수처리 공정에 좋지 않은 영향을 미치기도 한다. 그리고 NO_3^-이온은 청색증을 일으키게 하며 특히 유아에게 심하게 발생하여 질식사를 유발할 수 있다. 그 이유는 유아는 체중이 작아 질산염에 영향이 크고, 헤모글로빈이 덜 성숙되어 산화가 쉬우며, 그리고 위의 산도가 중성이기 때문에 박테리아 증식이 쉬워 위장장애를 일으키기 때문이다.

청색증을 일으키는 과정은 다음과 같다.

$$NO_3^- \rightarrow NO_2^- \rightarrow NO_2^- + \text{헤모글로빈}(Hb) \rightarrow NO_2Hb$$

여기서 질산화 미생물은 독립영양 미생물이며 탈질산화(탈질소화) 미생물은 종속영양 미생물이다.

※ 참고 : 햇빛과 물만 있으면 생존할 수 있는 미생물을 독립영양 미생물이라 하고 유기물이 있어야 생존하는 미생물을 종속영양 미생물이라 한다.

〈표 4-1〉 미생물의 종류

미생물의 종류	탄소원	미생물의 예
독립영양 미생물	CO_2	질산화 미생물
종속영양 미생물	유기탄소	탈질산화 미생물

충분한 시간이 흘러 탄수화물과 질소화합물이 같이 분해될 때의 총 BOD는 다음과 같다.

$$BOD_t = CBOD_u(1-10^{-kt}) + NOD_u\ (1-10^{-k_N(t-t_N)})$$

여기서, BOD_t : t시간동안의 총산소소비량(mg/L)

NOD_u : N화합물의 최종산소소비량(mg/L)

k_N : N화합물의 탈산소계수(day^{-1})

t_N : N화합물이 분해되기 시작한 시간(day)이다.

[예제] 미생물 $C_5H_7O_2N$ 100mg/L를 산화하는데 나타나는 BOD_u(Biochemical Oxygen Demend)와 NOD(Nitrogeneous Oxygen Demand)를 구하여라.

[풀이]

BOD반응(1단계 BOD) : $C_5H_7O_2N+5O_2 \rightarrow 5CO_2+2H_2O+NH_3$

미생물 113g을 산화시키는 데 160g의 산소가 필요하고 17g의 NH_3가 생성된다. 100mg/L의 미생물을 산화시키는 데 필요한 산소량 BOD = 100×160/113 = 141mg/L as BOD이고, 이때 발생하는 NH_3량은 100×17/113 = 15mg/L as NH_3이다.

NOD반응(2단계 NOD) : $NH_3+2O_2 \rightarrow HNO_3+H_2O$

NH_3 17g을 산화시키는 데 64g의 산소가 필요하므로 15mg/L의 NH_3를 산화시키는 데 필요한 산소량 NOD=15×64/17 = 56mg/L as NOD가 된다.

[예제] glucose($C_6H_{12}O_6$)100mg/L용액을 호기성 처리시 필요한 이론적 질소량(mg/L)은?(단, BOD:N:P=100:5:1 , k=0.1/day)

[풀이] 생물학적 처리를 하는데, 가장 좋은 조건은 BOD_5:N:P=100:5:1이다. 그리고 이론적인 산소요구량을 대략 BOD_u와 같다고 가정해서 푼다.

$$C_6H_{12}O_6+6O_2 \rightarrow 6CO_2+6H_2O$$

필요 산소요구량 = $\frac{6\times 32}{180}\times 100mg/L = 107mg/L$

BOD_u=107mg/L

$BOD_5=BOD_u(1-10^{-k_1\times 5})=107mg/L\times(1-10^{-0.1\times 5})=73mg/L$

BOD_5:N=100:5이므로,

∴필요한 N의 양 = 73×5/100 = 3.65mg/L

[예제] 시료의 5일 BOD가 300mg/L이고 탈산소계수 값은 0.200/day(밑수는 10)이면 이 시료의 BOD_U는 얼마인가?

[풀이]

$$BOD_U = \frac{300}{1-10^{-0.2\times5}} = 333mg$$

3-3. COD

COD(Chemical Oxygen Demand)는 유기물을 화학적으로 산화시킬 때 얼마만큼의 산소가 화학적으로 소모되는가를 측정하는 방법이다. 산화제로는 과망간산칼륨($KMnO_4$:한국, 일본에서 사용), 중크롬산칼륨($K_2Cr_2O_7$;구미 지역에서 사용) 등을 주로 사용하고 있다. 전자는 간단하고 시간이 짧지만 (약 30분~1시간) 산화력이 약하고, 후자는 약간 복잡하고 시간이 걸리지만 (2시간~3시간) 산화력이 강하다. 그래서, $K_2Cr_2O_7$의 COD값이 $KMnO_4$의 COD값보다 약 1.253배 정도 크게 측정된다. 과망간산칼륨과 중크롬산칼륨이 산화제로서 사용되는 화학반응식은 다음과 같다.

$$MnO_4^- + 8H^+ + 5e^- \rightarrow Mn^{2+} + 4H_2O \text{(반응시 열과 촉매 } Ag^+ \text{필요)}$$

$$Cr_2O_7^{2-} + 14H^+ + 6e^- \rightarrow 2Cr^{3+} + 7H_2O$$

따라서 과망간산칼륨은 가수가 5인 산화제이고 중크롬산칼륨은 가수가 6인 산화제이다. 즉, 과망간산칼륨 1M용액은 5N용액에 해당하고 중크롬산칼륨 1M 용액은 6N용액에 해당한다.

미생물에 의해 유기물질을 CO_2와 H_2O로 산화시키는데 필요한 O_2의 양인 BOD와는 달리 COD는 생물학적으로 산화될 수 있는 유기물과 생물학적으로 분해 불가능한 물질을 모두 강력한 산화제에 의해 강제적으로 산화시킬 때 필요한 산화제의 양에 대응하는 산소량을 ppm 또는 mg/L 단위로 나타낸 것이다. 따라서 COD값이 BOD값보다 일반적으로 높게 나타난다.

COD실험은 BOD실험이 5일 걸리는데 비해 약 2시간 이내에 측정이 가능한 장점이 있다. 따라서 빠른 수질결과를 확인하기 위하여 BOD대신 COD값을 측정하기도 한다. 그러나 염소이온, 아질산염, 제1철염, 황화물 등의 환원성 물질과 반응하여, COD를 증가시키는 단점도 있다. 한편, 황산제2철 등 제2철염은 산화되어 있는 물질이기 때문에 COD값에 영향을 미치지 못한다.

그리고 COD는 산화제의 종류, 농도, 반응온도, 반응시간, 산의 첨가량 등에 의해 크게 영향을 받는다.

물 속 유기물질 양을 나타내기 위하여 하천의 경우 BOD를 측정하며, 해역, 호소에서는 생체량(Biomass)인 조류를 유기물질량으로 포함시키기 위하여 BOD 대신 COD를 측정한다 그리고 공장폐수 중 유해성 무기물을 함유하고 있어 BOD 측정이 불가능할 경우 COD로 측정한다. 즉, 주로 도시하수는 BOD, 공장폐수는 COD를 측정한다. 그리고 COD는 BOD와는 달리 수중에 산소가 충분하지 않아도 측정이 가능한 장점이 있다. COD가 BOD보다 크면 수중에 무기성 오염물질이나 비분해성 유기물이 많이 포함되어 있는 것을 뜻한다.

[예제] 폐수 50mL를 산화하는데 0.1N $KMnO_4$가 40mL 소모되었다. 이때 COD는 몇 ppm인가?

[풀이]
0.1N $KMnO_4$ 40mL의 당량 $= 0.1(eq/L) \times 40mL = 4 \times 10^{-3}eq$
이를 산소의 질량으로 환산하면, 산소의 1eq의 질량은 8g이므로
산소의 질량 $= 4 \times 10^{-3}eq \times 8g/eq = 32 \times 10^{-3}g$
$32 \times 10^{-3}g$의 산소가 50mL에 녹아 있는 것에 해당되므로
∴ COD의 농도 $= 32 \times 10^{-3}g/50mL = 640mg/L = 640ppm$

3-4. DS, 콜로이드, SS

물속의 불순물입자는 크기에 따라 부유상태(Suspended), 콜로이드상태(Colloid), 용존상태(Dissolved)로 나뉜다. 여기서 용존상태와 콜로이드 상태의 입자는 유리섬유여과지(GF/C)를 통과하나 부유고형물은 걸러진다.

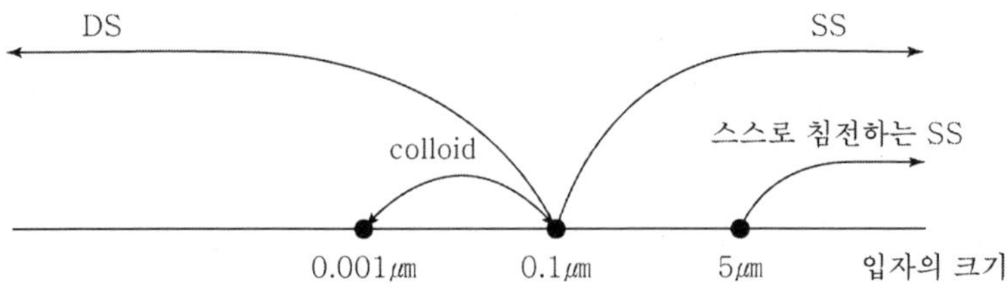

※DS:Dissolved Solid(용존고형물), SS:Suspended Solid(부유고형물)

〈그림 4-4〉 입자 크기에 의한 DS, 콜로이드, SS의 구분

1) DS

직경이 0.001μm 이하의 입자들은 거의 용존 상태로 녹아 있게 된다. 용존물질은 대부분이 유기물질과 무기물질 그리고 이온으로 구성된다.

2) 콜로이드

직경이 0.001~0.1μm까지의 입자들을 콜로이드 상태라고 하며, 이때의 상태는 수면위에 부유되지도 않고 가라앉지도 않는 상태를 말한다.

(1) 특징

주로 미생물의 먹이로 이용되며 콜로이드가 많을수록 미생물의 증식률은 높아진다. 콜로이드(용질)는 대게 음이온으로 대전되어 있으며 분산매(용매) 분자들과 충돌하여 불규칙적으로 움직이는 Brown운동을 한다. 이 때 이온의 대전은 전기이중층 이론으로 설명되어진다. 그리고 반투막을 통과 못해 투석작업 시 콜로이드를 걸러낼 수 있다. 또한 콜로이드는 비표면적이 매우 커서 흡착표면이 크기 때문에 흡착성이 우수하다.

(2) 종류

친수성 콜로이드와 소수성 콜로이드가 있는데, 전자는 비눗물, 우유, 물풀과 같이 액체 물질이 액체에 녹아 있는 형상이며 이를 emulsion이라고 한다. 후자는 먹물, 흙탕물과 같이 고체 물질이 액체에 녹아 있는 형상이며 suspension이라고 한다. 특히 소수성 콜로이드의 경우 틴들(Tyndall)효과를 나타내는데, 이는 용액에 광선을 통과시키면 입자가 산란되어 빛의 진로를 볼 수 있는 현상을 말한다. 친수성의 콜로이드의 경우 틴들효과는 아주 작거나 없다.

〈표 4-2〉 친수성 콜로이드와 소수성 콜로이드이드의 특성

	친수성 콜로이드	소수성 콜로이드
속 성	emulsion상태	suspension상태
	염에 민감하지 않다	염에 민감하다
	냉동 및 건조시킨 후, 재생이 쉽다	냉동 및 건조시킨 후, 재생이 어렵다
	틴들현상이 약하거나 없다	틴들효과가 크다
	물과 쉽게 반응한다	물에 반발한다.
	표면장력이 용매보다 작다.	표면장력이 용매와 비슷하다

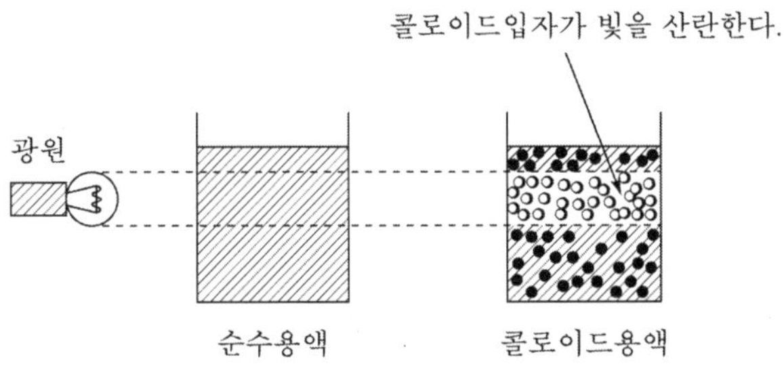

〈그림 4-5〉 틴들효과

(3) 소수콜로이드에 적용되는 콜로이드의 동특성

콜로이드는 콜로이드 간에 서로 당기는 인력인 van der Waals힘과 서로 밀어내는 척력인 Zeta potential과 중력의 세 가지 힘의 균형으로 평형을 유지한다. 제타전위란 고체와 액체가 상대운동을 할 때 고체에 밀착하여 움직이는 이온들의 표면에서의 전위를 말한다. 특히 제타전위가 "0"일 때의 상태를 등전점(isoelectric point)라고 한다.

(4) 콜로이드 불안정화기작(응집)

실제 오수처리에 있어서, 콜로이드를 제거를 위해 여러 방법을 사용하여 콜로이드 입자간의 충돌을 유도하여 응결시킨 후 제거한다.

예를 들면, 대부분이 음전하를 띄고 있는 콜로이드에 양이온을 내는 응집제를 주입하면 제타전위가 줄어들어 이중층이 압축(double layer compression)되어 콜로이드간의 거리가 좁아지면 인력이 척력에 비해 상대적으로 커져 응집이 일어나게 된다.

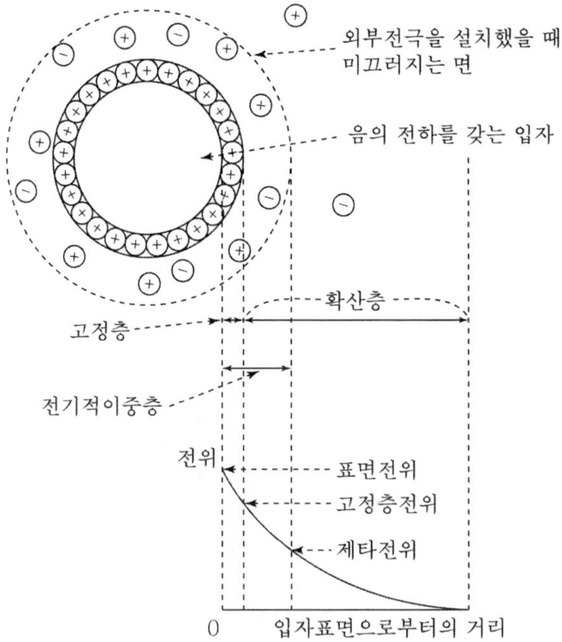

〈그림 4-6〉 전기이중층 이론

그리고 응집보조제(응결제)로서 유기성 고분자를 사용하면 플록이 가교현상(interparticle bridging)으로 연결되어 큰 입자를 형성하게 되어 침전이 잘 일어나게 된다.

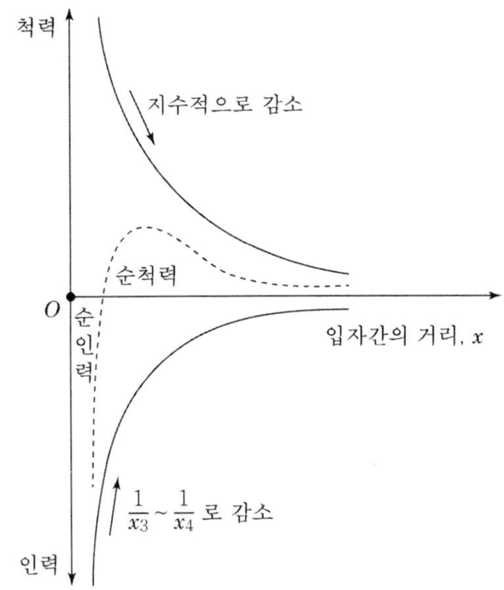

〈그림 4-7〉 콜로이드에 작용하는 척력과 인력

또한 응집제로서는 주로 금속염을 이용하는데, 응집작용 후 응집에 관여하지 않은 여분의 응집제는 침전물로 가라앉으면서 주변의 콜로이드를 포획하여 큰 입자가 형성되어 침전하게 되는데 이를 체거름현상(sweep coagulation)이라 한다. 이렇게 이중층압축, 가교현상, 체거름현상 등이 콜로이드의 불안정화에 기여하게 된다.

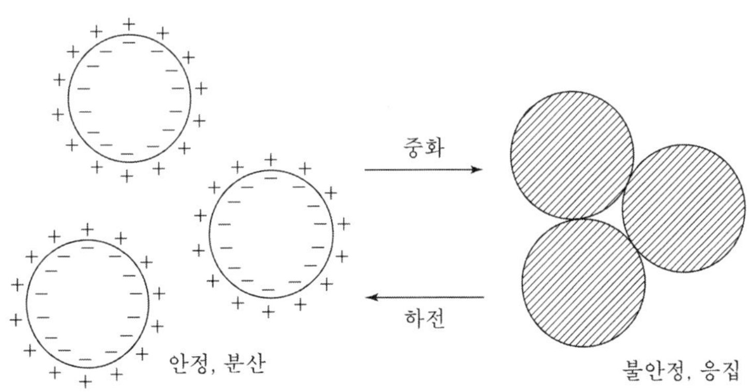

〈그림 4-8〉 콜로이드의 응집

소수성 콜로이드에 적은 양의 전해질을 가함으로써 전기적 중화로 제타전위를 줄여 서로 엉겨서 중력으로 가라앉게 하여 콜로이드를 제거할 수 있는데 이를 "엉김"이라 한다. 이때 친수성 콜로이드의 경우 많은 양의 전해질을 가해야 엉겨서 가라앉는데 이를 "염석"이라 한다.

3) SS

직경 0.1μm 이상의 입자인 부유물질을 SS(suspended solids: 부유물질)라고 하며, 물에 녹지 않고 수중에 현탁되어 있는 유기물과 무기물을 모두 포함한 고형 물질이다. 이는 공극이 0.1μm인 유리섬유여과지(GF/C)에 여과되지 않고 걸러진 부분을 105℃에 건조하여 남는 것을 말한다. 0.1~5μm 정도의 입자는 침전하지 않고 분산 상태를 나타내고 있다. 이는 아주 작은 미소립자이기 때문에 응집이나 생물학적 산화처리를 하지 않으면 제거하기 힘들다. 직경이 5~1,000μm 정도의 입자는 부유상태 이면서도 침전이 가능한 입자로 존재한다.

하천 및 호소에서 부유물질은 빛이 수중에 전달되는 전달률을 방해하여 식물성플랑크톤의 광합성 작용을 방해하고, 어류의 아가미에 부착되어 폐사시키기도 한다. 또한 부유물질 중의 유기성 성분은 물 속에 체류하면서 분해되어 DO를 소모시키는 작용을 하며, 무기질소와 무기인 등의 무기성 성분 등은 부영양화 현상을 일으키는 요인이 되기도 한다.

GF: Glass Microfiber Filters

유리섬유여과기의 종류	내 용
GF/A	박테리아 배양, 용액오염도 모니터링
GF/B	DNA 바인딩셀 포집용
GF/C	일반적인 수질오염 분석
GF/D	전처리용 필터
GF/E	단백질용 용액 여과

3-5. DO

DO(Dissolved Oxygen: 용존산소)는 수중에 용존하고 있는 산소량을 말한다. 물 속에 유기물이 유입되고, DO가 존재할 시에는 호기성 미생물에 의하여 DO가 소모되어서 수생 생물에게 무해한 최종 생성물이 형성된다. 그러나 물 속에 DO가 부족한 혐기성 상태일 때는 황산염(SO_4^{2-})이나 질산염(NO_3^-) 등과 같이 특정한 무기염의 환원을 통해 미생물이 산소를 취하게 된다. 이에 따라 최종적으로 발생하는 산물은 H_2S, CH_4, CO_2, N_2 등으로 생물에 유해한 물질이 생성되어 수생 생물에 문제를 일으키게 된다. 따라서 수중의 DO의 측정은 수중에 호기성 생물이 잘 생존할 수 있는 환경인가를 판별하는 중요한 수질항목이 된다.

DO는 온도가 높을수록 DO포화도는 감소한다. 20℃에서 청정수의 용존산소 포화도는 9.17ppm이고, 30℃에서 7.63ppm, 0℃에서는 14.62ppm 정도이다. DO는 수중생물의 생육과 밀접한 관계가 있으며, BOD증가하면 오염물질을 분해하기 위해 다량의 산소가 소비되므로 DO가 급속하게 감소될 때가 있다. 그리고 압력이 높을수록 공기중의 산소가 잘 녹으므로 DO가 높아진다고 할 수 있다. 물고기 생존허용한도인 DO의 농도는 5ppm 정도이다.

수중에 용존염류의 농도가 높으면 수중으로의 산소전달이 어렵게 되므로 용존산소량은 감소한다. 수중에 용존산소가 낮으면 확산효과에 의해 산소전달률은 높아진다. 수온이 같은 조건에서 해수에는 용존해 있는 염류량이 높기 때문에 해수보다 담수의 용존산소량이 높다.

[예제] 용량 500L인 물의 용존산소 농도가 9.2mg/L인 경우 Na_2SO_3로 물속의 용존산소를 완전히 제거하려고 한다. 이론적으로 필요한 Na_2SO_3의 양은?(단, Na의 원자량은 23이다.)

[풀이]

$$2Na_2SO_3 + O_2 \rightarrow 2Na_2SO_4$$

Na_2SO_3의 분자량은 $(23\times2)+32+16\times3=126$

2×126의 Na_2SO_3가 32의 O_2를 제거한다. 그런데 문제에서 제거해야 할 O_2가 500L×9.2mg/L이므로 이론적으로 필요한 Na_2SO_3량은

$$\frac{2\times126}{32}\times500L\times9.2\frac{mg}{L}=36225mg=36.2g$$

가 된다.

3-6. SOD

SOD(Sediment Oxygen Demand: 저질산소요구량, 침적물산소요구량)는 하천이나 호수의 저변부에 퇴적되어 있는 저질토의 표면에 존재하는 유기물질이 호기성 미생물에 의해 분해되는데 필요한 산소요구량을 말한다. SOD의 단위는 $g/(m^2\cdot day)$이다.

$$SOD = 단위시간당\ 소요산소량/바닥면적[g/(m^2\cdot day)]$$

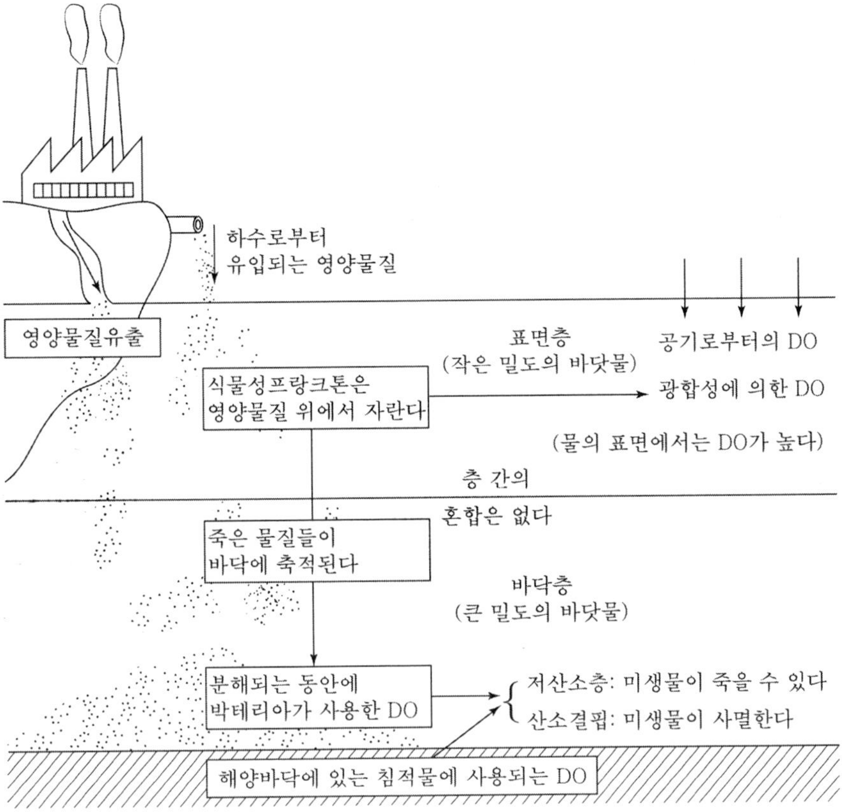

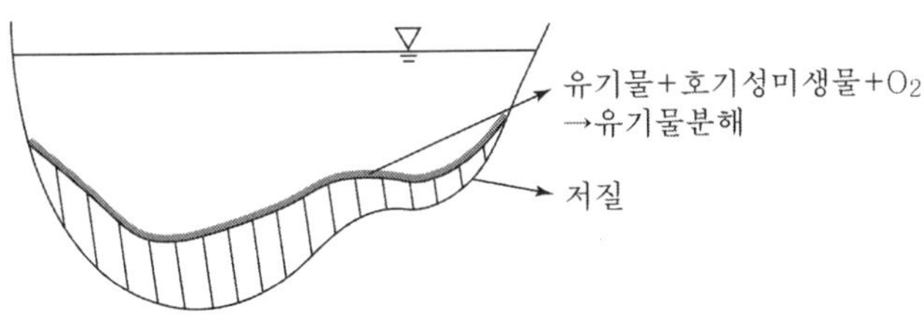

〈그림 4-9〉 저질산소요구량

[예제] 가로 20㎝, 세로 20㎝, 높이 15㎝인 직육면체 용기 속에 하천바닥에서 채취한 저질을 5㎝ 두께로 깔고 상부에는 물을 채워 외부로부터의 산소 공급이 차단된 상태에서 DO농도를 측정한 결과는 다음 표와 같다. 물 속의 유기물 분해로 인한 산소 소모를 무시할 때 저질 산소요구량(SOD)은 얼마인가?

시간(분)	0	30	60
DO(mg/L)	8.0	7.0	6.0

[풀이]

표를 보면 L당, 60분간(시간당) 산소소모량은 (8.0-6.0) mg/L·hour이다. 용기속의 물의 부피는 20×20×(15-5)cm^{3}이므로 용기내의 물의 시간당 산소 소모율은

$$(8.0-6.0)\times 20\times 20\times (15-5)\times \left(\frac{mg}{L\cdot\ hour}\right)\times (cm^3)$$

$$=(8.0-6.0)\times 20\times 20\times (15-5)\left(\frac{10^{-3}g}{10^3cm^3\times \frac{1}{24}day}\right)\times (cm^3)=0.19g/day$$

$$\therefore\ SOD=\frac{단위시간당소요산소량}{저질의표면적}=\frac{0.19\frac{g}{day}}{20\times 20cm^2}=\frac{0.19\frac{g}{day}}{20\times 20\times 10^{-4}m^2}=4.8\frac{g}{m^2\cdot\ day}$$

3-7. SAR (Sodium Absorption Ratio)

포화토양반죽(saturated soil paste, 飽和土壤)에서 추출한 물에서의 나트륨이온(Na^+)과 칼슘이온(Ca^{2+}), 마그네슘이온(Mg^{2+})과의 비율로서 농업용수 수질지표로서 이용된다. 여기서 포화토양반죽이란 흙과 물의 특별한 혼합 상태를 말한다. 이는 빛을 반사할 정도의 포화상태의 반죽된 토양으로서 용기를 기울였을 때 약간 흐르는 성질을 보인다.

SAR의 정의는 다음과 같다.

$$SAR=\frac{Na^+}{\sqrt{(Ca^{2+}+Mg^{2+})/2}}$$

Na^+의 양이 Ca^{2+}와 Mg^{2+}의 양과 비교하여 과다할 때는 Na^+가 Ca^{2+}와 치환되어 배수가 불량한 토양이 되며, 경작이 어려운 토질로 변한다. SAR의 값이 26 이하인 경우는 경작토양으로 문제가 발생되지 않는다.

3-8. 각종 지표간의 관계

1) BOD 및 COD간의 관계

용해성의 관점에서 BOD 및 COD에는 세분하여 불용성(Insoluble)과 용해성(Soluble)으로 나뉜다.

$$BOD = SBOD + IBOD$$

$$COD = SCOD + ICOD$$

그리고 생물학적 분해가능성의 관점에서 COD는 세분하여 생물학적으로 분해 불가능한 것(NBD : NonBioDegradable)과 생물학적으로 분해 가능한 것(BD : BioDegradable)으로 나뉜다.

$$BDCOD = BDSCOD + BDICOD$$

$$NBDCOD = NBDSCOD + NBDICOD$$

$$SCOD = BDSCOD + NBDSCOD$$

$$BDSCOD = SBOD_u$$

$$ICOD = BDICOD + NBDICOD$$

$$BDICOD = IBOD_u$$

BOD는 생물학적으로 분해 가능한 것이고 COD는 생물학적으로 분해가능한 것 그리고 분해 불가능한 것을 포함하기 때문에 다음과 같은 식이 성립한다.

$$COD > BOD_u = BDCOD$$

[예제] BOD_5가 180mg/L이고 COD가 320mg/L인 경우 탈산소계수(k_1)의 값은 0.12/day였다. 이때 생물학적으로 분해 불가능한 COD(NBDCOD)

는 얼마인가?

[풀이]

$COD = BDCOD + NBDCOD = BOD_u + NBDCOD$

$BOD_5 = L_0(1-10^{-k_1 \times 5day})$, $180mg/L = BOD_u(1-10^{-0.12 \times 5})$

$BOD_u = 240.38mg/L$

$\therefore NBDCOD = 320 - 240.38 = 79.62mg/L$

2) TS, DS 및 SS의 관계

총(T:Total)고형물질은 용액 속에 녹는 용존(D:Dissolved)고형물과 녹지 않는 부유(Suspended)고형물로 나뉜다.

$$TS = DS + SS$$
$$BDTS = BDDS + BDSS$$
$$NBDTS = NBDDS + NBDSS$$

3) TS, VS 및 FS의 관계

총고형물질은 고형물의 휘발특성에 의해 휘발성(V:Volatile)고형물과 잔류(F:Fixed)고형물로 나뉜다. 고형물질을 550℃에서 연소하였을 때 휘발되는 것을 휘발성고형물질, 잔류하는 것을 잔류고형물질이라 한다. 여기서 주의할 것은 휘발성고형물질 중에는 미생물에 의해 분해 안 되는 것도 있으나, 잔류고형물질은 대부분 무기질로서 모두 미생물에 의해 분해되지 않는다.

$$TS = VS + FS$$
$$BDTS = BDVS + BDFS = BDVS(BDFS = 0\text{이므로})$$
$$NBDTS = NBDVS + NBDFS = NBDVS + FS(NBDFS = FS\text{이므로})$$

4) SS, VSS 및 FSS의 관계

부유고형물질은 휘발특성에 의해 휘발성(V : Volatile)부유고형물과 잔류(F : Fixed) 부유고형물로 나뉜다. 고형물질을 550℃에서 연소하였을 때 휘발되는 것을 휘발성고형물질, 잔류하는 것을 잔류고형물질이라 한다.

$$SS = VSS + FSS$$
$$BDSS = BDVSS + BDFSS = BDVSS(BDFSS = 0\text{이므로})$$
$$NBDSS = NBDVSS + NBDFSS = NBDVSS + FSS$$
$$(NBDFSS = FSS\text{이므로})$$
$$VSS = BDVSS + NBDVSS$$

영문 약어	의 미	영문 약어	의 미
BD	생물학적 분해가능(BioDegradable)	SBOD	용해성BOD(Soluble BOD)
DS	용존고형물(Dissolved Solid)	SCOD	용해성COD(Insoluble COD)
FS	잔류고형물(Fixed Solids)	SS	부유고형물(Suspended Solid)
IBOC	불용성BOD(Insoluble BOD)	VS	휘발성고형물(Volatile Solid)
ICOD	불용성COD(Insoluble COD)	TS	총고형물(Total Solid)
NBD	생물학적분해불가능(NonBioDegradable)		

[예제] 다음과 같이 박테리아 1몰이 산화될 때, VSS와 ICOD를 구하라.

$$C_5H_7O_2N(\text{박테리아}) + 5O_2 \rightarrow 5CO_2 + 2H_2O + NH_3$$

[풀이] VSS는 물질 그 자체량이고 ICOD는 VSS를 산화시키는데 요하는 산소량으로

나타낸 값이므로 VSS = 113g, ICOD = 160g이 된다.

5) ThOD, TOD, TOC, BOD, COD와의 관계

(1) ThOD(Theoretical Oxygen Demand : 이론적 산소요구량)

어떤 유기물질이 화학적으로 완전히 산화, 분해될 때 이론적으로 필요한 산소량을 말한다.

(2) TOD(Total Oxygen Demand : 총산소요구량)

어떤 유기물질을 함유한 시료를 백금 등의 촉매하에 900℃ 이상에서 완전 산화한 경우에 소비되는 산소량을 말한다.

(3) TOC(Total Organic Carbon : 총유기탄소)

어떤 유기물질 중에 함유된 총 탄소의 양을 말하며, 이론적으로 계산하거나 시료 중 용존 탄소를 고온하에서 완전 연소시켰을 때 발생되는 이산화탄소 가스를 적외선 분석 장치로 정량적으로 측정한다. 수중에서 유기적으로 결합된 탄소의 합을 말한다.

[예제] 메틸알코올(CH_3OH)의 이론적 COD와 TOC의 비율(COD/TOC)을 구하라.

[풀이] 메틸알코올의 이론적 산화반응식을 이용한다.

$$CH_3OH + 1.5O_2 \rightarrow CO_2 + 2H_2O$$

메틸알코올 32g을 산화하는데 1.5×32g = 48g의 산소가 필요하다. 이때 유기물에 함유된 총탄소량은 12g이므로 COD = 48g, TOC = 12g임을 알 수 있다.

∴ COD/TOC = 48/12 = 4

[예제] CH_2O 1mol의 ThOD, TOC는 얼마인가?

[풀이]

CH_2O의 이론적 산화반응식을 이용한다.

$$CH_2O + O_2 \rightarrow CO_2 + H_2O$$

CH_2O 1mol(30g)을 산화하는데 1mol(32g)의 산소가 필요하다. CH_2O가 1mol이므로 ThOD=32g, TOC =12g

(4) 각 지표의 크기 비교

유기탄소는 산화되어 CO_2가 되므로 유기탄소 12g과 반응하는 O_2는 32g이 된다. 따라서 O_2의 양 = ThOD 〉〉 TOC이며, 산소요구량 측면에서 볼 때는 ThOD가 가장 크고 BOD_5가 가장 작을 것이다. 이하 크기 순서대로 나열하면 다음과 같다.

$$ThOD > COD > TOD > BOD_u > BOD_5 > TOC$$

[예제] CH_4 100g을 완전히 산화하는데 필요한 이론적 산소량은 얼마인가?

[풀이]
산화의 화학방정식은 다음과 같다.
$CH_4 + 2O_2 \rightarrow CO_2 + 2H_2O$
따라서 이론적 산소요구량은 $\frac{2 \times 32}{16} \times 100 = 400g$이다.

[예제] 어떤 시료에 CH_3OH(메탄올) 200mg/L가 함유되어 있다. 이 시료의 ThOD와 BOD_5를 구하라. (단, $k_1 = 0.1/day$, 밑은 10으로 한다.)

[풀이]
$CH_3OH + \frac{3}{2}O^2 \rightarrow CO_2 + 2H_2O$

$ThOD = \frac{48}{32} \times 200 = 300\frac{mg}{L}$

$BOD_5 = 300 \times (1 - 10^{-0.1 \times 5}) = 205.13\frac{mg}{L}$

[예제] 포도당($C_6H_{12}O_6$), 300mg이 산화하는데 필요한 이론적 산소요구량을 구하라.

[풀이]
화학반응식은 다음과 같다.

$$C_6H_{12}O_6+6O_2 \rightarrow 6CO_2+6H_2O$$

포도당 180g 산화하는데 산소가 6×32g이 필요하므로, 구하는 산소요구량은 다음과 같다.

$$\frac{300\times32\times6}{180}=320\text{mg}$$

4. 수질의 기타특성

4-1. 경도

경도는 수중의 Ca^{2+}, Mg^{2+}, Sr^{2+}, Fe^{2+}, Mn^{2+} 등의 2가 금속이온 함량을 나타내는 것으로서 이들 이온의 당량에 대응하는 탄산칼슘($CaCO_3$)의 mg/L농도로 표시한 값으로 물의 세기를 나타낸다. 물의 경도가 높으면 물의 이용에 있어서 다음과 같은 많은 문제를 일으킨다.

① 경도는 보일러 관내의 스케일·슬러지 발생의 주요인으로 작용하여 열전도의 방해, 증발관의 막힘, 국부전지 등의 장해 요인이 된다.

② 경도가 높은 물에서는 물속의 양이온들이 비누와 먼저 결합, 반응하여 세척효과를 떨어뜨린다.

③ 경도가 기준치인 300mg/L as $CaCO_3$ 이상인 경우 음수로 사용시 설사, 복통이 날 수 있다.

④ 경도가 높은 물을 양조용으로 사용하면 술맛이 좋아진다.

그리고 바닷물 등 Na^+, K^+가 많이 포함되어 있는 물에서는 일반적으로 비누작용이 원활치 못하다. 그 이유는 공통이온 효과 때문이다. 여기서 공통이온 효과란 이온 평형계에서 평형에 참가하는 이온과 공통된 이온을 추가하면 그 이온의 농도를 감소시키는 방향으로 평형이 이동하는 현상을 말한다. Na^+, K^+는 경도를 유발하는 물질은 아니지만 다량 포함되어 있을 때는 경도와 유사한 효과를 나타낸다. 이를 유사경도라고 한다.

총경도 계산은 다음과 같이 한다.

$$\text{총경도(as } CaCO_3\text{, mg/L)} = \frac{CaCO_3}{M^{2+}\text{당량}} \times (M^{2+}, \text{mg/L})$$

〈표 4-4〉 센물, 단물 그리고 탄산칼슘과의 관계

mg/L as $CaCO_3$	종류
0~75	단물
150~300	센물

〈표 4-5〉 경도를 유발하는 주요 양이온과 음이온

양이온	Ca^{2+}, Mg^{2+}, Sr^{2+}, Fe^{2+}, Mn^{2+} (경도유발물질)	
음이온	OH^-, CO_3^{2-}, HCO_3^- (알칼리도유발물질)	SO_4^{2-}, SiO_3^{2-}, Cl^-, NO_3^- (산도유발물질)
종류	탄산(일시)경도	비탄산(영구)경도

1) 탄산경도

Ca^{2+}, Mg^{2+}, Sr^{2+}, Fe^{2+}, Mn^{2+} 등의 경도유발물질이 OH^-, CO_3^{2-}, HCO_3^- 등과 같은 알칼리도 유발물질과 결합하고 있을 때 이를 탄산경도(carbonate hardness)라 하며 끓이면 침전하여 연수화되므로 일시경도라고 한다.

$$Ca(HCO_3)_2 \rightarrow CaCO_3\downarrow + CO_2 + H_2O \quad \text{(열을 가함)}$$

일시경도 물질의 예로서 $Ca(HCO_3)_2$, $Mg(HCO_3)_2$ 등이 있다.

2) 비탄산경도

Ca^{2+}, Mg^{2+}, Sr^{2+}, Fe^{2+}, Mn^{2+} 등의 경도유발물질이 SO_4^{2-}, SiO_3^{2-}, Cl^-, NO_3^- 등과 같은 산도 유발물질과 결합하고 있을 때 이를 비탄산경도(non-carbonate hardness)라 하며 끓여도 제거되지 않으므로 영구경도라고 한다.

영구경도 물질의 예로서 $CaSO_4$, $CaCl_2$, $MgSO_4$, $MgCl_2$ 등이 있다.

4-2. 알칼리도

1) 정의

천연수의 알칼리도는 강염기의 염과도 관계가 있지만, 주로 약산의 염인 탄산염(CO_3^{2-})에 기인한다. 생물의 호흡작용, 우수 중의 CO_2 및 혐기성 분해 등에서 발생한 CO_2가 물에 녹아 중탄산이온이 되고 이것이 석회암 및 토양을 통과할 때 Ca, Mg를 용출하는 원인이 되고 있다. 하수의 알칼리도는 공장폐수의 오염도를 나타내는 하나의 지표이고 또한 하수처리에 있어서는 생물학적 질화, 응집침전 등의 처리효과를 좌우하는 중요한 인자이다.

알칼리도란 수중에 OH^-(수산화물), CO_3^{2-}(탄산염), HCO_3^-(중탄산이온)의 존재하는 양을 대응하는 $CaCO_3$의 양(mg/L)으로 환산해서 나타낸 값을 말한다. 이는 산을 중화시키는 완충작용을 한다. 알칼리도유발물질이 존재하는 pH 범위는 pH 4.5~14인 것으로 알려져 있다.

알칼리도 측정은 강산, 예를 들면 0.02N의 황산에 의한 중화적정으로 측정하며, 중화시키는데 필요한 산에 상당하는 $CaCO_3$의 농도로 표시한다.

2) 수중의 알칼리도와 pH와의 관계

자연수 중의 알칼리도와 관계있는 이온 OH^-, CO_3^{2-}, HCO_3^-는 아래에 보인 바와 같이 CO_2와 밀접한 관계를 갖고 평형상태를 유지하고 있다.

$CO_2 + H_2O \rightleftarrows H_2CO_3 \rightleftarrows HCO_3^- + H^+$(pH가 낮아지면 역반응으로)

$HCO_3^- \rightleftarrows CO_3^{-2} + H^+$(pH가 낮아지면 역반응으로)

$M(HCO_3)_2 \rightleftarrows M^{2+} + 2HCO_3^-$

$CO_3^{2-} + H_2O \rightleftarrows HCO_3^- + OH^-$

위의 두 식을 검토해 보면 pH가 높아질수록 이온분포가 CO_2 → HCO_3^- → CO_3^{2-}의 순으로 많아짐을 알 수 있다.

〈표 4-6〉 pH와 이온분포

pH	많이 존재하는 이온
pH〈5	CO_2
5〈pH〈9	HCO_3^-
pH〉9	CO_3^{2-}

HCO_3^-는 냉수 중에서 OH^-를 거의 발생시키지 않으므로 HCO_3^- 양이 많아도 pH는 높아지지 않는다. 그러나 가열하면 중탄산염에서 CO_2가 분리되어 대기중으로 방출하므로 중탄산염은 탄산염이 되고 이것이 OH^-를 발생시키므로 알칼리성을 띄게 된다.

$$HCO_3^- \rightarrow CO_2\uparrow + OH^-$$

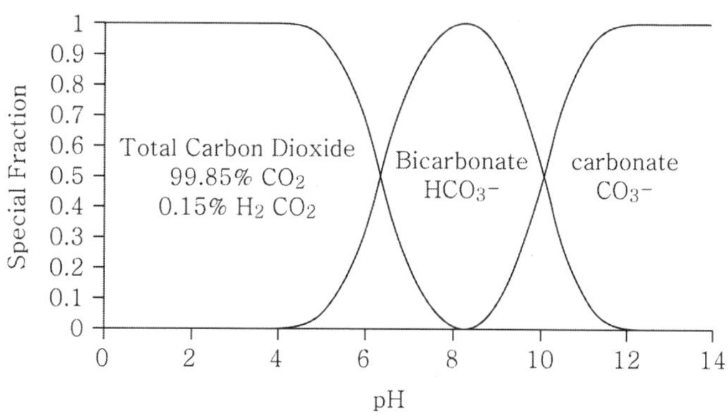

〈그림 4-10〉 pH에 대한 총이산화탄소, 중탄산염, 탄산염의 분포

2) 측정

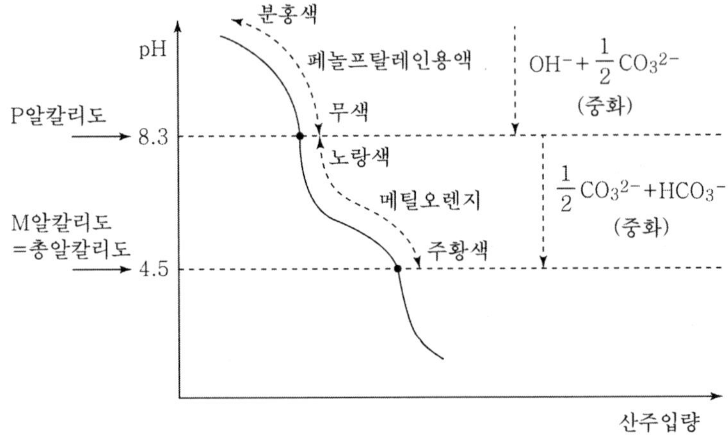

〈그림 4-11〉 알칼리도의 측정

알칼리도는 중화점의 pH에 따라, 총알칼리도 또는 M알칼리도(pH4.5)와 페놀프탈레인 알칼리도 또는 P알칼리도(pH8.3)로 나누어진다.

시료의 pH가 8.3 이하일 때와 8.3 이상일 때와는 적정방법을 달리한다. pH가 8.3 이하일 때는 pH4.5일 때까지 한 번의 적정을 행한다. 이 때는 메틸오렌지를 시약으로 사용하는데 종말점에 가까워짐에 따라 노란색에서 주황색으로 바뀐다. pH가 8.3 이상인 경우에는 두 단계로 적정한다. 우선 pH가 8.3될 때까지 적정하는데, 페놀프탈레인 지시약이 분홍색에서 무색으로 변하게 된다. 그 다음 pH가 4.5될 때까지 적정하는데 위와 마찬가지로 메틸오렌지 지시약을 이용한다.

pH가 8.3될 때까지 OH^-이온 전부와 CO_3^{2-}의 반이 적정이 되며. 이후 pH가 4.5될 때까지 나머지 CO_3^{2-}의 반과 HCO_3^-이온 전체가 적정된다.

산으로 적정이 진행됨에 따라 이온의 화학반응식은 다음과 같다.

$$H^+ + OH^- \rightarrow H_2O$$

$$CO_3^{2-} + H^+ \rightarrow HCO_3^-$$

$$HCO_3^- + H^+ \rightarrow H_2CO_3$$

탄산염 및 수산화물을 포함한 시료를 M알칼리도까지 적정될 때까지 주입된 산의 양을 $CaCO_3$로 환산한 값을 총알칼리도(Total Alkalinity)라고 한다.

3) 계산

적정하는 황산의 농도와 부피를 각각 N_1, V_1, 시료의 농도와 부피를 각각 N_2, V_2라 하면 중화적정의 식은 다음과 같다.

$$N_1 \times V_1 = N_2 \times V_2$$

$$N_2 = \frac{N_1 \times V_1}{V_2}$$

시료의 노말농도 N_2를 $CaCO_3$로 환산한 노말농도라고 하고 농도를 ppm농도로 다음과 같이 환산한다. 1N 농도의 $CaCO_3$용액에는 100/2g의 $CaCO_3$가 1L 용액에 있음을 의미한다.($CaCO_3$의 가수=2)

Alkalinity($CaCO_3$) =

$$N_2 \times 50\frac{g}{L} = \frac{N_1 \times V_1 \times \frac{50g}{L}}{V_2} = \frac{N_1 \times V_1 \times 50}{V_2}\frac{g}{L} = \frac{N_1 \times V_1 \times 50 \times 10^3}{V_2}\frac{mg}{L}$$

여기서, N_1: 소비된 산의 농도
V_1: 소비된 산의 부피
V_2: 알칼리도를 갖는 시료의 양

이다.

[예제] 시료 100mL를 0.05N H_2SO_4로 적정하였더니 10mL 소비되었다. 이 시료의 총알칼리도(mg/L as $CaCO_3$)를 구하라.(소수점 이하는 무시)

[풀이]

$NV = N'V'$

$0.05eq/L \times 10mL = N' \times 100mL$

$N' = \frac{0.05 \times 10eq/L}{100}$

$\therefore 총알칼리도 = \frac{0.05 \times 10eq/L}{100} \times \frac{100g}{2eq} = 250mg/L \text{ as } CaCO_3$

4) 알칼리도의 이용

① 응집제 투여시 응집효과를 촉진하기 위해 pH를 높게 해야 할 때 알칼리도를 이용한다.

② 랑게리아 포화지수 계산에 의해 부식제어에 제어변수로 활용한다.

③ 물을 연수화할 때 석회, 소다회 소요량을 계산할 때 활용한다.

④ 알칼리도가 낮을 때 철의 부식을 방지하기 위해 첨가한다.

⑤ 탄산 알칼리도는 Ca^{2+}, Mg^{2+}, Sr^{2+}, Fe^{2+}, Mn^{2+} 등의 양이온을 제거하여 물을 연수화시키는 데 필요하다.

5) 수중의 알칼리도의 특징

① 알칼리도는 지질에 의해 결정되는 것과 공장폐수의 오염에 의한 것이 있다.

② 자연수에서는 수중 CO_2가 중탄산염으로 쉽게 변하기 때문에 알칼리도는 대부분 중탄산염의 양으로 결정되며, 탄산염 및 수산화물형태는 드물다.

③ 수산화물 및 탄산염은 수산화기를 내므로 알칼리도를 높이지만 중탄산염은 찬물에서 수산화기를 거의 방출하지 않아 pH를 높이지 않는다.

④ 중탄산염을 포함한 물을 가열하면 CO_2의 분리로 탄산염으로 바뀌어 pH가 상승한다.

⑤ 알칼리도가 높은 물을 폭기하면 산성의 특성을 가진 기체인 CO_2가 제거되어 pH가 상승한다. 그러나 알칼리도가 낮은 물을 폭기하면 pH가 낮아진다.

6) 랑게리아 지수(Langelier satulation Index)

수돗물에서 탄산칼슘의 포화상태를 표현하는 지수로서 pH가 평형 이상으로 증가하면 탄산칼슘 생성으로 스케일이 생기고 평형 이하로 떨어지면 탄산칼슘이 녹아 부식성이 생기게 된다. 여기서 주의할 것은 탄산칼슘은 온도가 올라가면 용해도가 오히려 떨어지는 특이한 물질이라는 것이다.

$$LI = pH_a - pH_s \begin{cases} > 0 \text{ 탄산칼슘 과포화} \rightarrow \text{스케일 가능성이 있음} \\ = 0 \text{ 탄산칼슘 포화} \\ < 0 \text{ 탄산칼슘 용해} \end{cases}$$

여기서, LI : Langelier satulation Index
pH_a : 실재 pH
pH_s : $CaCO_3$포화시 수돗물의 pH이다.

4-3. 산도

자연수, 가정하수 및 산업폐수에 포함된 SO_4^{2-}, SiO_3^{2-}, Cl^-, NO_3^- 등의 산도 유발물질은 염기성을 중화시키는 완충작용을 한다. 일반적으로 물은 pH 8.3 이하의 산도를 가지는데 산도는 이와 같은 완충작용도 하지만 부식성의 문제도 동시에 갖게 된다. 산도유발물질이 존재하는 pH범위는 0~8.3pH 내인 것으로 알려져 있다.

산도는 강염기, 예를 들면 0.02N의 NaOH에 의한 중화적정으로 측정하며, 중화시키는데 필요한 강염기에 상당하는 $CaCO_3$의 농도로 표시한다.

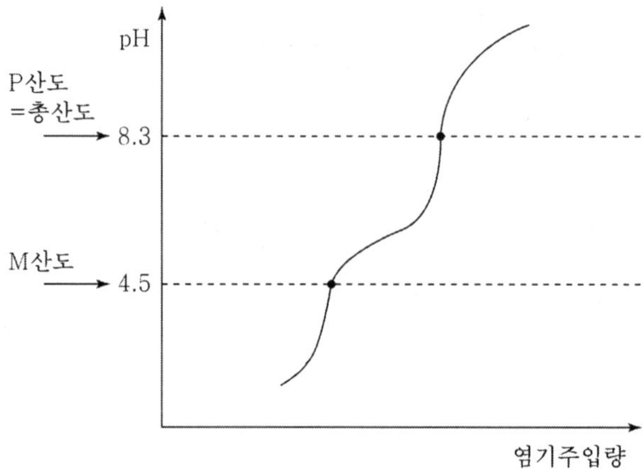

〈그림 4-12〉 산도의 측정

알칼리도유발물질이 존재하는 pH범위는 pH 4.5~14이고, 산도유발물질이 존재하는 pH범위는 0~8.3pH 내이므로 두 물질이 공존하는 범위는 pH 4.5~8.3이다.

[예제] 어떤 시료 100mL를 0.05N NaOH로 pH가 8.3이 될 때까지 적정하였더니 15mL가 소비되었다. 이 때 총산도를 구하라.

[풀이]

$$NV = N'V'$$

$$0.05eq/L \times 15mL = N' \times 100mL$$

$$N' = \frac{0.05 \times 15eq/L}{100}$$

$$\text{총산도} = \frac{0.05 \times 15eq/L}{100} \times \frac{100g}{2eq} = 375mg/L \ as \ CaCo_3$$

4-4. 총경도, 알칼리도 및 산도와의 관계

총경도, 알칼리도 및 산도는 모두 $CaCO_3$로 표시되기 때문에 이들의 관계는 다음과 같이 나타낼 수 있다.

○ 알칼리도 ≥ 총경도일 때 : 탄산경도(mg/L as $CaCO_3$) = 총경도(mg/L as $CaCO_3$)

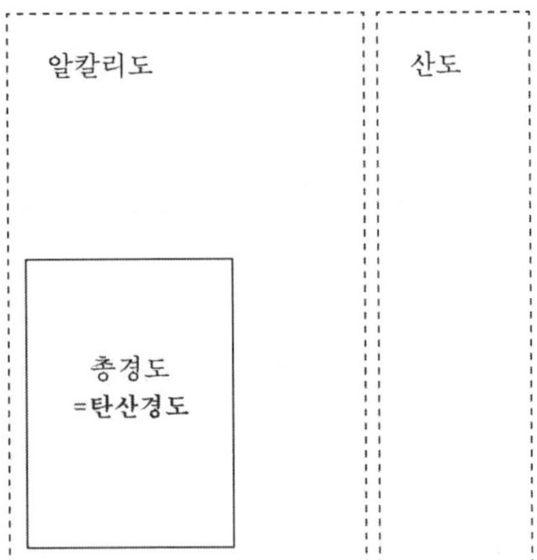

〈그림 4-13〉 알칼리도 ≥ 총경도의 경우

○ 알칼리도 ≤ 총경도일 때 : 탄산경도(mg/L as $CaCO_3$) = 알칼리도(mg/L as $CaCO_3$)

{(총경도 – 알칼리도) ≥ 산도 의 경우: 비탄산경도 = 산도
(총경도 – 알칼리도) ≤ 산도 의 경우: 비탄산경도 = (총경도 – 알칼리도)}

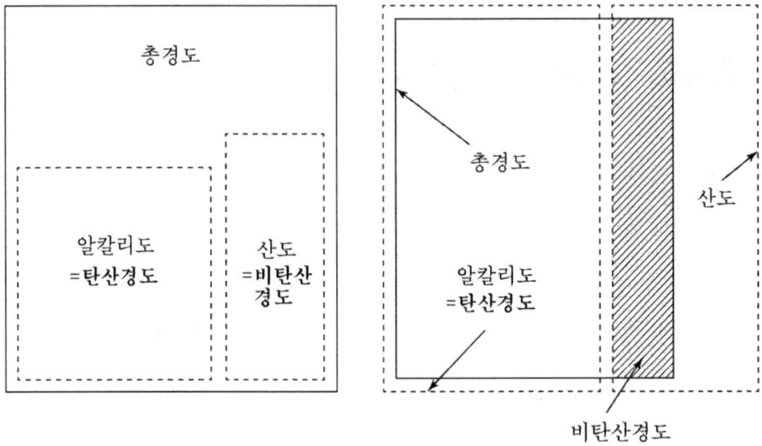

A. (총경도-알칼리도) ≥ 산도 B. (총경도-알칼리도) ≤ 산도

〈그림 4-14〉 알칼리도 ≤ 총경도의 경우

[예제] 어떤 시료의 이온분포가 다음과 같을 때, 총경도, 알칼리도, 산도, 탄산경도(일시경도), 비탄산경도(영구경도)를 구하여라.

양이온(mg/L)		음이온(mg/L)	
Ca^{2+}	20	OH^-	10
Mg^{2+}	24	Cl^-	30
K^+	10	CO_3^{2-}	35
Sr^{2+}	2.2	NO_3^-	5
Na^+	20	SO_4^{2-}	15

[풀이]

총경도 = 20/20×50 + 24/12×50 + 2.2/43.8×50 = 152.5mg/L as $CaCO_3$

알칼리도 = 10/17×50 + 35/30×50 = 87.7mg/L as $CaCO_3$

산도 = 30/35.5×50 + 5/62×50 + 15/48×50 = 61.9mg/L as $CaCO_3$

총경도가 알칼리도보다 크므로

탄산경도 = 87.7mg/L as $CaCO_3$

총경도 - 탄산경도 = 64.8mg/L ≥ 산도이므로

비탄산경도 = 61.9mg/L as $CaCO_3$

가 된다.

5. 수질오염 물질

수질오염 물질이란 "수질 및 수생태계 보전에 관한법률 제 2조"에 정의된 물질로서 수질오염의 원인이 되는 물질을 말한다. 이 법에서 사용하는 '점오염원'이란 폐수배출시설, 하수발생시설, 축사 등으로 관거·수로 등을 통해 일정한 지점으로 수질오염물질을 배출하는 배출원을 말한다. 그리고 '비점오염원'이라 함은 도시·도로·농지·산지·공사장 등으로 불특정 장소에서 수질오염물질을 배출하는 배출원을 말한다. 수질오염물질로는 유기물, 중금속, 환경호르몬, 방사능 물질, 열오염, 유류, 생태독성물질, 병원성 미생물 등 매우 많은 종류의 오염물질이 있다.

5-1. 유기물

유기물이 하천에서 폐기되면, 시간이 지남에 따라 호기성 박테리아에 의해 분해되는데, 이때 산소가 소모되고, 메탄이나 황화수소 등의 가스가 발생한다. 호기성 박테리아에 의한 분해 작용에 사용되는 산소의 양을 생화학적 산소요구량(BOD)이라고 하며, 오염이 심한 물일수록 이 지표가 커지게 된다. 유기물에 의한 오염은 수질오염 중에서 가장 큰 비중을 차지한다.

유기물의 종류는 다음과 같다.

(1) 죽은 식물이나 동물의 사체

(2) 주방, 화장실, 욕실, 세탁기 등에서 나오는 생활하수

(3) 생활하수, 공업폐수, 축산폐수, 사료찌꺼기, 양식 배설물 등 연안 해역에 유입된 유기물

(4) 산업 공정에 쓰이는 물질, 살충제, 제초제, 제약 산업, 음식 첨가제 등에 쓰이는 합성 유기 화학물질

유기물은 물의 인위적 부영양화를 야기하여 물속의 플랑크톤을 급격히 증가하게 만든다. 이런 플랑크톤의 급격한 증가는 하천의 녹조 현상이나 바다에 적조 현상을 발생시켜 물속의 산소량을 급격히 감소시키고 햇빛 투과를 방해하여 수중 생물을 죽게 만든다. 특히 인과 질소 비료, 동물의 분뇨는 부영양화에 가장 큰 영향을 미친다.

특히 합성 유기 화학물질은 분해되지 않고 수중에 오랫동안 잔류하는 경향이 있다. 이러한 잔류성 오염 물질들은 독성을 배출하며 생물체의 조직에 축적된다. 살충제로 쓰였던 DDT나 제초제에 많이 쓰이는 다이옥신 같은 물질들이 대표적인 잔류성 유기 오염 물질이며, 이 외에도 많은 종류의 물질들이 현재 사용이 금지되거나 또는 제한되고 있다.

5-2. 중금속

하천수와 지하수에 녹아들어 하천 바닥에 퇴적되거나 생물체에 유입되어 배출되지 않고 누적됨으로써 인간에게 큰 피해를 주는 납, 수은, 아연, 카드뮴, 비소 등과 같은 중금속도 대표적인 수질 오염 물질이다. 이러한 중금속은 산업 폐수와 광산 폐수에서 나오며, 의약품 폐수에도 있다.

산업 폐수에는 산, 염기, 금속 등이 자주 발견되며, 타르나 미세한 분진이 섞이기도 한다. 그리고 광산 내의 물이 대부분 중금속을 포함하고 있기 때문에 물이 강에 유입되면 피해를 준다.

중금속 수질 오염 사례를 나열하면 다음과 같다.

1) 미나마타병(수은 중독)

수은은 중추 신경계를 마비시키고, 신장의 기능장애를 일으킨다. 1950년대 일본 구마모토 현의 미나마타 시 소재의 질소 비료 공장에서 배출된 유기 수은 화합물이 어패류에 농축되고, 어패류를 먹은 사람들에게 농축되어 수족 경련, 두통, 기억력 감퇴,신장 장애, 신경계 장애 등을 일으켰다. 1983년까지 2000여 명의 환자가 발생하여 600여 명이 사망하였다.

2) 이타이이타이병(카드뮴 중독)

1910년경 일본 도야마 현의 미쓰이 광업은 폐광석을 진쯔강 주변에 파묻었는데, 얼마 뒤부터 강 주변의 주민들에게 팔, 늑골, 골반, 대퇴골 골절 현상이 나타나기 시작했다. 주민들 중에는 기침만 해도 골절될 정도로 뼈가 약해지거나 위축되어 키가 20cm나 작아진 경우도 있다. 처음에는 비타민 C 결핍으로 잘못 이해되었으나, 1955년 공해병으로 인정되었고, 1968년 폐광석에서 유출된 카드뮴 중독이 원인으로 밝혀졌다. 1983년까지 100여 명의 환자가 발생하여 80여 명이 사망하였다.

(3) 납 중독

인체에 납화합물이 들어가면 두통, 시력 감퇴, 구강염, 빈혈 등의 중독증세를 일으키는데, 대체로 만성적이다.

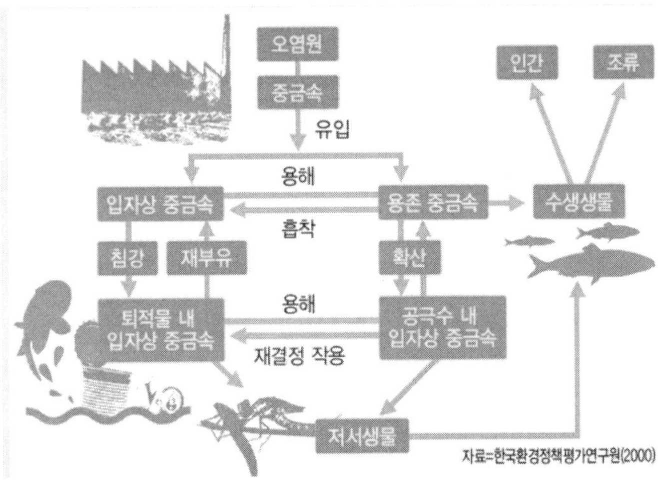

〈그림 4-15〉 하천에서의 중금속 이동경로

5-3. 환경호르몬

환경호르몬이란 명칭은 특정 물질이 인체에 흡입되어 호르몬처럼 신체 내분비계의 활동을 좌우할 수 있다는 점에서 붙여진 이름이다. 이것의 정확한 용어는 내분비계 장애물질(endocrine disrupter)이며, 합성화학물질 가운데 생체 내에 들어가 호르몬과 비슷한 작용을 하여 신체의 정상적인 내분비계 활동을 저해하고 악영향을 미치는 물질을 총칭하는 것이다.

환경호르몬이 사회의 쟁점으로 부각될 때마다 환경호르몬은 어디서 나오는지를 살펴보면 환경호르몬으로 알려진 물질은 산업용 화학물질, 살충제 및 제초제, 유기중금속류, 그 밖에 에스트로겐 기능성 약물, 식물성 에스트로겐 등이 포함된다. 이들 환경호르몬은 인간을 포함한 생물의 생식기능 저하, 기형, 성장장애, 암 등을 유발하는 물질로 추정된다.

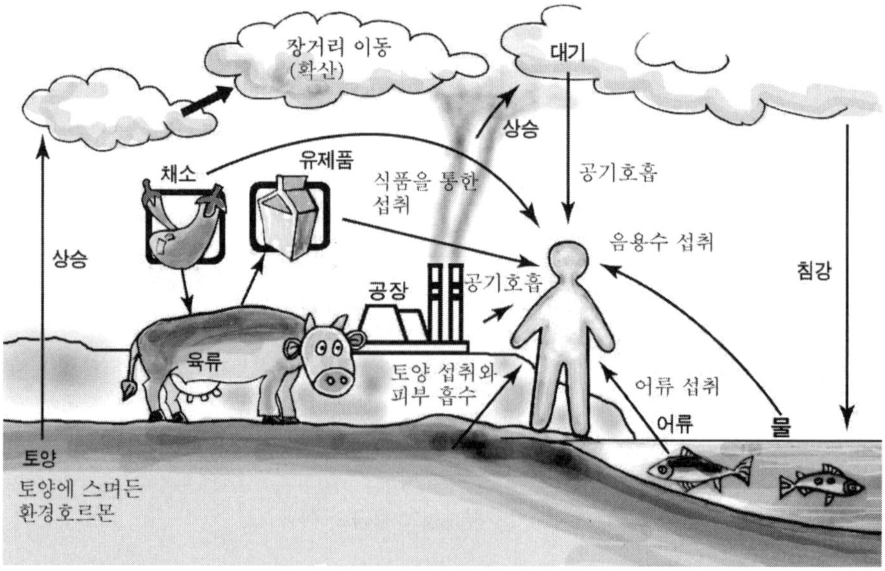

〈그림 4-16〉 환경호르몬의 이동경로

우리 생활주변에 노출된 대표적인 환경호르몬 의심물질로서는 다음과 같은 것들이 있다.

1) 비스페놀A

음료캔이나 식품용기의 코팅물질로 사용되는 물질이다. 비스페놀A는 주석으로 만든 통조림의 액체에 침출되어 있다는 조사가 있으며 이를 함유한 모든 용액의 유방암 세포의 동정(assay)에 에스트로제닉 활성을 가지고 있다고 한다. 또한 주석 통조림캔이 고온에 노출될 경우 비스페놀A가 캔 내부의 용액에 용출된다고 한다.

2) 프탈레이트

프탈레이트는 1930년 이래로 플라스틱의 가소제(可塑劑)로 사용되어 왔는데 이는 플라스틱을 유연하게 만들기 위한 첨가제로서 식품포장용 비닐랩, 비닐장판, PVC 플라스틱, 유화페인트 등에 주로 사용된다. 프탈레이트에 대한 주된 노출은 식품의 포장과 제조 공정시 식품에서 흡수된 화학물질에 의한 것으로 알려져 있다. 영국의 농무부, 수산부, 식품부는 다양한 제품에 대해 프탈레이트 함량을 분석한 결과, 비닐포장된 초콜렛, 치즈 등 식품, 종이나 마분지로 포장된 당과류, 유아용 조제분 등에서도 프탈레이트가 검출되었다고 밝혔다.

3) 폴리스틸렌

폴리스틸렌은 식품 포장용기 외에도 일회용 식기로 널리 사용되고 있다. 특히 스틸렌은 근래 즉석면의 포장재로 각광을 받고 있는데 다른 식품과 달리 더운 물을 부어야 하는 컵라면등의 온탕용기의 경우 스틸렌이 식품 속으로 이동하기 쉬워져 문제가 되고 있다. 스틸렌은 1995년 내분비교란물질로 분류되어 식품 속의 스틸렌 함유 여부는 한창 논란이 되고 있다.

4) 이외에도 현재 사용 금지된 DDT, 헥사클로로벤젠과 같은 농약류 및 고엽제, 전선 등에 전기절연체로 사용되는 폴리염화비페닐(PCB), 합성세제나 세정제에 첨가되는 알킬페놀, 선박용 페인트에 포함되는 유기주석 등이 환경호르몬으로 지적받고 있다. 또한 PVC 등 할로겐계 플라스틱을 소각할 때나 담배연

기에서 발생하는 다이옥신도 환경호르몬으로 분류되고 있다.

5-4. 방사능물질

원자력 발전을 하거나 핵무기를 만들 때 생기는 부산물인 방사성 폐기물은 지하에 매립하는 형태로 처리하고 있는데, 방사성 폐기물은 지하수에 의해 침출되어 대수층에 도달할 수 있으며, 적은 양이라도 장기간 방사능에 노출되면 생명체에게 심각한 영향을 미칠 수 있다.

또한 핵발전소의 폭발사고로 수질이 오염되는 경우도 있다. 2011년 쓰나미에 의한 후쿠시마 핵발전소 사고 때 원전의 핵연료가 공기중에 노출되었다. 핵연료는 고온으로 유지되는데, 이 고온을 낮게 제어하지 않으면 핵연료 계통에 폭발이 일어나게 된다. 폭발하는 경우 엄청난 양의 방사능 물질을 내뿜게 된다.

때문에 핵연료를 식혀주기 위해서, 핵연료 계통에 많은 양의 지하수를 주입하였다. 이렇게 주입된 냉각수가 핵연료와 직접 닿아 고농도의 방사능이 분출하여 냉각수가 고도로 오염되었다.

그 오염수에는 삼중수소 뿐 아니라 세슘137과 스트론튬 90, 요오드 131 등 여러 방사성 물질이 포함되어 있다는 사실이 밝혀졌다. 또한 당시 쌓여있었던 오염수 94만톤 중 89만 톤을 분석해보니, 무려 75톤이 방사능 방출기준치를 초과했고, 그 중 스트론튬90은 기준치의 2만 배를 초과하고 있는 것으로 드러났다.

고농도로 방사능에 오염된 오염수나 핵폐기물을 안전하게 처리할 수 있는 방법은 현재로선 없다. 전 세계적으로도 고준위 핵폐기장(핵발전 과정에서 나오는 고농도로 오염된 핵폐기물을 처분하기 위한 시설)은 핀란드 온칼로 핵폐기장이 유일하다.

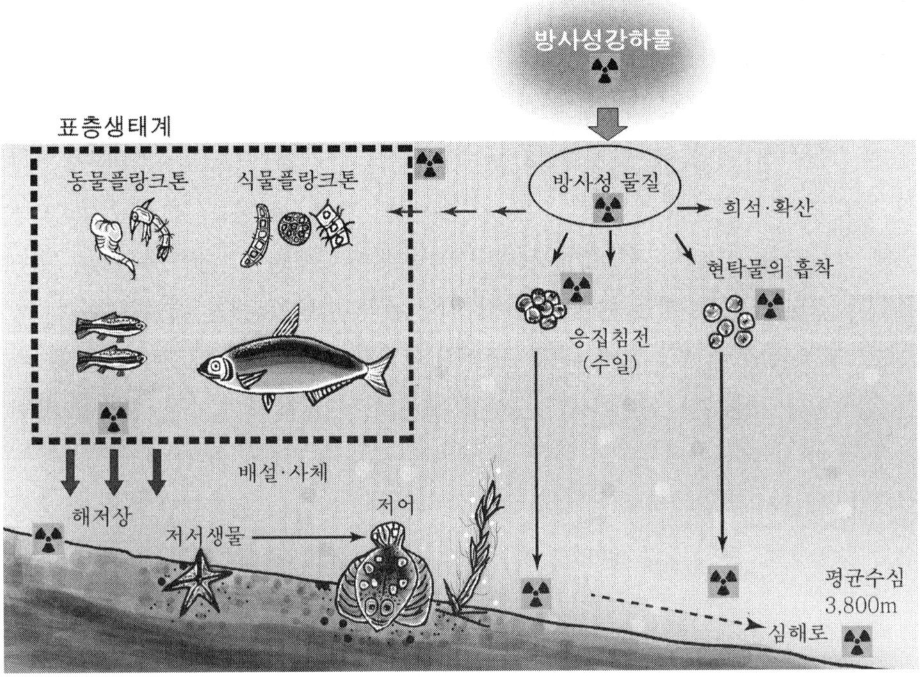

〈그림 4-17〉 해수중에서 방사능 물질의 이동 경로

5-5. 열오염

온폐수의 영향으로 수중의 생물에 미치는 피해를 일으키는 현상을 열오염이라 한다. 화력발전소, 철강 관련 산업, 화학, 석유, 펄프 제지업 등에서 배출되는 온폐수에 의한 수질악화로 생물에 큰 피해를 미치는 경우로, 예를 들면 화력발전소 및 원자력발전소 등에서 살펴볼 수 있다. 즉 석탄, 석유, 등 연료의 대량연소나 원자력발전 등에 따라서 생긴 열에너지가 대기나 물 내지는 토양 등의 환경 중에 방출되어짐에 따라 환경의 온도를 상승시켜 환경을 변화시키는 것을 말한다. 규모에 따라 차이가 있지만 예를 들어, 화력발전소의 냉각계동에 의한 수온 상승은 여름에는 7~8℃, 겨울에는 11~12℃이다. 어류 등은 수온보다 3~5℃ 높으면 생존에 치명적인 것으로 알려져 있다. 원자력발전소는 보일러관의 냉각에 많은 양의 바닷물을 사용하기 때문에 더워진 물이 바다로 흘러나와 열오염을 일으키는데 이를 온폐수 공해라 한다. 온폐수는 7℃ 정도로 가열되어 흘러나오기 때문에 이 온도차가 환경을 파괴한다. 예를 들면 물고기는 자기 스스로 체온을 조절하지 못하기 때문에 0.5℃의 온도차에도 민감하게 반응한다. 따라서 어업, 진주 양식 등에 대한 온폐수의 영향은 크다. 외국의 원자력 발전소 설치 반대운동의 큰 이유 중의 하나가 원자력발전소의 온폐수 공해 문제 때문이다. 고등 수생생물에 대한 열오염의 주된 영향은 다음과 같다. 열의 직접적 영향에 의한 죽음, 호흡이나 생장의 변화와 같은 내적 기능의 변화, 용존산소량의 감소나 유독물에 대한 저항력 감퇴와 같은 열의 간접접 영향에 의한 쇠약이나 죽음 및 산란이나 생활환경에 있어서 생물의 임계적 활동에 대한 저해 등이다. 온폐수의 확산, 표면 온도분포, 수온수직분포, 온폐수의 수생동물의대사, 식물성 플랑크톤의 증식에 대한 기여 및 그 외의 유기오염 부하와 온폐수의 중첩효과 등 연구를 필요로 하는 문제들이 많다.

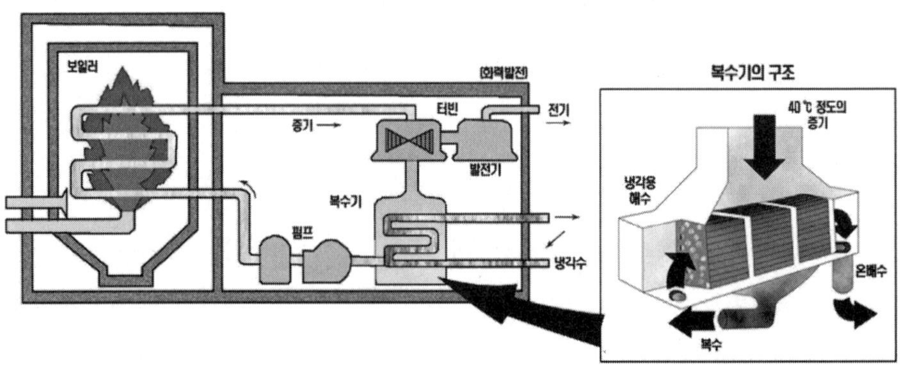

〈그림 4-18〉 발전소 온배수에 의한 열오염

5-6. 유류

유류는 하천수면, 호소수면 및 해수면에 기름 층을 형성하여 광범위한 수질오염을 일으킨다. 유류오염 사고의 예로서는, 육지에서의 유조차 전복사고 및 송유관에서 기름 유출사고, 그리고 해양에서의 각종 선박 사고 및 해저 유전에서 나오는 원유의 유출 사고 등이 있다. 기름 층이 공기 공급과 수생 식물의 광합성에 필요한 햇빛을 차단하여 물 속에 녹아 있는 산소의 양을 감소시켜 어패류의 생존을 위협하고, 에멀션 상태의 유류는 바다 밑에 쌓여 낮은 수역에서 서식하는 어류의 아가미를 덮어서 호흡률을 떨어뜨려 폐사에 이르게 한다. 그리고 기름 층은 오래되면 물과 혼합되어 바닥에 가라앉아 물속까지 오염시킨다.

우리나라에 있어서 발생한 가장 큰 사건으로서 2007년에 태안 앞바다에서 유조선 허베이스피리트호가 해상크레인과 충돌해 기름이 유출된 사고를 들 수 있다. 이때 1,254만 리터의 기름이 바다로 유출되었다. 기름 유출양은 우리나라에서 10년 동안 발생한 3,915건의 기름 유출 사고를 합하고도 남는 엄청난 것이었다. 바다로 유출된 기름은 바람을 타고 인근의 군산, 목포, 제주도 근처까지 퍼져나갔다. 까맣게 변해버린 바다는 인근 생태계에 치명적인 영향을 끼쳤음은 물론이고 어업으로 생계를 꾸려 가던 어민들의 생활에도 큰 피해를 남겼다. 다행히 123만 명에 이르는 자원봉사자들의 꾸준한 노력으로 7년 만에 이전 생태계 상황까지 회복할 수 있었다.

이렇게 유류에 의한 수질오염의 특징은, 오염범위가 광범위하며 생태계에 미치는 독성이 높고 생태복원을 위해서 막대한 비용과 시간이 필요하다는 점이다.

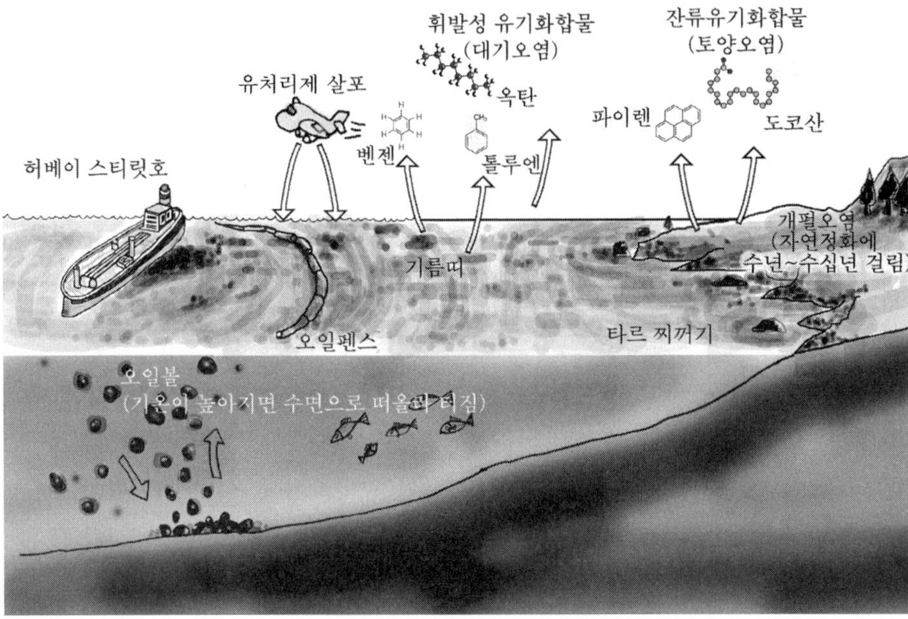

〈그림 4-19〉 태안 기름 유출 사고에 의한 오염

5-7. 생태독성물질

생태독성이란 폐수가 실험대상 물벼룩에 미치는 급성(24시간)독성 정도를 나타내는 것으로 생태독성 배출허용기준을 통해 산업수질을 관리하며, 미국·유럽 등 선진국에서는 1970년대부터 운영하고 있으며 우리나라에서는 2011년부터 시행 운영되고 있다.

독성물질의 예로서

(1) 화산·온천에서 흘러나오는 무기산성의 자연적 독성물질

(2) 광산의 채굴·정련 등에 수반되거나 화학공장의 폐액에 의한 인공적 독성물질 등이 있다.

5-8. 병원성 미생물

1) 병원성 미생물의 정의

물 속에 서식하는 3만5천종의 원생동물 중 1만종이 병원성 미생물이다. 이 미생물은 위락용수·생활용수·지하수·어패류의 생장과 번식, 그리고 야생생물에 대해 해로운 영향 미칠 수 있어 반드시 관리해야 할 수질오염 물질이다.

미생물은 육상 및 수중생태계 어디에나 존재하며, 대부분 인간과 생태계에 이로운 역할을 한다. 미생물은 유기화학물질이나 합성화학물질을 분해하고 더 큰 동물의 먹이가 되기도 하며, 질소순환과 기타 생물지리화학적 순환의 기본적인 구성요소가 된다. 어떤 미생물은 고등동물의 체내에 기생하면서 음식물의 소화를 돕기도 하고, 다른 미생물은 항생제로서 의약품으로 사용되기도 한다.

그러나 미생물 중 일부는 사람의 몸 속에 들어왔을 때 질병을 일으키거나 심지어 사망에 이르게 하는 등 해로운 것도 존재한다. 우리는 사람에게 질병을 유발시키는 이러한 미생물군을 병원균 또는 병원성 미생물이라고 한다.

2) 병원성 미생물의 종류

물 속에 있으면서 수인성 질병을 일으키는 병원성 미생물은 원생동물, 세균 및 바이러스로 구분된다. 원생동물은 단일세포 생물체로서 세포분열에 의해 번식하며, 일차적으로 수중환경에서 발생한다.

병원성 원생동물은 환경에서 포낭(cysts)으로 존재하다가 온혈동물의 소화기관에 들어가게 되면 부화, 성장, 번식하면서 관련 질병을 유발한다. 원생동물의 포낭 형성은 그 생존을 쉽게 하여 고온이나 염수와 같은 가혹한 조건에서도 살아남게 한다. 많은 병원성 원생동물 중 가장 대표적인 것이 지아디아 램블리아(Giardia lamblia)와 크립토스포리디움(Cryptosporidium)이다. 전자는 설사를, 후자는 복통을 일으킨다.

박테리아는 단세포 미생물로 유기핵과 클로로필(엽록소)이 없다. 박테리아는 단선의 디옥시리보핵산(DNA)를 가지고 있으며 전형적으로 쌍체분열에 의해 번식한다. 온혈동물의 배설물에는 많은 종류의 박테리아가 발견되는 데, 그 중에는 스트렙토코커스(Streptococcus), 락토바실러스(Lactobacillus), 스테필로코커스(Staphylococcus), 클로스트리디아(Clostridia) 등이 포함되어 있다.

바이러스는 생존하기 위해 숙주를 필요로 하는 감염매체군을 말한다. 바이러스는 디옥시리보핵산 혹은 리보핵산(RNA)으로 된 고도로 조직화한 연속적인 핵산으로 구성된다. 모든 바이러스는 핵산을 둘러싸고 있는 단백질 막을 가지고 있다. 바이러스 중에는 단백질 막을 다시 덮고 있는 지방단백질 막을 가지고 있는 것도 있다.

수질과 인간건강에 가장 큰 영향을 미치는 바이러스군은 감염된 개체의 장관(腸管)에 있다가 하천에 유입된다. 장관에서 발생하는 바이러스로는 A형간염, 엔테로바이러스(enterovirus), 로타바이러스(rotavirus), 노워크바이러스(Norwalk virus), 아데노바이러스(adenovirus), 그리고 레오바이러스(Reo virus) 등이 있다.

3) 병원성 미생물의 지표생물종

병원성미생물은 물 속에 매우 낮은 농도로 존재할 뿐만 아니라 그 종류도 매우 많기 때문에 직접 측정한다는 것은 비용이 너무 많이 들어 거의 불가능한 경우가 많다. 이와 같은 이유로 우리는 병원성미생물 측정을 위해 지표생물종을 사용한다.

지표생물종은 병원성미생물은 아니지만 물 속에 있는 병원성미생물의 존재를 간접적으로 표시하는 생물종을 말한다. 현재 가장 많이 사용되고 있는 지표생물종으로는 총대장균, 분원성대장균, 이콜라이(E.coli) 및 엔테로콕사이(Enterococci) 박테리아가 있다.

이들 박테리아는 주로 온혈동물의 장관에 기생한다. 주요 온혈동물로는 사슴, 거위, 너구리 등과 같은 야생동물과 소, 돼지와 같은 가축, 개나 고양이와 같은 애완동물 그리고 인간이 있다.

병원성 미생물은 수자원관리자에게 있어 반드시 해결해야 할 심각한 문제가 된다. 병원성 미생물은 그 크기가 작기 때문에 강우 유출수 및 기타 유출수에 의해 쉽게 수역에 유입된다. 하천, 호소, 하구에 들어가면 병원성 미생물은 오염된 어패류의 섭취, 피부접촉 또는 음용수의 음용을 통해 사람의 몸 속으로 들어간다. 병원성 미생물은 위락용수, 생활용수, 지하수, 어패류의 생장과 번식, 그리고 야생생물에 대해 해로운 영향을 미칠 수 있다.

사람들이 분원성 대장균으로 오염된 강이나 호소에서 수영할 경우 수인성 전염병에 걸릴 확률이 높은 것으로 알려져 있다. 병원균으로 오염된 위락용수로 인한 감염성 질병으로는 소화기, 호흡기, 눈, 귀, 코, 목 그리고 피부 관련 질병 등이 포함된다.

분원성 지표생물종의 존재는 그 물을 음용수로 사용하기에는 안전성에 문제가 있을 가능성이 있다는 것을 말하는 것이다. 공공상수도의 크립토스포리디움, 지아디아, 총대장균, 그리고 바이러스의 허용농도는 '0'이다. 그러나 음용수의 원수로 사용되는 지표수에 있는 모든 박테리아 및 바이러스는 정수과정에서 사용된 염소소독 등 살균처리에 의해 불활성화된다.

미생물에 따라서는 내성에 차이가 있다. 발암성의 소독부산물 생성을 줄이기 위해 염소소독 대신 오존소독이나 여과막 또는 자외선 조사를 할 경우 그 비용이 문제가 된다. 그러나 모든 소독과 여과기술이 미생물을 완전히 제거하는 것은 아니며 일부만 제거할 수 있다는 데 문제가 있다.

조개 및 굴, 기타 갑각류와 같은 여과성 섭식 어패류는 그들의 근육조직에 병원성 미생물을 농축시켜 이를 사람이 날것으로 먹거나 덜 익혀 먹었을 때 질병에 걸릴 수 있다. 분원성대장균 및 총대장균 지표를 사용해 쌍각류 연체동물이 전파하는 비브리오(Vibrio) 박테리아, 노워크 유사바이러스, 소화기질환, A형간염 등의 발생을 막을 수 있다.

원수 중 지표미생물의 종류와 수질기준은 나라에 따라 다르다. 우리나라는 총대장균과 분원성대장균만을 지표미생물로 사용하고 있다. 일반적으로 총대장균보다는 분원성대장균이, 분원성대장균보다는 이콜라이 박테리아나 엔테로콕사이 박테리아가 더 정확한 지표생물종으로 알려져 있다.

물 용도별 구체적 수질환경기준도 나라에 따라 다르다. 미국은 각 주에 따라 차이가 있지만 일반적으로 생활용수의 수질기준은 원수 100mL당 분원성대장균군수 20개이며, 수영용수 등 위락용수의 수질기준은 200개다.

우리나라는 원수의 사용목적별로 직접적이고 구체적인 수질기준이 정해져 있지 않다. "…여과 · 살균 등 간단한 정수처리 후 생활용수로 사용할 수 있음", "…여과 · 침전 · 살균 등 간단한 정수처리 후 생활용수 또는 수영용수로 사용할 수 있음" 등과 같이 되어있어 생활용수나 수영용수의 원수의 수질기준이 무엇인지 직접 정하지 않고 있다.

우리나라에서는 알게 모르게 물 사용에 따른 수인성 질병이 많이 발생하고 있으나 깊은 관심을 가지는 국민들은 많지 않다. 수인성 질병은 알려진 것보다는 알려지지 않은 경우가 훨씬 많을 수 있다.

〈표 4-7〉 병원체의 종류

병원체	감염성 질환
세균	흑사병, 폐렴, 결핵, 콜레라, 장티푸스, 발진티푸스, 탄저병, 보툴리누스 중독, 클라미디아, 충치, 디프테리아, 임질, 한센병(나병), 라임병 등
바이러스	독감(인플루엔자), 감기, 에이즈, 천연두, 소아마비, 구제역, 에볼라, 홍역, 광견병, 황열, 뎅기열, 일본뇌염, 사스, 코로나 등
원생동물	말라리아, 아메마성 이질, 수면병 등
진균류	무좀, 백선, 폐질환 등

연 습 문 제

01. 촉매에 관한 내용으로 옳지 않은 것은?
① 반응속도를 느리게 하는 효과가 있는 것을 역촉매라고 한다.
② 반응의 역할에 따라 반응 후 본래 상태로 회복여부가 결정된다.
③ 반응의 최종 평형상태에는 아무런 영향을 미치지 않는다.
④ 화학반응의 속도를 변화시키는 능력을 가지고 있다.

02. 수중에 H^+ 이온의 농도가 1.0×10^{-4}mol/L 들어 있을 때 OH^- 이온의 농도는?
① 1.0×10^{-5}mol/L ② 1.0×10^{-10}mol/L
③ 2.0×10^{-5}mol/L ④ 2.0×10^{-10}mol/L

03. 어느 폐수의 BOD_u가 250mg/L이며 k_1(상용대수) 값이 0.2/day라면 5일 후 남아 있는 BOD는?
① 25mg/L ② 85mg/L
③ 185mg/L ④ 225mg/L

04. 개미산(HCOOH)의 ThOD/TOC의 비는?
① 2.67 ② 2.14
③ 1.89 ④ 1.33

05. Ca^{2+} 이온의 농도가 40mg/L, Mg^{2+} 이온의 농도가 4.8mg/L인 물의 경도는 몇 mg/L as $CaCO_3$인가?(단, 원자량은 Ca=40, Mg=24이다.)
① 60 ② 80
③ 100 ④ 120

06. 다음 그림은 호기성 상태하에서 폐수에 존재하는 질소형태 변화이다. 암모니아성 질소는?

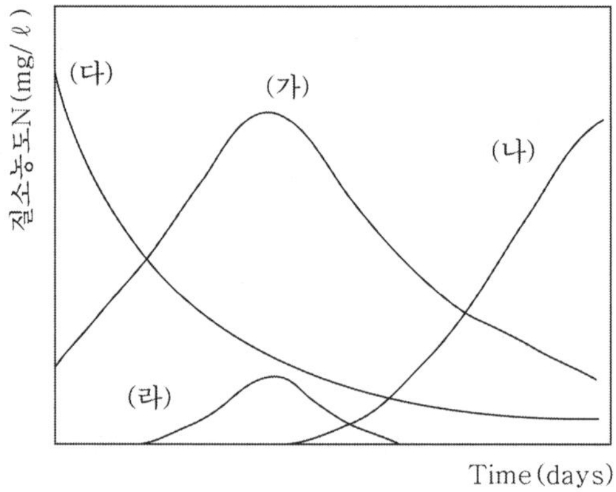

① (가) ② (나)
③ (다) ④ (라)

07. Ca^{2+}가 20mg/L, Mg^{2+}가 36mg/L이 포함된 물의 경도는? (단, Ca의 원자량 40, Mg의 원자량 24)

① 50mg/L as $CaCO_3$ ② 100mg/L as $CaCO_3$
③ 150mg/L as $CaCO_3$ ④ 200mg/L as $CaCO_3$

08. BOD_5가 213mg/L인 하수의 7일 동안 소모된 BOD는?(단, 탈산소 계수는 0.14/day (상용대수)이다.)

① 223mg/L ② 238mg/L
③ 247mg/L ④ 253mg/L

09. 박테리아의 경험적인 화학적 분자식은 $C_5H_7O_2N$으로 알려져 있다. 5g의 박테리아가 산화될 때 소모되는 이론적 산소량은?(단, 이때 질소는 암모니아로 전환됨.)

① 7.1g ② 9.4g
③ 13.2g ④ 16.2g

10. 다음의 질산화 과정에 주로 관계되는 질산화 미생물은?

$$2NH_4^+ + 3O_2 \rightarrow 2NO_2^- + 4H^+ + 2H_2O$$

① Nitrosomonas
② Nitrobacter
③ Thiobacillus
④ Leptothrix

11. 최종 BOD(BOD_u)가 500mg/L이고, 소모 BOD_5가 300mg/L일 때 탈산소 계수(base, 상용대수)는?

① 0.01/day
② 0.02/day
③ 0.04/day
④ 0.08/day

12. 다음 중 수중의 질소순환과정의 질산화 및 탈질의 순서를 옳게 표시한 것은?

① $NH_3 \rightarrow NO_2^- \rightarrow NO_3^- \rightarrow N_2$
② $NO_3^- \rightarrow NH_3 \rightarrow NO_2^- \rightarrow N_2$
③ $NO_3^- \rightarrow N_2 \rightarrow NH_3 \rightarrow NO_2^-$
④ $N_2 \rightarrow NH_3 \rightarrow NO_3^- \rightarrow NO_2^-$

13. 미생물 세포를 $C_5H_7O_2N$이라고 하면 세포 2kg당의 이론적인 공기 소모량은?(단, 완전산화 기준이며 분해 최종 분해산물은 CO_2, H_2O, NH_3, 공기 중 산소는 23%(W/W)로 가정한다.)

① 약 10.2kg air
② 약 12.3kg air
③ 약 15.4kg air
④ 약 16.1kg air

14. 유기물 측정지표를 이론적으로 크기가 큰 순서대로 가장 적절히 나타낸 것은?

① ThOD 〉 BOD_u 〉 COD_{Cr} 〉 BOD_5 〉 TOD
② ThOD 〉 COD_{Cr} 〉 TOD 〉 BOD_u 〉 BOD_5
③ ThOD 〉 TOD 〉 COD_{Cr} 〉 BOD_u 〉 BOD_5
④ ThOD 〉 COD_{Cr} 〉 BOD_u 〉 TOD 〉 BOD_5

15. BOD 300mg/L를 함유한 공장 폐수 $400m^3$/day를 처리하여 하천에 방류하고 있다. 유량이 $20,000m^3$/day이고 BOD 2mg/L인 하천에 방류한 후 곧 완전 혼합된 때의 BOD농도가 3mg/L이라면 이 공장 폐수의 BOD 제거율은 몇 %인가?(단, 하천의 다른 오염물질 유입은 없다고 가정함.)

① 82.3
② 85.6
③ 87.2
④ 89.6

16. 어떤 폐수의 분석결과 COD 500mg/L이었고 BOD_5가 250mg/L이었다면 NBDCOD는?(단, 탈소산 계수 k_1(밑이 10)=0.2/day이다.)

① 122mg/L ② 172mg/L

③ 222mg/L ④ 272mg/L

17. 친수성 콜로이드의 특성과 가장 거리가 먼 것은?

① 표면장력은 분산매보다 상당히 적다.

② 에멀전 상태이다.

③ 탄달효과가 적거나 전무하다.

④ 점도는 분산매와 큰 차이가 없다.

18. glycine($CH_2(NH_2)COOH$)의 이론적 COD/TOC의 비는?(단, 글리신 최종 분해산물은 CO_2, HNO_3, H_2O이다.)

① 약 3.2 ② 약 3.7

③ 약 4.2 ④ 약 4.7

19. 20℃에서 DO 6mg/L인 물의 DO 포화도는 몇 %인가?(단, 대기의 화학적 조성 중 O_2는 21%, 20℃에서 순수한 물의 공기용해도는 28.4mL/L라고 가정한다.)

① 약 60% ② 약 66%

③ 약 70% ④ 약 76%

20. Glucose($C_6H_{12}O_6$) 360mg/L가 완전산화하는데 필요한 이론적 산소 요구량(ThOD)은?

① 346mg/L ② 362mg/L

③ 384mg/L ④ 396mg/L

21. 탈산소 계수(상용대수)가 $0.2day^{-1}$이면, BOD_2/BOD_5비는?

① 0.31 ② 0.46

③ 0.53 ④ 0.67

22. k_1(탈산소계수, base=상용대수)가 0.1/day인 어느 물질 BOD_5=400mg/L, COD=1,000mg/L라면 NBDCOD(mg/L)는?
(단, BDCOD=BOD_u)
① 415 ② 435
③ 455 ④ 475

23. BOD가 10,000mg/L이고 염소 이온 농도가 1,000mg/L인 분뇨를 희석하여 활성 슬러지법으로 처리한 결과 방류수의 BOD는 40mg/L, 염소이온의 농도는 25mg/L으로 나타났다. 활성 슬러지법의 처리 효율은?(단, 염소는 생물학적 처리 에서 제거되지 않음.)
① 72% ② 78%
③ 84% ④ 93%

24. 페놀(C_6H_5OH)150mg/L의 이론적인 COD(mg/L)는?
① 약 440 ② 약 360
③ 약 270 ④ 약 190

25. 어느 폐수의 BOD_u가 100mg/L이며 k_1(상용대수) 값이 0.2/day라면 5일 후 남아 있는 BOD는?
① 25mg/L ② 20mg/L
③ 15mg/L ④ 10mg/L

26. 용량 500L인 물의 용존산소 농도가 9.2mg/L인 경우 Na_2SO_3로 물속의 용존산소를 완전히 제거하려고 한다. 이론적으로 필요한 Na_2SO_3의 양은?(단, Na원자량 : 23)
① 약 36g ② 약 48g
③ 약 56g ④ 약 64g

27. BOD_5=300mg/L이고 COD = 1,000mg/L인 경우 NBDCOD는?(단, 탈산소 계수 k_1=0.2/day, 상용대수 기준)
① 627mg/L ② 649mg/L
③ 667mg/L ④ 687mg/L

28. 친수성 콜로이드에 관한 설명으로 옳지 않은 것은?
① 틴들(Tyndall) 효과가 현저하다.
② 물리적 상태가 유탁질이다.
③ 다량의 염을 첨가하여야 응결 침전된다.
④ 매우 큰 분자 또는 이온상태로 존재한다.

29. Glucose($C_6H_{12}O_6$) 500mg/L 용액의 이론적 COD 값은?
① 426mg/L ② 484mg/L
③ 512mg/L ④ 533mg/L

30. 수질분석 결과, 양이온이 Ca^{2+} 40mg/L, Na^{+} 46mg/LMg^{2+} 48mg/L이라면 이 물의 총 경도는?(단, 원자량은 Ca : 40, Mg : 24, Na : 23)
① 150mg/L as $CaCO_3$ ② 200mg/L as $CaCO_3$
③ 250mg/L as $CaCO_3$ ④ 300mg/L as $CaCO_3$

31. 수인성 전염병의 특징이 아닌 것은?
① 환자가 폭발적으로 발생한다.
② 성별, 연령별 구분없이 발병한다.
③ 유행지역과 급수지역이 일치한다.
④ 잠복기가 길고 치사율과 2차 감염률이 높다.

32. 음용수를 염소 소독할 때 살균력 이 강한 순서로 된 것은?(단, 강함 → 약함)

[보기] 1. OCl^{-} 2. HOCl 3. Chloramine

① 1. → 2. → 3. ② 2. → 1. → 3.
③ 1. → 3. → 2. ④ 3. → 1. → 2.

33. 박테리아의 경험식은 $C_5H_7O_2N$이다. 2kg의 박테리아를 완전히 산화시키려면 몇 kg의 산소가 필요한가?(단, 박테리아는 최종적으로 CO_2, H_2O, NH_3로 분해됨)
① 2.61kg ② 2.72kg
③ 2.83kg ④ 2.94kg

34. 0.02N의 초산이 8% 해리되어 있다면 이 수용액의 pH는?

① 3.2 ② 3.0

③ 2.8 ④ 2.6

35. 탈산소계수 k_1이 0.1/day인 어느 물질의 BOD_5가 200mg/L 이라면 BOD_2는?(단, BOD 소비 공식은 상용 대수를 사용한다.)

① 135mg/L ② 124mg/L

③ 114mg/L ④ 108mg/L

36. BOD가 230mg/L, 배수량이 2,500m^3/일의 생활오수를 BOD오탁 부하량 이 173kg/일이 되게 줄이려면 몇 %의 BOD를 제거해서 하천수로 방류시켜야 하는가?

① 80% ② 75%

③ 70% ④ 65%

37. BOD_5가 200mg/L, 탈산소계수(상용대수)가 0.1/day이라면 최종 BOD(mg/L)는?

① 233.5 ② 256.5

③ 271.5 ④ 292.5

38. 소수성 Colloid에 관한 설명으로 가장 거리가 먼 것은?

① 표면장력은 용매와 비슷하다.

② Emulsion 상태로 존재한다.

③ 틴들(Tyndall)효과가 크다.

④ 염에 민감하다.

39. BOD_5가 180mg/L이고 COD가 300mg/L인 경우, 탈산소계수(K_1)의 값은 0.12/day였다. 이때 생물학적으로 분해 불가능한 COD는?(단, 상용대수 기준)

① 50mg/L ② 60mg/L

③ 70mg/L ④ 80mg/L

40. 글루코스($C_6H_{12}O_6$)를 200mg/L 함유하고 있는 시료용액의 총유기 탄소의 이론치는?

① 120mg/L ② 100mg/L

③ 90mg/L ④ 80mg/L

41. Ca^{2+} 이온의 농도가 500mg/L인 물의 환산경도는?(단, Ca 원자량 : 40)
① 1,050mg $CaCO_3$/L ② 1,150mg $CaCO_3$/L
③ 1,250mg $CaCO_3$/L ④ 1,350mg $CaCO_3$/L

42. 다음과 같이 유기물을 처리한 후 하천으로 방류할 경우, BOD 배출 총량이 가장 많은 경우는?(단, 폐수의 BOD 농도는 1,000mg/L이며, 유량은 $10m^3$/day이다. 희석수의 BOD 농도는 1mg/L이다.)
① BOD를 60% 제거한 후 희석하지 않고 하천으로 방류
② BOD를 50% 제거한 후 희석수로 5배 희석하여 하천으로 방류
③ BOD를 40% 제거한 후 희석수로 10배 희석하여 하천으로 방류
④ BOD를 30% 제거한 후 희석수로 20배 희석하여 하천으로 방류

43. 박테리아의 경험적인 화학적 분자식이 $C_5H_7O_2N$일 때 10g의 박테리아가 산화될 때 소모되는 이론적 산소량은?(단, 박테리아의 질소는 암모니아로 전환됨.)
① 10.1g ② 12.4g
③ 14.2g ④ 16.2g

44. 소수성 colloid에 관한 설명으로 옳지 않은 것은?
① 물과 반발하는 성질을 가지고 있다.
② 물 속에 현탁상태로 존재한다.
③ 매우 작은 입자로 존재한다.
④ 염에 대하여 큰 영향을 받지 않는다.

45. 어느 폐수의 BOD_u가 200mg/L이며 k_1(상용대수) 값이 0.2/day라면 5일 후 남아 있는 BOD는?
① 25mg/L ② 20mg/L
③ 15mg/L ④ 10mg/L

46. Glucose($C_6H_{12}O_6$)400mg/L용액을 호기성 처리시 필요한 이론적인 양(P, mg/L)은?(단 BOD_5:N:P = 100:5:1, K_1=0.1day^{-1}, 상용대수 기준)
① 약 1.6 ② 약 2.9
③ 약 3.8 ④ 약 4.6

47. 소수성 콜로이드 입자가 전기를 띠고 있는 것을 조사하고자 할 때 다음 실험 중 가장 적합한 것은?
① 전해질을 소량 넣고 응집을 조사한다.
② 콜로이드 용액의 삼투압을 조사한다.
③ 한외현미경으로 입자의 Brown 운동을 관찰한다.
④ 콜로이드 입자에 강한 빛을 조사 하여 틴달 현상을 조사한다.

48. 어떤 폐수의 분석결과 COD 400mg/L이었고 BOD_5가 250mg/L이었다면 NBDCOD는?(단, 탈산소 계수 K_1(밑이 10)=0.2/day이다.)
① 68 mg/L ② 122 mg/L
③ 189 mg/L ④ 222 mg/L

49. BOD가 10,000mg/L이고 염소 이온 농도가 1,250mg/L인 분뇨를 희석한 후 활성 슬러지법으로 처리한 결과 방류수의 BOD는 40mg/L, 염소이온의 농도는 25mg/L로 나타났다. 활성 슬러지법의 처리 효율은?(단, 염소는 생물학적 처리에서 제거되지 않음.)
① 76% ② 80%
③ 84% ④ 88%

50. A시료의 수질분석 결과가 다음과 같을 때 이 시료의 총경도는?

Ca^{2+}:420mg/L, Mg^{2+}: 58.4mg/L, Na^{+}: 40.6mg/L, HCO_3^{-}: 841.8mg/L, Cl^{-}: 1.79mg/L

① 525mg/L as $CaCO_3$ ② 646mg/L as $CaCO_3$
③ 1,050mg/L as $CaCO_3$ ④ 1,293mg/L as $CaCO_3$

51. 방류수 BOD가 20mg/L인 하수 100,000m^3/day이 하천으로 유입된다. 하천의 유량이 50$m^{3/}$sec이고 하수유입 전 하천의 BOD는 2mg/L이다. 혼합 후 하천의 BOD(mg/L)는?

① 1.4 ② 2.4
③ 3.4 ④ 4.4

52. 유기물이 많아서 BOD가 높은 물을 상수원으로 사용하는 경우 염소소독할 때 생성되는 발암물질로서 알맞은 것은?

① PBC(PolyChlorinated Binphenyl)
② THM(TriHaloMethane)
③ ABS(Alkylbenzene Sulfonate)
④ TKN(Total Kjeldahl Nitrogen)

53. 황산바륨 포화용액에 염화바륨을 첨가하여 침전을 유도하는 방법과 가장 관계가 깊은 것은?

① 공통이온효과 ② 상승작용
③ 완충작용 ④ 이종이온효과

54. 일반적으로 물속의 용존농도가(DO)가 증가하게 되는 경우는?

① 수온이 낮고 기압이 높을 때
② 수온이 낮고 기압이 낮을 때
③ 수온이 높고 기압이 높을 때
④ 수온이 높고 기압이 낮을 때

55.어떤 하천수의 수온은 10oC이다. 20oC의 탈산소계수 K(상용대수)가 0.15/day일 때 최종 BOD에 대한 BOD6의 비는?(단, $K_T = K_{20} \times 1.047^{(T-20)}$, BOD_6/최종BOD)

① 0.53 ② 0.63
③ 0.73 ④ 0.83

56. 페놀(C_6H_5OH) 500mg/L의 이론적인 COD(mg/L)는?

① 594 ② 1191
③ 1592 ④ 2838

57. 25oC에서 pH=6.35인 용액에서 $[OH^-]$이온 농도는?

① 약 2.2×10^{-7} mol/L ② 약 2.2×10^{-8} mol/L

③ 약 4.5×10^{-7} mol/L ④ 약 4.5×10^{-8} mol/L

58. 콜로이드 안정도에 대한 설명과 가장 거리가 먼 것은?

① 일반적으로 zeta 전위의 크기에 따라 결정된다.

② zeta 전위는 콜로이드 입자의 전하와 전하의 효력이 미치는 분산매의 양을 측정한다.

③ zeta 전위가 0에 가까울수록 응결이 쉽게 일어난다.

④ zeta 전위(ζ)는[(4π A B)/D]로 나타낸다.

(A: 입자와 용액부 사이의 전하량의 차,
B: 전하량의 차가 유효한 입자를 둘러싼 층의 두께,
D: 매질의 유전상수)

59. 어떤 하천수의 수온은 10oC이다. 20oC의 탈산소계수 K(상용대수)가 0.15/day일 때 [BOD6/최종BOD]는?(단, $KT=K20\times1.047^{(T-20)}$)

① 0.53 ② 0.63

③ 0.73 ④ 0.83

60. PCB에 관한 설명으로 틀린 것은?

① 산, 알칼리, 물과 반응하지 않는다.

② 고온에서 염소이온의 해리로 대부분의 금속과 합금을 부식시킨다.

③ 만성중독 증상으로 카네미유증이 대표적이며, 간장장애, 수족 저림, 발암 등이 널리 알려져 있다.

④ 화학적으로 불활성이고 내열성과 절연성이 좋다.

61. Lime을 사용하여 경수를 연수화하고자 할 때의 화학반응식은 다음과 같다.

$$CaO + Ca(HCO_3)_2 \rightarrow 2CaCO_3\downarrow + H_2O$$

이 식을 이용하여 $Ca(HCO_3)_2$ 중 Ca 80mg/L와 결합하는 데 필요한 순도 85%의 CaO의 양은? (단, Ca 원자량: 40, 비중은 1.0 기준)

① 약 98 mg/L ② 약 112 mg/L

③ 약 127 mg/L ④ 약 132 mg/L

62. 다음 중 응집처리시 응집의 원리와 가장 거리가 먼 것은?
① zeta potential을 감소시킨다.
② van der Waals힘을 증가시킨다.
③ 응집제를 투여하여 입자끼리 뭉치게 한다.
④ 콜로이드 입자의 표면전하를 증가시킨다.

63. 만성중독 증상으로 카네미유증이 대표적이며 간장장애, 피부장애, 전신권태, 수족저림, 발암 등이 알려져 있는 수질오염물질로서 가장 적절한 것은?
① PCB
② 트리할로메탄
③ 페놀류
④ 망간

64. 질소순환에 대한 설명 중 틀린 것은?
① 질소를 고정하는 미생물은 공생적 질소고정 작용을 하는 뿌리혹 박테리아(Rhizobium)가 있다.
② 무기질소는 유기질소 형태로 결합된 후 단백질이나 핵산을 거쳐서 노폐물이나 죽은 생물체이 원형질 형태로 되돌아 온다.
③ 종속영양미생물은 유기질소를 이화하게 되며 이때 무기질소인 질산성 질소 형태로 변형되어 방출된다.
④ 질산화미생물은 화학합성을 하는 독립영양미생물이다.

65. THM(Tri Halo Methane)의 생성에 관한 것 중 옳지 않은 것은?
① 유리염소와 부식질계 유기물이 반응하여 생성된다.
② 수온이 증가할수록 생성량이 증가한다.
③ pH가 낮을수록 산촉매작용으로 생성량이 증가한다.
④ THM의 대부분은 클로로포름으로 존재한다.

66. 혐기성 조건하에서 400g의 glucose($C_6H_{12}O_6$)로부터 발생 가능한 CH_4가스의 용적은?(단, 완전분해, 표준상태 기준)(4)
① 약 60L
② 약 80L
③ 약 110L
④ 약 150L

67. 친수성 콜로이드(Colloid)의 특성에 관한 설명으로 알맞지 않은 것은?
① 물과 쉽게 반응하여 염에 매우 민감하다.
② 틴들효과는 약하거나 거의 없다.
③ 다량의 염을 첨가하여야 응결 침전된다.
④ 존재는 유탁(에멀션)상태이다.

68. 다음은 질소의 환경조건 및 시간 경과에 따른 분해과정을 나타낸 것이다. 빈 곳에 해당되는 적합한 질소의 형태를 바르게 나타낸 것은?

③   ↑탈질환   유기성 질소 → NH_4^+ → ① ↔ ②   질산화 질산화

① ① NH_3 ② NO_3^- ③ NO_2^-
② ① NO_3^- ② NO_2^- ③ N_2
③ ① NO_2^- ② NO_3^- ③ N_2
④ ① NO_2^- ②. N_2 ③ NO_3^-

69. 30,000m^3/day 상수를 살균하기 위하여 30kg/day의 염소가 주입되고 있는데 살균 접촉 후 잔류염소는 0.2mg/L이다. 염소 요구량(농도)은?
① 0.3mg/L ② 0.4mg/L
③ 0.6mg/L ④ 0.8mg/L

70. 마그네슘 경도 200 mg/L as $CaCO_3$를 Mg^{2+}의 농도로 환산하면 얼마인가? (단, Mg 원자량 : 24)
① 48 mg/L ② 72 mg/L
③ 96 mg/L ④ 120 mg/L

71. 수질오염물질과 그로 인한 공해병과의 관계를 잘못 짝지은 것은?
① Hg : 미나마타병 ② Cr : 이따이 이따이병
③ F : 반상치 ④ PCB : 카네미유증

72. 촉매에 관한 내용으로 옳지 않은 것은?
① 반응속도를 느리게 하는 효과가 있는 것을 역촉매라고 한다.
② 반응의 역할에 따라 반응 후 본래 상태로 회복여부가 결정된다.
③ 반응의 최종 평형상태에는 아무런 영향을 미치지 않는다.
④ 화학반응의 속도를 변화시키는 능력을 가지고 있다.

73. 분뇨의 특성으로 가장 거리가 먼 것은?
① 분뇨는 다량의 유기물을 함유하며 고액분리가 어렵다.
② 뇨는 VS중의 80~90% 정도의 질소화합물을 함유하고 있다.
③ 분뇨의 질소는 주로 NH_4HSO_3, $(NH_4)_2SO_3$의 형태로 존재하고 소화조내의 산도를 적정하게 유지시켜 pH의 상승을 막는 완충작용을 한다.
④ 분뇨의 특성은 시간에 따라 변한다.

74. 임의의 시간후의 용존산소부족량(용존산소곡선식)을 구하기 위해 필요한 기본인자와 가장 거리가 먼 것은?
① 재포기계수　　② BODU
③ 수심　　④ 탈산소계수

75. 콜로이드에 관한 설명으로 틀린 것은?
① 콜로이드는 입자크기가 크기 때문에 보통의 반투막을 통과하지 못한다.
② 콜로이드 입자들이 전기장에 놓이게 되면 입자들은 그 전하의 반대쪽 극으로 이동하며 이러한 현상을 전기 영동이라 한다.
③ 일부 콜로이드 입자들의 크기는 가시광선 평균 파장 보다 크기 때문에 빛의 투과를 간섭한다.
④ 콜로이드의 안정도는 척력과 중력의 차이에 의해 결정된다.

[정답]

1. ② 2. ② 3. ① 4. ④ 5. ④ 6. ① 7. ④ 8. ② 9. ① 10. ① 11. ④ 12. ① 13. ②
14. ③ 15. ① 16. ③ 17. ④ 18. ④ 19. ④ 20. ③ 21. ④ 22. ① 23. ③ 24. ② 25. ④
26. ① 27. ③ 28. ① 29. ④ 30. ④ 31. ④ 32. ② 33. ③ 34. ③ 35. ④ 36. ③ 37. ④
38. ② 39. ② 40. ④ 41. ③ 42. ④ 43. ③ 44. ④ 45. ② 46. ② 47. ① 48. ② 49. ②
50. ④ 51. ② 52. ② 53. ① 54. ① 55. ③ 56. ② 57. ② 58. ② 59. ③ 60. ② 61. ④
62. ④ 63. ① 64. ③ 65. ③ 66. ④ 67. ① 68. ③ 69. ④ 70. ① 71. ② 72. ② 73. ③
74. ③ 75. ④

제 5 장

하천수의 수질관리

우리나라 국토는 비교적 경사가 급해 하천의 유속이 빠르고 강우량도 여름철에 집중되어 있다. 인구당 강수량을 기준으로 하면 우리 나라는 물부족국가이다. 그러나 하천정비의 미흡, · 산림자원의 부족 등으로 인하여 이러한 강수량도 일시에 바다로 유입되고 있으나, 물의 저장능력은 매우 부족하다고 할 수 있다.

반면 물의 사용량은 공업생산량의 증가, 생활수준의 향상, 인구증가 등의 요인으로 인하여 계속 증대되고 있다. 이러한 물 부족현상이 점점 더 심화되면 기본적인 수자원 부족, 물의 오염문제로 인한 환경위생의 저하뿐만 아니라 물처리비용 상승에 의한 경제적 손실 등으로 국민보건위생 측면뿐 아니라 국가경쟁력에도 지대한 위기를 초래할 것이다.

이러한 위기에 대처하기 위해서는 하천에 오염물질 유입방지, 수질관리, 수량보호대책 마련, 친환경적 공업경제 활동 등 수자원보호를 위한 효과적이며 지속적인 방책을 마련하여 실시되어야 할 것이다.

본 장에서는 수질오염방지책 마련을 위해서 기초적으로 검토되어야 할 하천수의 오염에 대한 특성, 하천의 오염도 측정 및 하천의 오염에 의한 생태적 위험에 대해 기술한다.

1. 하천수의 자정작용(self-purification : 自淨作用)

하천이 오염되었을 때 스스로 환경 오염물질을 정화하는 능력을 자정작용이라 한다. 하천에 오수가 유입되면 희석, 침전이 이루어지고, 유기물은 미생물 매개에 의해 또는 화학적으로 분해된다. 이러한 정화작용은 자연계에서 일어나는 물리적, 화학적, 생물학적 반응의 결과이다.

1-1. 물리적 정화작용

물리적 작용에는 희석, 확산, 침전, 혼합, 여과, 분쇄 등이 있다. 유량이 풍부한 하천이나 호소에 오염물질이 유입될 경우 많은 양의 물과 섞여 오염물의 농도를 낮추는 "희석", 높은 농도의 오염된 물에서 낮은 농도의 오염이 안 된 물의 방향으로 오염입자들의 자연적인 퍼짐에 의한 "확산", 높은 농도의 오염된 물이 낮은 농도의 오염도가 낮은 물과 섞이는 "혼합", 시간이 흐름에 따라 중력에 의해 오염물질이 세균·미생물도 포함 흡착하여 가라앉는 "침전", 그리고 미세한 틈이 있는 여과체를 매개로, 그 미세 틈을 이용해 물이나 낮은 분자의 이온을 통과시키고 주로 고분자인 오염물질을 분리하는 "여과" 등에 의해 오염물질의 농도가 낮아진다. 따라서 위에 기술한 정화작용의 특성 상, 물리적 작용은 정체된 물보다는 흐름이 활발한 물에서 잘 일어난다.

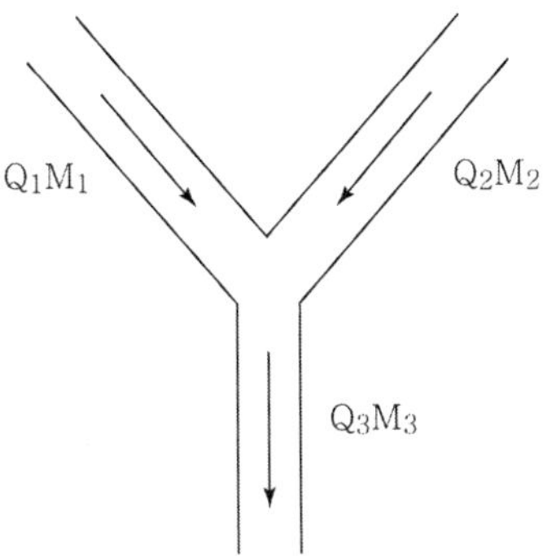

〈그림 5-1〉 오염의 희석

두 지천이 만나 하천을 이룰 때 희석작용을 검토해 보자. 오염물질의 질량보존의 법칙에 의해 다음 식이 성립한다.

단위시간 당 유입 오염물질의 질량 =

$$Q_1 \times M_1 + Q_2 \times M_2 = Q_3 \times M_3$$

= 단위시간 당유출 오염물질의 질량

여기서, Q_1, Q_2 : 유입유량(L/sec), M_1, M_2 : 유입농도(mg/L)

Q_3 : 유출유량(L/sec), M_3 : 유출농도(mg/L)

$Q_3 = Q_1 + Q_2$

[예제] BOD가 2ppm, 유량이 1,000,000m^3/day인 하천에 유량 100,000m^3/day인 공장폐수가 방류되어, 완전히 혼합된 후 하천의 BOD가 3ppm높아졌다. 폐수가 유입된 후의 하천에서는 BOD의 절대량에 변화가 없었다고 하면 이 공장 폐수의 BOD는 대략 얼마인가?

[풀이]

혼합 후에 하천의 BOD가 3ppm 높아졌으므로 혼합 후의 BOD는 5ppm이다.

$$5 = \frac{x \times 100,000 + 2 \times 1,000,000}{100,000 + 1,000,000} \qquad \therefore x = 35\text{ppm}$$

[예제] 아래 그림에서 ① 지점에서의 유량이 $10m^3/s$이고 BOD가 10mg/L, ② 지점에서의 유량이 800L/s이고 BOD가 20mg/L일 때, ③지점에서의 BOD를 구하라.

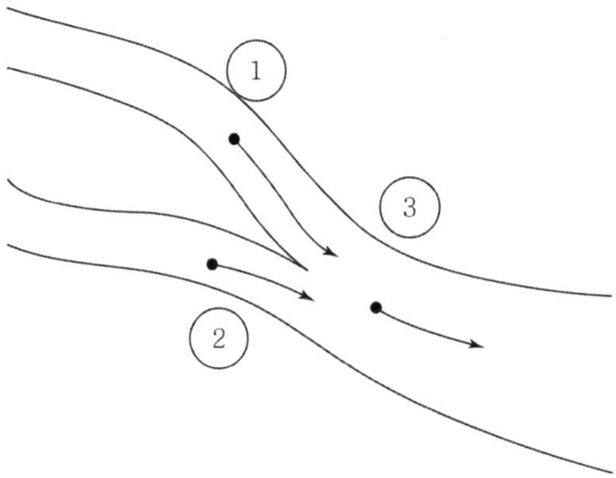

[풀이]

$$C_3 = \frac{Q_1 \times C_1 + Q_2 \times C_2}{Q_3} = \frac{10 \times 10 + 800 \times 10^{-3} \times 20}{10 + 0.8} = 10.74mg/L$$

1-2. 화학적 정화작용

화학적 작용에는 햇빛에 의한 오염물질의 "분해", 흡착제와 오염물질 사이에서 전자이동에 의한 "흡착", 산소와의 결합으로 전자를 뺏기는 "산화작용", 산소를 뺏기거나 전자를 받아들이는 "환원작용", 산성 또는 알칼리성과 긴밀한 관계가 있는 오염물질의 "중화", 그리고 화학적 반응에 의해 분산된 오염 물질이 침전될 수 있도록 큰 덩어리로 변화시키는 "응집" 등이 있다.

그리고 "폭기(曝氣)"는 공기가 물과 뒤섞여서 용존산소가 증가되는 것으로서 오염에 의한 악취를 제거시키며, 또한 암모니아를 방사시켜 제거한다. 그리고 철화합물을 2가에서 3가로 변화시켜 침전을 용이하게 하며, 용해성의 칼슘·마그네슘 등의 중탄산염(重炭酸鹽)에서 이산화탄소를 유리시켜 불용성(不溶性)의 탄산염이 되어 침전시킨다.

대기중의 "자외선"은 오염된 물질을 산화, 살균하는 역할을 하며 그 범위는 수심 1~5m까지 미친다.

그러나 자정작용 중에서 화학적 작용이 차지하는 비중은 물리적 작용이나 생물학적 작용에 비해 적다.

〈표 5-1〉 물리흡착과 화학흡착

물리흡착	화학흡착
van der Waals force 흡착된 분자에 구조변화 없음 빠른 흡착속도 다분자층 흡착가능 흡착력: 표면적과 관계있음	Chemical bonding 흡착제와 흡착질 사이에 전자이동 느린 흡착속도 단분자층 흡착 흡착력: 특정물질의 분산도 측정

1-3. 생물학적 정화작용

생물학적 작용은 수중의 여러 생물에 의해 오염물질이 분해되는 작용을 말한다. 자연계의 자정작용 중에서 오염농도를 낮추는 데 가장 큰 역할을 하는 것은 생물학적 작용이다. 특히 수질 오염물질을 없애는 데 있어서 생물학적 작용이 차지하는 역할을 절대적이다. 생활하수나 산업폐수 속에 있는 유기 오염물질은 물속에 사는 미생물의 영양분이 되기 때문이다. 물 속에 사는 이끼나 수초 같은 생물도 환경오염물질을 정화하는 데 적지 않은 역할을 한다. 생물학적 작용은 물 속에 녹아 있는 산소의 양에 큰 영향을 받는다. 일반적으로 용존산소량이 많을수록 생물학적 작용이 활발해진다. 고인 물보다 흐르는 물에서 자정작용이 활발하게 일어나는 이유는 산소량이 많아 오염물질을 분해하는 생물들의 활동이 활발해지기 때문이다.

이상으로 물리적, 화학적, 생물학적 정화작용을 기술하였는데, 정리하면 다음으로 요약될 수 있다. 즉, ① 용존산소가 높을수록, ② pH가 중성일 때 ③ 유속이 빠를수록 ④ 수온이 높을수록 ⑤ 수심이 얕을수록 ⑥ 햇빛이 강할수록 자정작용은 높아진다.

1-4. 자정계수

자정계수(self purification constant)란 동일한 수온에서 자정능력의 크기를 나타내는 지수를 말하며 다음과 같이 정의된다. 즉, 동일한 수온에서 자정계수가 크면, 자정능력이 크다고 할 수 있다. 단, 여기서 주의할 것은 온도가 높을수록 자정계수는 작아지나, 자정능력은 커진다라는 것이다.

$$자정계수 = f = k_2/k_1$$

여기서, k_1 = 탈산소계수, k_2 = 재포(폭)기계수이다.

자정계수는 수온, 수심, 유속, 난류의 크기, 바람, 하천의 구배 등의 하천의 흐름과 직접적인 관계가 있다.

수온이 높아지면, 용존산소량이 적어지고 용존산소량이 적어지면 산소전달률, 즉 재폭기계수 k_2는 커진다. 그리고 미생물의 활동도 활발해져 탈산소계수 k_1도 커진다. 그러나 k_1 증가율이 k_2 증가율보다 커지므로 f는 온도가 상승하면 작아지나 활발한 미생물 활동으로 자정능력은 커진다고 할 수 있다.

수심이 얕을수록, 유속이 빠를수록, 난류가 클수록, 바람이 셀수록, 하천의 구배가 심할수록 k_2가 커지고 따라서 f가 커지며, 자정능력은 커진다.

〈표 5-2〉 자정계수 f값(20℃)

상 태	20℃에서 f값
작은 연못	0.5～1.0
호수, 저수지, 유속이 아주 느린 하천	1.0～1.5
유속이 낮은 큰 하천	1.5～2.0
유속이 보통인 큰 하천	2.0～3.0
유속이 빠른 큰 하천	3.0～5.0
급류나 폭포가 있는 곳	5.0 이상

〈표 5-3〉 상대적 자정상수의 값

온 도(℃)	f값
5	1.58
10	1.35
15	1.16
20	1.00
25	0.859
30	0.737

〈표 5-4〉 자정계수의 영향인자

영향인자	변 화	k_1	k_2	f
수 온	높을수록	크다	크다	작다
	낮을수록	작다	작다	크다
수 심	깊을수록	-	작다	작다
	얕을수록	-	크다	크다
유속, 구배, 난류	클 수 록	-	크다	크다
	작을수록	-	작다	작다

※ 구배가 커지면 유속이 커지고 난류가 커진다.

1-5. 이온강도

이온강도(ionic strength, -强度) 용액 속의 이온의 영향도를 나타내는 물리량을 말한다. 즉, 이온강도가 크다는 것은 용액 안에 이온이 많이 존재하여 용액의 성질에 큰 영향을 미치게 된다는 것을 의미한다. 예를 들면, 강전해질 묽은 용액의 여러 성질은 이온강도에 의해 지배된다(Debye - Hückel theory). 그리고 Lewis는 주어진 전해질의 활동도 계수는 동일한 이온강도를 갖는 모든 용액에 있어서 서로 같다는 것을 실험으로 증명하였다. 용액의 이온강도는 다음 식으로 정의된다.

$$I = \frac{1}{2}\sum_{i=1}^{n} c_i z_i^2$$

여기서 c_i : i번째 이온의 몰농도(M, mol/L)
z_i : 이온의 전하수

[예제] 하천의 이온의 분포가 다음과 같을 때 이 하천의 이온강도를 구하라.

Ca^{2+} = 0.03M	Na^{+} = 0.04M
HCO_3^{-} = 0.02M	Cl^{-} = 0.05M

[풀이]

$$I = \frac{1}{2}\sum_{i=1}^{n} c_i z_i^2$$
$$= \frac{1}{2}\times(0.03\times 2^2 + 0.04\times 1^2 + 0.02\times 1^2 + 0.05\times 1^2)$$
$$= 0.115$$

2. 하천수의 오염지표

2-1. 하천수의 변화과정

하천수의 오염지표로서 생화학적산소요구량(BOD), 용존산소(DO), 저질산소요구량(SOD), 오염제거율 등을 들 수 있다. 이것들을 상세히 기술하기 앞서 우선 하천에 오염물질이 유입되었을 때 하천이 겪는 변화과정을 살펴보자.

상류가 오염물질이 유입되면, 유입 직후에 유기물 먹이를 좋아하는 호기성세균이 증가하며, 유기물 분해를 위해 산소가 필요하므로 BOD가 갑자기 증가한다. 그리고 호기성세균에 의한 분해가 시작되므로 DO는 서서히 감소하게 된다. 호기성세균은 유기물을 분해하면서 부산물로 무기염류를 생성하게 된다. 무기염류는 호기성세균의 분해에 의해 암모늄염, 질산염, 인산염 순서로 증가하게 된다. 무기염류가 증가하면 이를 먹이로 하는 조류가 증가하게 되고 호기성세균이 많아졌으니 호기성세균을 잡아먹는 원생동물이 나타나게 된다. 계속 진행되어 DO가 적정치 이하로 떨어지면, 산소부족으로 물속의 수생생물과 물고기의 폐사도 발생하게 된다.

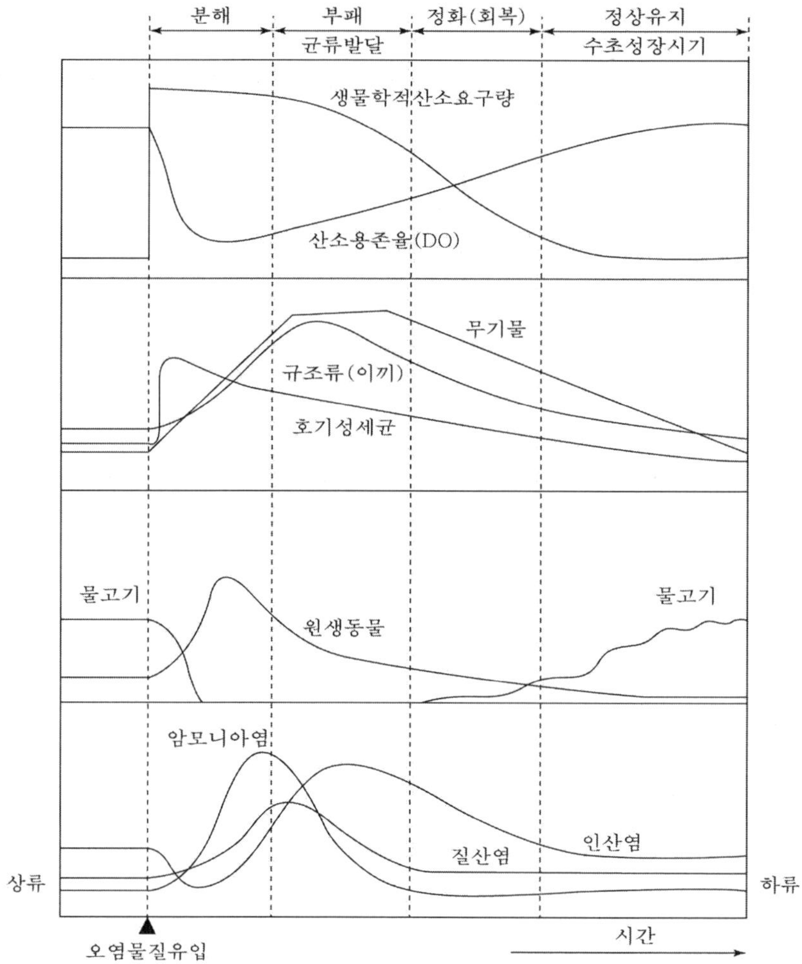

〈그림 5-2〉 하천수의 변화과정

대부분의 유기물이 분해되어 BOD는 감소하고, 조류의 광합성, 폭기작용 그리고 호기성세균의 감소에 의해 DO는 서서히 증가하게 된다. 조류의 활동으로 무기염류의 농도가 감소하게 되고 먹이 부족으로 호기성세균, 원생동물, 조류의 개체수도 점점 감소하게 된다. 최종적으로 하천은 자정작용에 의해 원래의 상태로 되돌아 가게 된다.

2-2. BOD의 변화

상류지점에서의 BOD와 상류지점에서의 BOD는 다음의 유하식(流下式)에 따른다.

$$\text{하류에서의 } BOD_5 = \text{상류에서의 } BOD_5 \times 10^{-k_s t_s}$$

$$\text{하류에서의 } BOD_u = \text{상류에서의 } BOD_u \times 10^{-k_s t_s}$$

여기서, 상류지점 BOD_5 : 상류지점에서의 20℃, 5일간 소비된 산소량(mg/L)
하류지점 BOD_5 : 하류지점에서의 20℃, 5일간 소비된 산소량(mg/L)
상류지점 BOD_u : 상류지점에서의 20℃, 최종 소비된 산소량(mg/L)
하류지점 BOD_u : 하류지점에서의 20℃, 최종 소비된 산소량(mg/L)
k_s : 탈산소계수(day^{-1})
t_s : 상류지점에서 하류까지의 흐르는데 걸린 시간(day)

위의 유하식이 성립하려면 다음 전제 조건을 만족하여야 한다.

① 유기물의 분해는 1차반응에 의한다.
② 오염원은 점오염원이다.
③ plug flow로 가정한다.
④ steady state(정상상태)를 가정한다.

※참고

1차 반응: 분해 속도가 물질의 양에 비례한다.

점오염원: 예를 들어, 하수도를 통해 하천에 유입되는 것처럼 한 점에서 오염물이 유입되는 것을 말하고, 빗물이 하천에 유입되는 것처럼, 한 점이 아닌 오염원을 비점오염원이라 한다.

plug flow: 상하좌우로는 완전혼합이고, 흐름방향으로는 1차반응에 의해 농도가 감소한다.

steady state: 어느 한 지점에서의 시간에 따른 오염의 농도 변화는 없다는 것을 의미한다. 하류로 갈수록 수질은 정화되어 오염의 농도는 작아지지만, 한 지점에서의 오염의 농도는 변화가 없다.

[예제] 20℃에 어떤 하천수의 최종 BOD농도는 50mg/L이고, 5일 BOD농도는 30mg/L이다. 하천수의 수온이 10℃일 때 하천수의 반응속도 상수 k_1은 얼마인가?(단, 4~20℃ 범위에서 Arrhenius상수는 1.135이다. 또 속도식에서 밑은 10으로 한다.)

[풀이]

$BOD_5 = BOD_u(1-10^{-k_1 \times 5day})$, $30mg/L = 50mg/L \times (1-10^{-k_1 \times 5day})$, $10^{-k_1 \times 5day}$ $= 1-30/50 = 0.4$, $-5day \times k_1 = \log 0.4 = -0.398$,즉, $k_1 = 0.08/day$이다.

이는 수온이 20℃일 때의 값이므로, 10℃일 때의 k_1을 구하면 다음과 같다.

$\therefore\ k_1 = 0.08/day \times 1.135^{10-20} = 0.023/day$

[예제] 200mg/L농도의 BOD_u가 1차반응에 의해 감소한다면 5일 후 잔존 BOD는 얼마(mg/L)인가?(단, 반응속도계수 k_1(자연대수)는 0.1/day 이다.)

[풀이]

자연대수라고 했으므로, 밑을 e로 해야 한다. 그리고, 1차반응에 의해 감소한다는 말이 없어도 당연히 1차반응에 의해 감소하는 것으로 가정한다.

5일후 잔존 BOD는 다음과 같다.

$$5일후\ 잔존\ BOD = BOD_u e^{-k_1 \times 5day} = 200mg/L \times e^{-0.1 \times 5} = 121.31mg/L$$

2-3. 제거율

오염물질의 제거율은 다음과 같이 정의된다.

$$제거율\ \eta(\%) = \frac{오염물질의\ 유입량 - 오염물질의\ 유출량}{오염물질의\ 유입량} \times 100$$
$$= \frac{M_iQ_i - M_oQ_o}{M_iQ_i} \times 100$$

여기서, Q_i, Q_o : 유입 및 유출유량(L/sec), M_i, M_o : 유입 및 유출농도(mg/L)

만약, $Q_i = Q_o$이라면 제거율은 다음과 같이 된다.

$제거율\ \eta(\%) = \frac{M_i - M_o}{M_i} \times 100$, 유출수의 농도 $M_o = M_i(1-\eta)$

처리장이 직렬로 n개가 배치된 경우:

최종유출수의 농도: $M_o = M_i(1-\eta_1)(1-\eta_2)\cdots(1-\eta_n)$

총제거율: $\eta_T = 1-(1-\eta_1)(1-\eta_2)\cdots(1-\eta_n)$

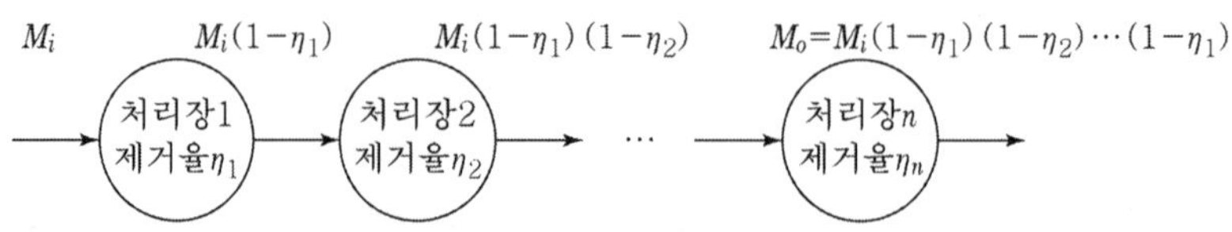

〈그림 5-3〉 오염물질의 제거율

[예제] 유량 30,000m^3/day이고, BOD 1mg/L인 하천에 유량 100m^3/hour이고, BOD 220mg/L인 생활오수가 처리되지 않고, 유입되고 있다. 하천수와 처리수가 합류 직후 완전 혼합된다고 가정할 때, 하천의 BOD를 2mg/L 이하로 유지하기 위해서 필요한 오수의 BOD제거율(%)은?

[풀이]

원래농도×(1-제거율) = 처리후 농도

생활오수가 처리장을 거친 후의 농도를 x라고 하면 다음 식이 성립한다.

$$2=\frac{3000\times1+100\times x}{3000+100},\quad x=32ppm$$

처리장을 거치기 전의 농도가 220ppm이고, 처리후의 농도가 32ppm이 되어야 하므로 처리장의 효율 = $\frac{220-32}{220}\times100$ = 85%

2-4. DO의 변화

하천수에 오염물질이 유입된 이후 미생물의 분해작용으로 산소소모가 증가하게 되어 DO는 점점 감소한다. 오염물질이 상당부분 분해된 이후, 소비되는 산소량보다 대기로부터 폭기되어 공급되는 산소량이 많으면 DO농도는 증가하게 된다. 이런 관점에서 볼 때 DO가 가장 작게 되는 지점이 있게 되는데, 이 임계점의 DO를 기준으로 하천의 DO수준을 판단한다. 이 지점에 도달하는 임계시간을 알면, 오염물질에 의한 BOD영향이 어느 지점에서 가장 큰지 예측할 수 있다.

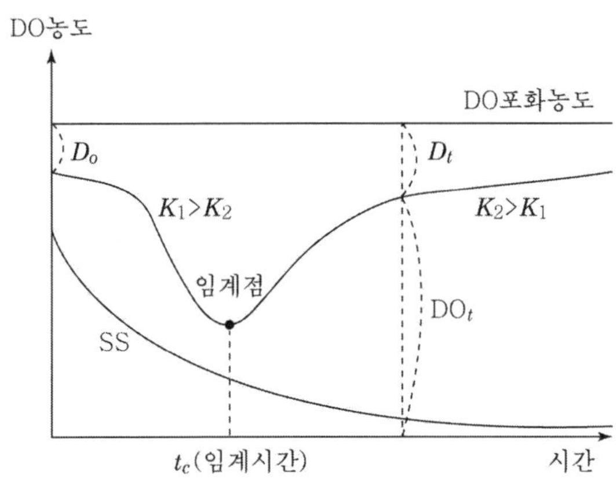

〈그림 5-4〉 하천의 수하거리에 따른 DO부족곡선(DO sag curve)

$$D_t = \frac{k_1 \times BOD_U}{k_2 - k_1}(10^{-k_1 t} - 10^{-k_2 t}) + D_0 \times 10^{-k_2 t}$$

여기서, D_t : t시간 지난 후 용존산소의 부족농도(mg/L)

k_1 : 탈산소계수(day^{-1})

k_2 : 재폭기계수

BOD_u : t=0일 때 최종BOD농도(mg/L)

t : 유하시간(day)

D_o : t=0일 때의 DO부족농도(mg/L)

이다. 그리고 20℃에서 산소의 포화도는 9.17ppm임을 기억하여야 한다.

[예제] 어느 하천에 다음과 같은 하수가 유입될 때 혼합 지점으로부터 10km 하류 지점에서의 용존산소 부족량은 얼마인가?(단, 혼합수의 k_1, k_2(밑이 e)는 0.2/일과 0.3/일이며 20℃에서의 포화산소 농도는 9.2mg/L이다.)

	하천	하수
유량	4.5m^3/s	0.9m^3/s
BOD_5	2.4mg/L	75mg/L
온도	20℃	20℃
DO	8.0mg/L	0.8mg/L
유속	0.3m/s	

[풀이]

혼합후의 $BOD_5 = \frac{4.5 \times 2.4 + 0.9 \times 75}{4.5 + 0.9} = 14.5mg/L$

$BOD_5 = BOD_u(1-e^{-k_1 \times 5})$, 14.5mg/L = $BOD_u(1-e^{-0.2 \times 5})$, BOD_u=22.94mg/L

혼합후의 DO = $\frac{4.5 \times 8.0 + 0.9 \times 0.8}{4.5 + 0.9} = 6.8mg/L$

하천과 하수의 온도가 20℃이므로 혼합 후도 20℃이다. 이때의 포화농도가 9.2이므로, 초기의 DO부족량은 9.2-6.8=2.4mg/L이다.

그리고 유속이 0.3m/s이므로, 10km까지 흐르는데 걸리는 시간은 0.356day ($= \frac{10,000}{0.3} \times \frac{1}{24 \times 60 \times 60}$)이다. 이 문제는 초기 DO부족량이 2.4mg/L일 때, 0.356day 후에 용존산소 부족량이 얼마인가라는 문제이다. 즉, 공식에 대입하면,

$$D_{0.36day} = \frac{0.2 \times 22.94}{0.3 - 0.2}(e^{-0.2 \times 0.35} - e^{-0.3 \times 0.35}) + 24 \times 10^{-0.3 \times 0.36} = 3.66mg/L$$

이다.

[예제] 어떤 하천의 BOD_5가 500mg/L이고, BOD_U가 900mg/L이다. 이 하천의 탈산소계수를 유효숫자 3자리로 나타내어라.(상용대수기준)

[풀이]

$$k = -\frac{1}{t}\log\left(1 - \frac{BOD_t}{BOD_U}\right) = -\frac{1}{5}\log\left(1 - \frac{500}{900}\right) = 0.0704/day$$

[예제] 유량 10,000m^3/day, BOD=1mg/L인 하천에 유량 4,800m^3/day, BOD=200mg/L의 생활오수가 유입되고 있다. 합류 후 완전 혼합되었을 때 하천수의 BOD를 유효숫자 4자리로 구하라.

[풀이]

$$C_3 = \frac{Q_1 \times C_1 + Q_2 \times C_2}{Q_3} = \frac{1 \times 10,000 + 200 \times 4,800}{10,000 + 4,800} = 65.54mg/L$$

3. 하천수 오염에 의한 생태변화

하천에 오염물질이 유입되면 배출지점으로부터의 거리나 시간을 측정함으로써 수질의 생태변화과정을 쉽게 추정할 수 있다. 생태변화의 모델은 Whipple 모델, Kolkwrtz와 Marson 모델 및 Streeter-Phelps 모델 등 여러 가지가 있다. 여기서는 이 세 모델에 대해 언급하기로 한다.

3-1. Whipple 모델

Whipple의 4지대는 분해지대(zone of degradation), 활발한 분해지대(zone of active decomposition), 회복지대(zone of recovery), 정수지대(zone of clear water)로 이루어진다.

1) 분해지대

① 오염물질이 막 유입되어 물의 화학적, 물리적 상태가 악화되어 고등동물이 사라지고 오염에 강한 미생물이 증가한다.

② 유기물을 많이 함유하는 슬러지 침전이 많아지며 DO의 양이 급격히 줄어든다.

③ CO_2양이 많아지며 오염에 잘 견디는 곰팡이류(fungi)가 심하게 번식하여 하천바닥과 수생식물을 덮는다. 곰팡이는 분해된 오염물질과 용존산소를 섭취하면서 성장한다.

④ 아미노산성 질소화합물이 존재한다.

2) 활발한 분해지대(부패단계)

① DO가 고갈된 상태에 도달하게 되면 호기성 미생물이 사멸하고 혐기성 미생물이 성장하여 흑색 및 점성질의 슬러지 침전물이 생기고 기체가 수면 위로 떠오른다.

② 물색이 회색, 흑색이 되며, H_2S, CH_4로 악취가 난다.

③ 혐기성 분해가 진행되면 곰팡이류의 수가 감소하며, 수중의 CO_2의 농도는 증가한다.

④ 물고기는 산소부족으로 살 수 없다.

⑤ 유기물이 분해되어 BOD가 낮아지면서 세균의 수는 줄고, 질산염, 인산염과 같은 무기염류가 증가한다.

⑥ NH_3-N(암모니아성 질소)의 농도는 증가한다.

3) 회복지대

① 물이 점점 깨끗해지며, 회복은 장거리에 걸쳐서 일어난다.

② 녹조류의 광합성과 산소의 유입으로 DO는 다시 회복되어, 혐기성 미생물이 호기성 미생물로 대체된다. 또한 점성질의 슬러지 침전물이 구슬모양으로 변하고 기체의 발생이 중단된다. 그리고 아질산염과 질산염의 농도가 증가한다.

③ 무기염류의 농도가 높아 녹조류, 남조류, 규조류가 증가하여 녹조현상을 일으킬 수 있다.

④ 하류로 내려갈수록 무기염류는 감소하며, 이어서 조류도 사라지고, 큰 수중식물이 재출현한다.

⑤ 바닥에는 조개나 벌레의 유충이 번식하고, 오염에 강한 어류가 출현한다.

4) 정수지대

① 오염되지 않은 자연수처럼 보이고 깨끗하며, 용존산소량도 풍부하다.

② 수중식물의 광합성이 활발하게 진행되고 많은 종류의 물고기가 번식한다.

③ 질산성 질소가 검출된다.

3-2. Kolkwitz와 Marson 모델

자정단계와 오염판정을 나타내는 Kolkwitz와 Marson 수질지표는 부수성이 큰 순서부터 강부수성, 중부수성 및 빈부수성으로 나누어진다. 그리고 중부수성은 오염정도가 큰 α중부수성과 오염정도가 작은 β중부수성으로 세분류한다.

1) 강부수성 수역

강부수성 수역은 강한 부패수역으로 환원과 부패작용이 심하며, DO가 전무하거나 극소하며 BOD가 매우 높고, 황화수소와 같은 악취가 발생한다. 강부수성 수역에서는 고등생물이 없고 아메바류, 섬모충류, 윤충, 곤충유충 등이 살 수 있다. 그리고 강부수성 수역은 빨강색으로 표시한다.

2) α중부수성 수역

α중부수성 수역은 강한 오염수역으로, 수중 퇴적물질의 산화작용이 활발하며, DO는 약간 존재하고 BOD는 높으나 황화수소와 같은 강한 냄새는 없다. α중부수성 수역에는 태양충, 조개류, 잉어, 붕어 등이 보인다. 그리고 α중부수성 수역은 노란색으로 표현한다.

3) β중부수성 수역

β중부수성 수역은 상당히 오염된 수역으로, 수중 퇴적물질의 산화작용이 있으며, DO는 어느 정도 있으며 BOD도 낮아진다. 그리고 냄새는 없다. β중부수성 수역에는 쌍편모충, 소형갑각류 등이 서식한다. 그리고 β중부수성 수역은 초록색으로 표현한다.

4) 빈부수성 수역

빈부수성 수역은 오염되지 않은 수역으로, 산화작용이 없으며, DO는 높고 BOD는 낮다. 그리고 냄새는 없다. 빈부수성 수역에는 편모충, 섬모충은 적게 출현하는 대신 많은 종류의 생물이 서식한다. 그리고 빈부수성 수역은 파랑색으로 표현한다.

3-3. Streeter-Phelps 모델

하천에서의 수질관리를 위하여 1920년대 초에 개발된 수질예측모델이다. 유기물의 생물학적 분해에 따른 산소 소비와 재포기에 의해 수면으로부터 산소공급을 고려하여 용존산소 부족량의 변화율을 나타낸 모델이다.

1) 용존산소 부족량의 변화율에 관한 식

$$\frac{dD}{dt} = k_1 \times L - k_2 \times D$$

여기서, $\frac{dD}{dt}$: 용존산소 부족량의 변화율

k_1 : 탈산소계수

k_2 : 재포기계수

L : BOD농도

D : 용존산소 부족량

2) 오염 평가 내용

이 모델은 하천에서의 점오염원에 의한 DO부족량의 변화를 나타낸 것이다. 퇴적물의 산화나 조류의 광합성에 의한 영향을 고려하지 않고, 오염원으로부터 하천에 유입된 유기물질을 분해하여 정화시키는 현상과 대기로부터 수면을 통해 산소가 재공급되는 재포기만을 고려해서 오염상태를 판단한다. 따라서 구성인자가 적고 간단하여 비교적 쉽게 하천의 자정능력을 평가할 수 있다는 장점을 가지고 있기 때문에 소규모 자정능력 판단에 현재까지 널리 사용되고 있다.

연 습 문 제

01. 다음 설명 중 틀린 것은?
① 수온이 높아지면 포화용존산소량이 감소하므로 재폭기 계수 또한 감소한다.
② 수온이 높아지면 자정상수는 감소하고 자정능력은 좋아진다.
③ 용존산소부족량이 클수록 산소 전달률은 커진다.
④ 수면적이 클수록 재폭기 계수가 커진다.

02. 다음 자정상수와 자정능력에 대한 설명 중 맞는 것은?
① 유속이 빠를수록 자정상수는 작아지며 자정능력은 작아진다.
② 구배가 클수록 자정상수는 작아지며 자정능력은 작아진다.
③ 난류가 클수록 자정상수는 커지며 자정능력은 작아진다.
④ 수온이 높을수록 자정상수는 작아지며 자정능력은 커진다.
⑤ 수온이 얕을수록 자정상수는 작아지며 자정능력은 커진다.

03. Marson과 Kolkwitz의 하천자정 단계 중 심한 악취가 없어지고 수중 저니의 산화(수산화철 형성)로 인해 색이 호전되며 수질도에서 노란색으로 표시하는 수역은?
① 강 부수성수역(Polysaprobic)
② α-중 부수성수역(α-mesosaprobic)
③ β-중 부수성수역(β-mesosaprobic)
④ 빈 부수성 수역(Oligosaprobic)

04. 수량 10,000m^3/day의 오수를 어떤 하천에 방류하였다. 이 하천은 BOD가 3mg/L이고, 유량이 3,000,000m^3/day이며, 방류시킨 오수가 하천수와 완전히 혼합되었을 때 하천의 BOD가 1mg/L 높아졌다고 하면 오수의 BOD 부하량은?(단, 오수와 혼합 이후의 하천의 BOD 절대량에는 변화가 없다고 한다.)
① 0.58ton/day ② 1.52ton/day
③ 2.35ton/day ④ 3.04ton/day

05. Na^{+}184mg/L, Ca^{2+}200mg/L, Mg^{2+}264mg/L인 농업용수가 있다. 이 때 SAR (Sodium Adsorption Ratio)의 값은?(단, Na원자량 : 23, Ca원자량 : 40, Mg원자량 : 24.3)

① 1.0
② 1.5
③ 2.0
④ 2.5

06. 하천의 수질이 다음과 같을 때 이 물의 이온강도는?

Ca^{2+}=0.02M, Na^{+}=0.05M Cl^{-}=0.02M

① 0.055
② 0.065
③ 0.075
④ 0.085

07. 아래 식은 DO 부족 곡선식(DO sagcurve)이다. 이 식에 대한 설명 중 잘못된 것은?

$$D_t = \frac{k_1 \times L_o}{k_2 - k_1}(10^{-k_1 t} - 10^{-k_2 t}) + D_o \times 10^{-k_2 t}$$

① k_1은 탈산소계수이고 단위는 day^{-1}이다.
② k_2는 재폭기계수이고 단위는 day^{-1}이다.
③ L_0는 방류지점에서의 최종 BOD 농도(mg/L)이다.
④ D_0는 t가 0일 때의 용존산소 농도(mg/L)이다.

08. 농업용수의 수질 평가시 사용되는 SAR(Sodium Adsorption Ratio) 산출식에 관련된 원소로만 짝지어진 것은?

① Na, Ca, Mg
② Mg, Ca, Fe
③ K, Ca, Mg
④ Na, Al, Mg

09. 어느 하천의 상태가 다음 표와 같을 때 자정능력이 가장 큰 지점은?

지점	A	B	C	D
탈산소 계수(k_1)	0.11	0.17	0.21	0.14
재폭기 계수(k_2)	0.22	0.33	0.36	0.48

① A ② B
③ C ④ D

10. 유량 $5m^3$/sec, BOD2mg/L인 하천에 유량 5,000m^3/day, BOD500mg/L인 공장 폐수를 처리하여 방류하고자 한다. 처리 후 방류된 공장폐수와 완전혼합된 하천의 BOD를 3mg/L 이하로 유지하기 위해 필요한 공장 폐수의 최소한의 BOD제거율(%)은?

① 82.1% ② 86.1%
③ 90.1% ④ 93.1%

11. 어떤 하천수의 수온은 10℃이다. 20℃의 탈산소계수 k(상용대 수)가 0.15/day일 때 [BOD_6/최종 BOD]비는?(단, $k_t = k_{20} \times 1.047^{(t-20)}$)

① 0.53 ② 0.63
③ 0.73 ④ 0.83

12. 탈산소계수(k_1)가 0.2/day인 하천 의 어떤 지점에서 BOD_u가 20mg/L이었다. 그 지점에서 5일 흐른 후의 잔존 BOD는?(단, 상용대수 적용)

① 2mg/L ② 4mg/L
③ 6mg/L ④ 8mg/L

13. '회복지대'에 해당되는 하천의 생태변화에 관한 설명으로 알맞지 않은 것은?(단, Whipple의 4지대 기준)

① 질산염의 농도가 증가한다.
② 아질산염의 농도가 증가한다.
③ Fungi와 조류가 급격히 줄어든다.
④ 세균의 수가 감소한다.

14. 다음은 지하수의 수질특성에 대한 설명이다. 이 중 잘못된 것은?
① 수온변동이 적고, 탁도가 낮다.
② 유속이 느리고 국지적인 환경 조건의 영향이 적다.
③ 알칼리도 및 경도가 지표수보다 높다.
④ 세균에 의한 유기물 분해가 주된 생물작용이다.

15. 유량이 1.2m^3/sec, BOD_5가 2.0mg/L, DO가 9.2mg/L인 하천에 유량 0.6m^3/sec, BOD_5가 30mg/L, DO가 3.0mg/L인 하수가 유입되고 있다. 하천의 평균유수단면적이 8.1m^2이면 하류 48km 지점의 용존산소 부족량은?(단, 수온은 20℃[포화 DO 9.2mg/L] 혼합수의 k_1=0.1/day, k_2=0.2/day,상용대수 기준)
① 3.2mg/L ② 4.7mg/L
③ 5.2mg/L ④ 6.7mg/L

16. BOD가 20mg/L인 하수 100,000m^3/day가 하천으로 유입된다. 하천의 유량이 50m^3/sec이고 하수 유입 전 하천의 BOD는 2mg/L이다. 완전 혼합 후의 하천 BOD(mg/L)는?
① 2.4 ② 2.8
③ 3.2 ④ 3.6

17. 분뇨 처리 후 방류수 잔류염소를 3mg/L로 하고자 한다. 하루 방류수 유량이 800m^3이고 염소요구량이 4mg /L이라면 염소는 하루에 얼마나 필요(주입)한가?
① 2.4kg/day ② 3.8kg/day
③ 4.3kg/day ④ 5.6kg/day

18. 지하수 수질 및 오염에 관한 설명으로 틀린 것은?
① DO가 낮아 미생물에 의한 생화학적 작용이나 화학적 사정능력이 약하다.
② 지하수의 성분조성은 하천수와 비슷하나 경도가 높다.
③ 지하수 중 천층수가 오염가능성 이 높다.
④ 지표수에 비하여 자연, 인위적인 국지조건에 따른 영향이 적다.

19. 자정계수(f)에 관한 다음 설명 중 잘못된 것은?
① 자정계수는 소규모 저수지보다 대형호수가 크다.

② [재폭기계수/탈산소계수]로 나타낸다.

③ 수온이 증가할수록 자정계수는 높아진다.

④ 하천의 유속이 클수록 자정 계수는 커진다.

20. 회복지대의 특성에 대한 설명으로 옳지 않은 것은?(단, Whipple의 하천 정화단계 기준)

① 용존산소량이 증가함에 따라 질 산염과 아질산염의 농도가 감소한다.

② 혐기성균이 호기성균으로 대체되며 Fungi도 조금씩 발생한다.

③ 광합성을 하는 조류가 번식하고 원생동물, 윤충, 갑각류가 번식한다.

④ 바닥에서는 조개나 벌레의 유충이 번식하며 오염에 견디는 힘이 강한 은빛 담수어 등의 물고기도 서식한다.

21. 유량이 10,000m^3/day인 폐수를 하천에 방류하였다. 하천의 BOD는 4mg/L이며, 유량은 4,000,000m^3/day이다. 방류한 폐수가 하천수와 완전 혼합되어졌을 때 하천의 BOD가 1mg/L 높아진다고 하면, 하천으로 유입되는 폐수의 BOD 농도는?

① 405mg/L ② 455mg/L

③ 810mg/L ④ 905mg/L

22. 하천수 수온은 10℃이다, 20℃ 탈산소계수 k(상용대수)가 0.1day^{-1}이라면 최종 BOD와 BOD_3의 비는?(단, $k_t = k_{20} \times 1.047^{(t-20)}$)

① 0.35 ② 0.42

③ 0.46 ④ 0.53

23. 하천수의 수질관리 모델인 Streeter-Phelps Model에 관한 설명으로 옳은 것은?

① 하천의 대기의 열복사 및 열교환이 고려된다.

② 점오염원이 아닌 비점오염원의 오염부하량을 고려한다.

③ 유기물의 분해에 따른 DO 소비와 재폭기를 고려한다.

④ 유속, 수심, 조도계수에 의해 확산계수를 결정한다.

24. 어떤 하천의 환경기준인 BOD 3mg/L 이하이고 현재 BOD는 1mg/L이며 유량은 100,000m^3/d이다. 하천주변에 돼지 사육단지를 조성하고자 하는데 환경기준치 이하를 유지시키기 위해서는 몇 마리까지 사육을 허가할 수 있는가?(단, 돼지 사육으

로 인한 하천의 유량증가는 무시하고 돼지 1마리당 BOD 배출량은 0.4kg/d로 한다.)

① 500마리 ② 1,000마리

③ 1,500마리 ④ 2,000마리

25. 하천수 수온은 10℃이다. 20℃ 탈산소계수 k(상용대수)가 0.15/day일 때 최종 BOD에 대한 BOD_5의 비(BOD_5/최종BOD)는?
(단, $k_t = k_{20} \times 1.047^{(t-20)}$)

① 0.53 ② 0.66

③ 0.74 ④ 0.87

26. BOD 농도가 200mg/L, 유량이 1,000m^3/day인 폐수를 처리하여 BOD 4mg/L, 유량 50,000m^3/day인 하천에 방류했을 경우 합류지점의 BOD 농도는?(단, 폐수는 95% 처리 후 방류하며 합류지점에서는 완전 혼합되었다고 한다.)

① 4.12mg/L ② 4.32mg/L

③ 4.62mg/L ④ 4.88mg/L

27. BOD_5가 213mg/L인 하수의 9일 동안 소모된 BOD는?(단, 탈산 소계수는 0.14/day (상용대수 기준))

① 233mg/L ② 238mg/L

③ 242mg/L ④ 251mg/L

28. Streeter-Phelps 모델에 관한 내용으로 옳지 않은 것은?

① 최초의 하천 수질 모델링이다.

② 유속, 수심, 조도계수에 의한 확산계수를 결정한다.

③ 점오염원으로부터 오염부하량을 고려한다.

④ 유기물의 분해에 따라 용존산소 소비와 재폭기를 고려한다.

29. 인구 50만의 신도시가 건설되어 인구 1명당 하루에 BOD 500mg/L, 200L씩의 물을 하천으로 배출한다. 하수유입 전 하천수의 유령이 100,000m^3/day이고 BOD가 4.0mg/L이었다면 하수 유입 후의 하천의 BOD는?(단, 완전혼합, 합류점 기준)

① 238mg/L ② 252mg/L

③ 282mg/L ④ 296mg/L

30. 어느 하천의 DO가 7.3mg/L, BOD_u가 17.1mg/L이었다. 이때 용존 산소곡선(DO Sag Curve)에서 임계점에 달하는 시간은?
(단, 온도는 20oC,용존산소 포화량 9.2mg/L, k_1=0.1/day, k_2=0.3/day, tc= $\frac{1}{k_1(f-1)}log\left[f\times\left(1-(f-1)\frac{D_o}{L_o}\right)\right], f=\frac{k_2}{k_1}$)

① 약 2일 ② 약 4일
③ 약 6일 ④ 약 8일

31. 하천의 수질모델인 DO Sag - Ⅰ · Ⅲ에 관한 설명으로 옳지 않은 것은?

① 1차원 정상상태 모델이다.
② 저질의 영향 및 광합성 작용에 의한 DO반응을 고려한 모델이다.
③ 점오염원과 비점오염원이 하천의 DO에 미치는 영향을 나타낼 수 있다.
④ Streeter-Phelps 식을 기본으로 한다.

32. BOD 20mg/L인 하수처리장 유출 수가 50,000m^3/day로 방출되고 있다. 하수가 방출되기 전에 하천의 BOD는 3mg/L이며, 유량은 5.8m^3/sec이다. 방출된 하수가 하천수에 의해 완전 혼합된다고 한다면 혼합지점에서의 BOD총량(kg/day)은?

① 503 ② 1503
③ 2503 ④ 3503

33. 수온이 20℃이고 재포기 계수가 0.2/day인 수체에서 수온이 15℃ 변할 때의 재포기 계수는?(단, 온도보정 계수는 1.024)

① 0.169/day ② 0.178/day
③ 0.187/day ④ 0.192/day

34. 자정계수에 관한 설명으로 옳지 않은 것은?

① 자정계수란 재폭기 계수를 탈산소 계수로 나눈 값을 말한다.
② 유속이 느린 하천일수록 자정계수는 작다.
③ 수심이 얕을수록 자정계수는 커진다.
④ 자정계수의 단위는 day^{-1}이다.

35. 분뇨의 특성으로 가장 거리가 먼 것은?
① 분뇨는 다량의 유기물을 함유하며 고액분리가 어렵다.
② 뇨는 VS 중의 80%~90% 정도의 질소화합물을 함유하고 있다.
③ 분뇨의 질소는 주로 NH_4HSO_3, $(NH_4)_2SO_3$의 형태로 존재하고 소화조내의 산도를 적정하게 유지시켜 pH의 상승을 막는 완충작용을 한다.
④ 분뇨의 특성은 시간에 따라 변한다.

36. 유량이 $2.8m^3/s$이고, BOD 4.0mg/L인 하천에 유량이 560L/s이고, BOD 29.2mg/L인 폐수가 유입되고 있다. 이 폐수는 유입 즉시 하천수와 완전 혼합된다고 할 때 혼합 후의 BOD농도는?(단, 기타 오염물질 유입은 없다.)

① 39.7mg/L ② 25.8mg/L
③ 11.7mg/L ④ 8.2mg/L

37. 하천수 수온은 10℃이다. 20℃ 탈 산소계수 K(상용대수)가 $0.1day^{-1}$이라면 최종 BOD와 BOD_4의 비(BOD_4/BOD_u)는?
(단, $K_T=K_{20} \times 1.047^{(T-20)}$)

① 0.35 ② 0.44
③ 0.52 ④ 0.66

38. 다음 수처리에 이용되는 습지 식물 중 부수식물(free floating plants)에 해당하지 않는 것은?

① 부레옥잠 ② 물수세미
③ 생이가래 ④ 물개구리밥류

39. 폭이 60m, 수심이 1.5m로 거의 일정한 하천에서 유량을 측정하였더니 $18m^3/sec$이었다. 하류의 어떤 지점 에서 측정한 BOD 농도가 17mg/L이었다면, 이로부터 상류 40km지점의 BOD_u농도는?
(단, K_1=0.1/day(자연대수인 경우), 중간에는 지천이 없으며 기타 조건은 고려하지 않음.)

① 28.9mg/L ② 25.2mg/L
③ 23.8mg/L ④ 21.4mg/L

40. 1,000m^3인 탱크에 염소이온 농도가 100mg/L이다. 탱크 내의 물은 완전혼합이고, 계속적으로 염소이온이 없는 물이 480m^3/day로 유입된다면 탱크 내 염소이온농도가 10mg/L로 낮아질 때까지의 소요 시간(hr)은?(단, $C_t/C_o=e^{-k \cdot t}$)

① 약 115　　② 약 154

③ 약 186　　④ 약 196

41. Whipple에 의한 하천의 자정 단계 중 다음 설명에 해당하는 지대로 가장 적합한 것은?

DO량이 증가하고, 각종 가스의 발생이 줄어들며, 질소는 NO_2^--N, NO_3^--N형태로 존재한다. Fungi도 조금씩 발생하며, 바닥에서는 조개나 벌레의 유충이 번식 하며 오염에 견디는 힘이 강한 생무지, 황어, 은빛담수어 등의 물고기도 서식한다.

① 분해지대　　② 활발한 분해지대

③ 회복지대　　④ 정수지대

42. 다음은 하천의 수질 모델링에 관한 설명이다. 가장 적합한 모델은?

- 하천의 수리학적 모델, 수질 모델, 독성물질의 거동 모델 등을 고려할 수 있으며, 1차원, 2차원, 3차원까지 고려할 수 있음. - 광범위한 수계에 적용할 수 있는 동적모델로서 연중 또는 짧은 기간의 수질변동을 파악하는데 유용한 모델 - 수질에 저질이 미치는 영향을 보다 상세히 고려한 모델

① QUAL-Ⅰmodel　　② WORRS model

③ QUAL-Ⅱmodel　　④ WASP5 model

43. 하천에서 용존산소 감소량을 구할 수 있는 Streeter-phelps식의 유도는 많은 가정 하에서 이루어졌다. 다음에서 그 가정에 포함되지 않는 것은?

① 오염은 점 오염원이다.

② 유기물의 분해는 2차반응에 따른다고 가정하였다.

③ 하상퇴적층의 유기물의 분해는 고려하지 않았다.

④ 수생식물의 광합성은 고려하지 않는다.

44. streeter-phelps식의 가정조건이 아닌 것은?

① plug flow　　② 확산계수 무시

③ 정상상태 ④ 2차원흐름

45. 어느 연못의 용존산소 농도가 11.3mg/L이었다. 그 때 수온이 20℃었다면 어떤 결론을 내릴 수 있는가?
① DO포화도에 미치지 못했으므로 계속 폭기가 일어난다.
② 연못에 산화제가 유입되었을 가능성이 있다.
③ 조류가 번식할 경우에 과포화가 일어나므로 우선 조류의 유무를 조사해 본다.
④ DO가 너무 높기 때문에 물고기가 성장하는데 지장을 줄 수가 있다.

46. 어느 연못의 용존산소 농도가 11.3mg/L이었다. 그때 수온이 20℃인 경우, 가장 적절한 판단이라 볼 수 있는 것은?
① DO포화도에 미치지 못하여 계속 폭기가 일어나 DO가 높아질 가능성이 있다.
② 연못에 산화제가 유입되었을 가능성이 있다.
③ 조류가 번식하여 DO가 과포화되었을 가능성이 있다.
④ 물속에 수산화물과 (중)탄산염을 포함하여 완충능력이 클 가능성이 있다.

47. 하천의 재폭기 계수에 관한 다음의 설명 중 맞는 것은?
① 수심이 깊을수록 커진다.
② 유속이 빠를수록 적어진다.
③ 하천의 경사가 급할수록 적어진다.
④ 하천 바닥이 거칠수록 커진다.

48. 폭기에 의해 산소를 물에 용해시킬 때 다음 설명 중 틀린 것은?
① 산소의 이전속도는 비표면적이 클수록 감소한다.
② 산소의 이전속도는 계면재생률이 작을수록 감소한다.
③ 산소의 이전속도는 접촉시간이 길수록 증가한다.
④ 산소의 이전속도는 산소분압에 비례한다.

49. 어떤 오염된 하천의 여름철 온도에서 용존산소 포화치의 45%에 해당하는 용존산소를 가지는 하천의 지점은 다음 어느 지대에 해당하는가?
① 분해지대 ② 활발한 분해지대
③ 회복지대 ④ 정수지대

50. 혐기성 분해가 진행되어 수중의 탄산가스 농도나 암모니아성 질소 농도가 증가하는 하천의 지점은 다음 중 어느 지대에 해당하는가?
① 분해지대 ② 활발한 분해지대
③ 회복지대 ④ 정수지대

51. 하천의 오염 cycle과 자정작용을 순서대로 나열한 것은?
① 분해지대 - 부패지대 - 회복지대 - 정수지대
② 정수지대 - 부패지대 - 분해지대 - 회복지대
③ 부패지대 - 회복지대 - 분해지대 - 정수지대
④ 회복지대 - 분해지대 - 부패지대 - 정수지대

52. 다음 수역 중 일반적으로 자정계수(f)가 가장 큰 것은?
① 폭포 ② 조그만 연못
③ 완만한 하천 ④ 유속이 빠른 하천

53. 하천의 수질이 다음과 같을 때 이 물의 이온강도는?
(다음) Ca^{2+}=0.02M, Na^{+}=0.05M, HCO^{3-}=0.02M, Cl^{-}=0.02M
① 0.055 ② 0.065
③ 0.075 ④ 0.085

54. 유량 $20m^3$/sec의 하천에 유량 $10m^3$/sec인 지천이 연결되어 있다. 연결전의 하천의 염소농도는 25.0 mg/L이고 지천의 염소농도는 50.0 mg/L이다. 염소를 보존성 물질이라고 보고, 두 하천이 완전혼합되는 합류점 하류에서의 염소농도는?
① 약 24mg/L ② 약 28mg/L
③ 약 33mg/L ④ 약 37mg/L

55. 강물의 유량조사를 위하여 500mg/L의 추적자(tracer)를 500L/min의 유량으로 주입시켰다. 그 결과 측정지점에서의 추적자 농도는 200mg/L로 조사되었다. 강물에 원래 함유되어 있는 추적자의 농도가 50mg/L인 것으로 조사되었다면, 이들 자료에서 강물의 유량은?

① 500 L/min ② 750 L/min
③ 1,000 L/min ④ 1,250 L/min

56. 암모니아성 질소 42mg/L와 아질산성 질소 14mg/L가 포함된 폐수를 완전 질산화시키기 위한 산소요구량은?(3)

① 135 mgO_2/L ② 174 mgO_2/L
③ 208 mgO_2/L ④ 232 mgO_2/L

57. 하천 상류에서 BOD_U = 10mg/L일 때 2m/min속도로 유하한 20km하류에서의 BOD는?(단, K_1(탈산소계수, base=상용대수)=0.1/day이고 유하 도중에 재폭기나 다른 오염물질 유입은 없다.)

① 2mg/L ② 3mg/L
③ 4mg/L ④ 5mg/L

58. 30,000m^3/day 상수를 살균하기 위하여 15kg/day의 염소가 사용되고 있는데 15분 접촉 후 잔류염소는 0.2mg/L이다. 염소요구량(농도)은?

① 0.3mg/L ② 0.4mg/L
③ 0.5mg/L ④ 0.7mg/L

59. BOD 120mg/L, 유량 5,000m^3/day의 폐수를 BOD 3mg/L, 유량 7,000,000m^3/day의 하천수에 통상적으로 방류할 때, 방류 지점에서 폐수와 하천수가 완전히 혼합하여 유하한다고 가정하면 폐수가 방류되어 완전히 혼합된 직후 유하하는 하천수 중의 BOD의 1일당 총 부하량(ton)은?(단, 분해 등 기타 사항은 고려하지 않음)

① 15.6 ② 18.6
③ 21.6 ④ 25.6

60. BOD가 230mg/L, 배수량이 2,500m^3/일의 생활오수를 BOD 오탁부하량이 115kg/일이 되게 줄이려면 몇 %의 BOD를 제거해서 하천수로 방류시켜야 하는가?

① 80% ② 85%
③ 90% ④ 95%

61. 다음 그림은 일반적인 하천에 유기물질이 배출되었을 때 하천의 수질을 나타낸 것이다. 그림 중 (2)곡선이 나타내는 수질지표로 가장 적절한 것은?

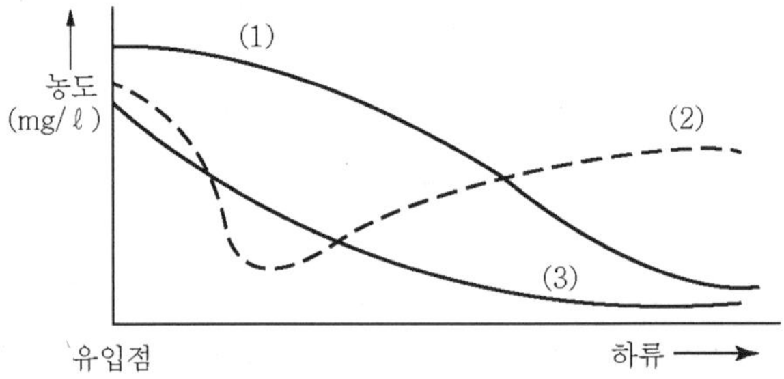

① DO ② BOD
③ SS ④ COD

62. 유해물질과 그것에 의해 발생되는 건강피해와 연결이 잘못된 것은?

① 수은 - 경구염 , 수족의 떨림
② 카드뮴 - 골연화증, 이타이이타이병 발생
③ 유기인 - 칼슘기능저하 , 법랑반점
④ 비소 - 각화증 , 발암

63. Wipple의 하천의 생태변화에 따른 4지대 구분 중 '분해지대'에 관한 설명으로 알맞지 않은 것은?

① 오염에 잘 견디는 곰팡이류가 심하게 번식한다.
② 유기물을 다량 함유하는 슬러지의 침전이 많아지고 용존산소량이 크게 줄어드는 대신에 탄산가스의 양은 증가한다.
③ 희석이 덜 되는 작은 하천에서 더 뚜렷이 나타난다.
④ 아질산염이나 질산염의 농도가 증가한다.

64. '회복지대'에 해당되는 하천의 생태변화에 관한 설명으로 알맞지 않은 것은? (단, Whipple의 4지대 기준)
① 질산염의 농도가 증가한다.
② 아질산염의 농도가 증가한다.
③ Fungi와 조류가 급격히 줄어든다.
④ 세균수가 감소한다.

65. 1일 평균 급수량이 50,000m^3이며 시간 최대 급수량에 대한 관내 유속을 0.5m/sec로 할 때 배수관의 직경은? (단, 배수관 직경은 시간 최대 급수량을 기준으로 하며 시간 최대 급수량은 1일 평균 급수량의 2배로 가정)
① 1.23m ② 1.41m
③ 1.72m ④ 1.94m

66. 어떤 공장에서 phenol 500kg이 매일 폐수에 섞여 배출된다. 1g의 phenol이 1.7g의 BOD5에 해당된다고 할 때, 인구당량은? (단, 1인 1일당 BOD5는 50g기준)
① 15,000명 ② 16,000명
③ 17,000명 ④ 18,000명

67. 점오염원에 대한 설명으로 옳지 않은 것은?
① 고농도의 하·폐수가 특정한 한 점에서 집중 배출되는 오염원이다.
② 대체로 좁은 지역에서 발생하며 시간에 따른 수질의 변화가 있다.
③ 배출위치를 정확히 파악할 수 있다.
④ 강우 시 집중적으로 발생하는 영양염류가 주요 오염물질이다.

68. Streeter-Phelps 모델에 관한 내용으로 옳지 않은 것은?
① 최초의 하천 수질 모델링이다.
② 유속, 수심, 조도계수에 의한 확산계수를 결정한다.
③ 점오염원으로부터 오염부하량을 고려한다.
④ 유기물의 분해에 따라 용존산소 소비와 재폭기를 고려한다.

70. 오염물질이 수중에서 확산 혼합되는 현상의 원인과 관계가 없는 것은?
① 브라운 운동 ② 난류
③ 수온에 의한 밀도류 ④ 용존산소의 농도

71. 유기성 오수가 하천에 유입된 후 유하하면서 자정작용이 진행되어 가는 여러 상태를 그래프로 표시하였다. (1)~(6) 그래프 각각이 나타내는 것을 순서대로 나열한 것은?

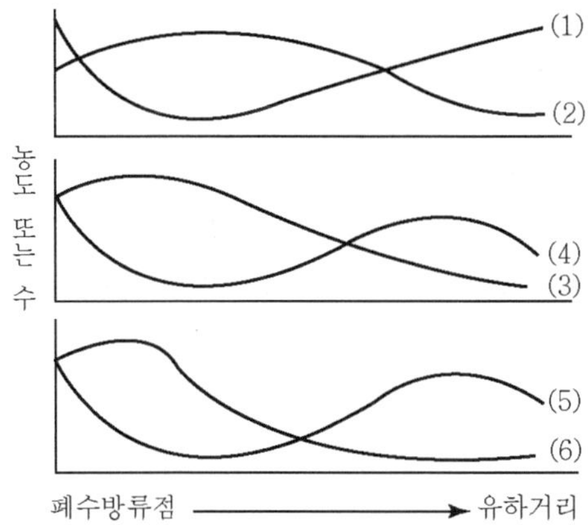

① BOD, DO, NO_3-N, NH_3-N, 조류, 박테리아
② BOD, DO, NH_3-N, NO_3-N, 박테리아, 조류
③ DO, BOD, NH_3-N, NO_3-N, 조류, 박테리아
④ DO, BOD, NO_3-N, NH_3-N, 박테리아, 조류

72. 상수원에 대한 수질검사 결과 질산성질소만 다량 검출되었을 때 옳은 것은?
① 유기질소에 의한 일시적인 오염
② 유기질소에 의한 계속적인 오염
③ 유기질소에 의한 영구적인 오염
④ 지질(地質)에 의한 오염

73. 다음 중 하수처리구역이 아닌 경우 오수, 분뇨의 처리방안으로 옳은 것은?
① 분뇨는 단독 정화조에서 처리하여 생활오수와 함께 BOD 50mg/L 이하로 공공수역에 방류시킨다.
② 분뇨와 생활오수를 함께 오수처리시설에 유입시켜 BOD 20mg/L 이하로 처리하여 공공수역에 방류시킨다.
③ 분뇨와 생활오수를 함께 우, 오수분류식 하수처리장에서 처리한 후 BOD 20mg/L 이하로 공공수역에 방류시킨다.
④ 분뇨는 단독 정화조에서 처리하고 생활오수는 우, 오수분류식 하수처리장에

서 처리한 후 BOD 20mg/L 이하로 처리하여 공공수역에 방류시킨다.

74. 수화현상(water bloom)이란 정체수역에서 식물플랑크톤이 대량 번식하여 수표면에 막층 또는 플록(floc)을 형성하는 현상을 말하는데, 이의 발생원이 아닌 것은?
① 유기물 및 질소, 인 등 영양염류의 다량 유입
② 여름철의 높은 수온
③ 긴 체류시간
④ 수층의 순환

75. 수질오염에 의한 벼농사의 피해에 관한 설명으로 잘못된 것은?
① 논에 다량의 유기물을 함유한 폐수가 유입되면 토양이 환원상태로 되어 피해를 발생한다.
② 논의 토양이 산성화되면, 토양 중의 중금속의 일부가 용해하여 벼에 흡수되어 생육을 저해한다.
③ 염류농도가 낮은 폐수가 유입되면 세포의 원형질에 나쁜 영향을 끼쳐 수확량이 감소한다.
④ 콜로이드상의 미립자를 함유한 폐수가 과도하게 유입되면 토양입자를 고결시켜 침투성이 악화된다.

76. 하천의 자정능력은 통상 겨울보다 여름이 더 활발하다. 그 원인 중 올바르게 설명된 것은?
① 여름의 높은 온도는 박테리아의 성장을 촉진시키기 때문이다.
② 여름에는 겨울보다 물속에 용존산소가 많기 때문이다.
③ 여름에는 유량이 많고 유기물이 적기 때문이다.
④ 여름에는 겨울보다 살균작용이 크기 때문이다.

77. 비료, 가축분뇨 등이 유입된 하천에서 pH가 증가되는 경향을 볼 수 있는데, 여기에 주로 관여하는 미생물과 반응은?
① Fungi, 광합성 ② Bacteria, 호흡작용
③ Algae, 광합성 ④ Bacteria, 내호흡

78. 수질 모델 중 Streeter &Phelps 모델에 관한 내용으로 옳은 것은?

① 하천을 완전혼합흐름으로 가정하였다.

② 점오염원이 아닌 비점오염원으로 오염부하량을 고려한다.

③ 유속, 수심, 조도계수에 의해 확산계수를 결정한다.

④ 유기물의 분해와 재폭기만을 고려하였다.

[정답]

1. ① 2. ④ 3. ② 4. ④ 5. ③ 6. ③ 7. ④ 8. ① 9. ④ 10. ① 11. ③ 12. ① 13. ③ 14. ② 15. ② 16. ① 17. ④ 18. ④ 19. ③ 20. ① 21. ① 22. ① 23. ③ 24. ① 25. ② 26. ① 27. ④ 28. ② 29. ② 30. ① 31. ② 32. ③ 33. ② 34. ④ 35. ③ 36. ④ 37. ② 38. ② 39. ④ 40. ① 41. ③ 42. ④ 43. ② 44. ④ 45. ③ 46. ③ 47. ④ 48. ① 49. ① 50. ② 51. ① 52. ① 53. ④ 54. ③ 55. ③ 56. ③ 57. ① 58. ① 59. ③ 60. ① 61. ① 62. ③ 63. ④ 64. ③ 65. ③ 66. ③ 67. ④ 68. ② 70. ④ 71. ③ 72. ① 73. ② 74. ④ 75. ③ 76. ① 77. ③ 78. ④

제 6 장

호소수의 수질관리

호소는 호수(湖)와 늪(沼)을 합쳐 만든 용어로서 자연호와 인공호를 포함한 모든 정체수역을 총칭하며, 하천 또는 자연호, 저수지와 관련되어 형성되는 습지도 포함한다. 또한 담수 뿐만 아니라 해수가 섞이는 기수호(汽水湖 : 바다와 연결되어 있어 바닷물이 섞여 들어온 호수) 혹은 하구호도 포함한다.

우리나라의 호소수는 외국과는 다르게 수자원 확보, 홍수 조절 및 에너지 생산 등의 목적으로 댐 또는 방조제를 건설하여 조성된 인공호수가 대부분이다. 우리나라의 호소수는 조성의 목적에 따라 생태계적 특징이 다르므로 수질관리 측면에서 중요한 관심의 대상이 되고 있다.

호소수질에 영향을 미치는 요인들은 크게 물리적 요인, 화학적 요인, 지질학적 요인 및 생물학적 요인으로 구별된다.

〈표 6-1〉 호소 내 수질에 미치는 영향요인들과 요인별 주요인자들

영향 요인	요인별 주요 인자
○ 물리적 요인	온도, 색도, 탁도, 경도, 부유성 고형물질
○ 화학적 요인	용존산소, BOD, COD, pH, 영양염류(질소, 인 등), 산화환원전위, 전기전도도, 유기물
○ 지질학적 요인	저질토양, 기반암, 수심, 수체류시간, 표면적, 유역면적 등
○ 생물학적 요인	플랑크톤(박테리아, 식물성플랑크톤, 동물성플랑크톤), 부착미생물, 원생동물, 넥턴(어류), 수생식물, 저서생물 등

본 장에서는 호소수의 수질관리 측면에서, 호소수의 수질에 큰 영향을 미치는 화학적 요인인 용존산소상태, 물리적 요인인 온도에 기인하는 성층현상 및 생물학적 요인인 미생물의 과다증식에 기인하는 부영양화에 대해서 기술하고자 한다.

1. 성층현상과 전도현상

태양으로부터의 일사량의 지역적, 계절적 변화는 호수 수중의 광조건을 변화시키고, 호소의 수온의 변화를 일으켜서, 수중 생물과 물질순환에 크게 영향을 준다. 특히 수심별 수온의 변동은 호수전체의 물의 유동에 큰 영향을 준다.

1-1. 온도에 관련된 물의 특성

수온의 변화는 물의 밀도 변화와 밀접한 관계를 가지고 있다. 물은 4℃에서 밀도가 $1 g/cm^3$으로 가장 크며 4℃ 이상에서는 온도상승과 더불어 부피가 팽창하지만, 0℃에서 4℃ 사이의 온도에서는 다른 액체와 달리 팽창하지 않고 수축하는 특성을 가진다. 호수에서는 이러한 물의 밀도에 영향을 주는 요인들에 의해 계절적인 성층과 전도현상이 되풀이해서 일어나게 된다.

또한 물은 열 저장능력이 커서 쉽게 가열되거나 냉각되지 않아, 여름에 태양의 복사에너지가 많이 제공되더라도 수온은 크게 증가하지 않는다. 이러한 물의 열 저장능력으로 인해 연교차는 수온이 기온보다는 작다. 따라서, 온대지방에 분포해 있는 호수들에서 표면수온의 변화는 봄, 여름에는 기온보다도 낮고, 가을부터 겨울에 이르기까지는 기온보다 높게 나타난다. 이외에도 수온의 변화는 물 속에 용존산소의 포화도에도 영향을 준다. 예를 들면 수온이 높은 경우에는 산소의 포화도가 감소하게 되고 낮으면 그 반대가 된다.

1-2. 계절에 따른 수온의 수직분포

호수에서 심수층에는 무거운 물이 표수층에는 가벼운 물이 존재하여 안정상태를 유지하는 현상을 성층현상(stratification)이라고 한다. 이때 호수는 수직방향으로 특성이 다른 층들이 형성된다. 대기의 영향에 의해 물의 순환 작용이 존재하는 표층(순환대 : epilimnion), 깊이에 따라 온도변화가 심한 수온약층(변천대 : thermocline) 대기의 온도변화의 영향을 거의 받지 않아 정체되어 있는 심수층(정체대 : hypolimnion)이 그 것이다.

그리고 표수층의 물이 최대의 밀도를 가지면 표수층의 물이 아래로 이동하면서 상대적으로 심수층물이 표수층으로 이동하는 현상을 전도현상(Turn over)이라 한다.

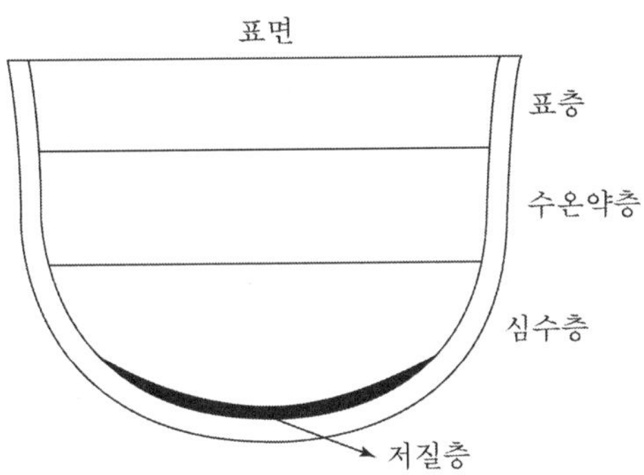

〈그림 6-1〉 호수의 성층현상

1) 봄과 가을

봄이 되면 겨울에 호수면을 덮고 있는 얼음이 녹아 온도가 올라간다. 이때 표면수가 호수 밑의 물의 온도보다 높게 되어 4℃에 가까워지면 표면수가 상대적으로 호수 바닥의 물보다 무거워져서 표면으로부터 바닥에 이르기까지의 호수물이 밀도차에 의해 혼합된다. 혼합된 이후의 호수의 수온은 수심에 따라 일정하여 약 4℃가 된다.

가을이 되면 표수층의 온도가 호수 밑의 물의 온도보다 낮게 되어 4℃에 가까워지면 표면수가 상대적으로 호수 바닥의 물보다 무거워져서 표면으로부터 바닥에 이르기까지의 호수물이 밀도차에 의해 혼합된다. 따라서 봄과 가을에는 전도현상이 일어나게 되어 호수바닥에 쌓여 있던 오염물질이 표층으로 상승하여 수질이 나빠지게 된다.

2) 여름과 겨울

여름이 되면 심수층의 온도가 4℃ 정도가 되고 표수층은 이보다 훨씬 높아지게 되어 표수층의 밀도가 상대적으로 낮아져 물의 무게중심 하강으로 호수는 안정화되며 오염물질은 호수바닥에 쌓이게 된다.

겨울이 되면 표수층의 수온이 0℃로 감소하고 심층부가 4℃의 수온 분포를 나타냄으로써 표수층이 상대적으로 밀도가 낮아져 호수가 안정화된다. 따라서 여름과 겨울에는 성층현상이 일어나게 된다.

2. 용존산소(DO)

수체 내 용존산소는 수체에서의 물리적, 화학적 그리고 생화학적 활성도와 관련되어, 수중생물에게 필수적인 환경요소로서 수질환경을 평가하는데 가장 기본적이면서 중요한 측정항목이다. 수중의 산소는 호기성 박테리아와 다른 미생물들의 대사과정에서 매우 중요하여 수중에 존재하는 오염물의 분해를 가능하게 하며 이 경우 산소는 전자수용체로 이용된다.

호수에서는 수온과 함께 계절적 영향이 가장 뚜렷하며, 수심별 용존산소의 분포는 수층간의 혼합에 영향을 주는 수온과 유기물의 양에 영향을 받는다. 봄과 가을에는 전도현상으로 표층수와 심수층이 충분히 섞여 수직 방향으로 DO가 일정하고 여름과 겨울에는 성층현상이 있어 물이 수직 방향으로 섞이지 않고 안정된 상태를 유지하고 대기와 경계를 이루는 표층에는 대기의 산소가 용해되어 표층수의 DO가 심층수의 DO보다 높다.

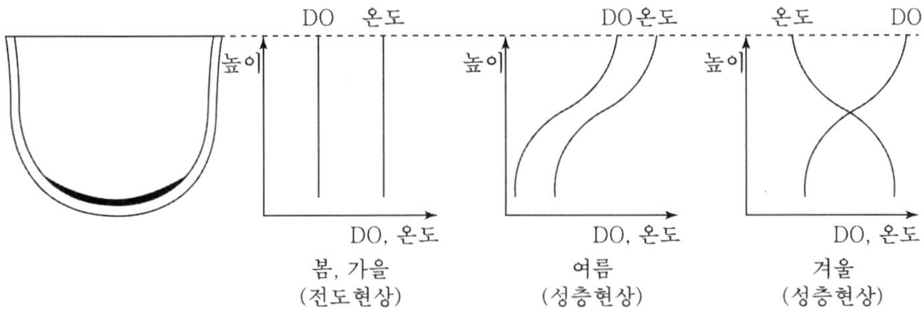

〈그림 6-2〉 계절별 호수의 깊이에 따른 수온 및 DO의 변화

3. 부영양화

호소수에 질소와 인이 풍부한 유기성 오염물 및 영양염류 등이 호소수의 자정 능력한계를 넘어서 과다하게 유입되면 호소수에 생명이 살기 힘들 정도로 생태계가 악화되는데 이를 부영양화라고 한다. 부영양이 진행되면 호소수는 저층습지, 초원, 산림의 순서로 천이하게 된다. 호소수는 시간이 지나면서 식물성 플랑크톤의 군집변화로 수심이 낮은 습지로 변하고 종국에는 늪을 거쳐 숲으로 바뀌는 것이다.

유기성 오염물 및 영양염류는 농경지에 사용하는 비료와 축산분뇨, 합성세제, 가정하수와 공장폐수 등에도 들어 있기 때문에 호수 주변에 인간활동이 활발하면 자연 상태보다 매우 빠른 속도로 부영양화가 진행된다. 이 현상을 자연요인에 의한 부영양화와 구별하여 인위적 부영양화라고 부른다. 인위적 부영양화는 대단히 짧은 시간에 일어나기 때문에 호수에 오염물질 유입을 철저히 차단해야 한다.

3-1. 부영양화 원인물질과 제한요인

부영양화 원인물질인 질소와 인은 강수나 토양에서 함유량이 달라 강우강도에 따른 유출유형에 차이가 난다. 호수 중의 주요 이온인 질소와 인은 생물체의 구성요소로 매우 중요하며, 해당 호수내에서 총질소와 총인의 비율은 조류의 제한요소를 평가하는 지표로 이용될 수 있다.

질소/인(총 이온량)의 농도비율은 대부분의 호수에서 약 20~100의 범위로 주로 인이 조류증식의 제한인자가 되고 있으나, 하절기 홍수기에는 인의 유출도가 커서 질소/인의 비율이 낮아지고 조류를 섭취하는 동물플랑크톤이 감소하며 표수층의 수온이 급상승하여 성층이 뚜렷해짐에 따라 고온에서 증식도가 높고 인에 대한 질소의 양이 상대적으로 적어 질소고정능을 가진 남조류(예를 들면, Anabaena)가 대발생하는 경우가 많다.

오염물질의 유입특성과 오염도 분포는 호수의 형태적 특성과도 밀접한 관계를 가지는데 국내 인공호는 대부분 큰 강을 막아 형성된 호수이므로 종축/횡축 길이의 비가 약 50~100으로 긴 형태를 가지며, 국부적인 만입부가 많이 형성되어 있는 특징을 갖고 있다. 이에 따라 호수내의 유동이 적어 수질이 호수 내 상류지역에서 하류지역에 걸쳐 현저히 다르고 국부적인 정체성으로 인하여 만입부는 오염하천 및 표면유출에 의해 오염이 심화되어 있고 물리적으로는 하구적인 특성을 띠고 있다.

3-2. 부영양화 원인물질의 생태학적 작용

인이 조류발생에 중요한 요인이기는 하나 모든 호수가 인과 조류 발생량의 관계가 직접적인 것은 아니다. 호수내 인의 함량이 질소에 비하여 현저하게 높을 경우는 조류발생을 조절하는데 질소가 더 중요할 수 있다. 체류시간이 수년에서 수십 년에 달하는 호수는 유입된 인이 계속적으로 순환되면서 조류량을 유지시키나, 체류시간이 불과 수일에 지나지 않는 국내의 하천형 인공호는 인농도와 조류량의 관계가 오히려 역상관관계를 보이는 경우도 많으며, 이와 반면 체류시간은 하천형 인공호에서 매우 중요한 조류발생인자가 되는 경우도 많다.

소양호, 충주호, 안동호, 대청호 등 체류시간이 긴 상류의 대형 호수형 인공호는 집중강우 직후 외부로부터 인의 대량유입으로 인하여 조류가 대량으로 발생하며, 팔당호 등 체류시간이 짧은 하천형 인공호는 갈수기시 조류가 대량으로 발생하는 경향이 높다. 즉, 집중호우에 따른 유입수 인농도의 증가, 특히 인산염인의 증가시기에 상류의 대형 인공호는 오히려 홍수조절을 위해 수문이 폐쇄되어 영양물질이 축적되므로 강우 직후 조류가 대발생함에 반해 갈수기에는 유입부하의 감소로 조류발생도가 낮다. 홍수시 하류의 소형 인공호는 영양염류 농도는 높으나 호의 체류시간이 감소하고 탁도가 증가하여 조류발생도가 낮은 반면, 갈수기에는 증식조류의 축적으로 조류가 대량으로 발생하게 된다.

3-3. 부영양화의 영향

1) 호수생태계와 수질변화

표층수(表層水)에 영양염류가 풍부하고 광합성에 알맞은 빛이 비칠 때, 현미경으로만 볼 수 있는 작은 생물이 폭발적으로 많아지는 Water bloom 현상이 발생한다. 그리고 세균 등의 증가로 수중의 현탁물질 증가하고 물이 투명도가 떨어져 착색현상이 생긴다. 표수층은 조류의 활발한 광합성 작용으로 DO가 과포화 상태가 되나, 심수층은 햇빛이 차단되어 DO고갈되므로 혐기성 상태가 되어 메탄, 질소, 황화수소 가스 등이 생성된다.

2) 상수도에 미치는 영향

상수처리시에 규조류에 의해 여과지나 스크린 폐쇄 현상이 발생하므로 청소작업을 자주 해야 하므로 상수처리효율이 떨어지게 된다. 그리고 조류의 대사산물과 분해산물이 작용으로 응집의 장애현상이 일어난다. 또한 조류자체나 조류를 영양원으로 하는 방선균이나 세균류에 의해 상수원수에서의 이취미 문제를 발생시키기도 한다.

3) 농수산물 피해

부영양화에 의해 1차생산자인 식물성플랑크톤 증가하면, 동물성플랑크톤 증가하여 연어, 송어 개체수가 감소하고 붕어, 잉어 등의 증가로 경제적 피해를 일으킨다. 또한 토양이 환원상태로 되어 작물의 양분흡수활동 저하, 뿌리성장 장애를 일으켜 농산물에 피해를 준다.

4) 인간의 여가활동에의 영향

조류의 과번식으로 인해 물이 탁해지므로 미관상의 손상이 있을 수 있고 특히 남조류는 융단형태로 수표면을 장식하여 냄새유발하며, 물놀이에 지장을 준다.

3-4. 부영양화 지수(富榮養化 指數, eutrophic index)

부영양화 지수는 호소의 수질환경을 간단하게 파악할 수 있는 방법으로 비록 법적으로 규제된 사항은 아니나 호소의 수질 평가나 예측에 이용되고 있다.

Carlson(1977)은 투명도와 엽록소a 농도와의 관계, 엽록소a 농도와 총인 농도와의 관계를 서로 관련지어 투명도를 기준으로 하는 연속적인 부영양화도지수를 개발하였다. Clarson 지수는 수중 현탁물질의 대부분이 식물플랑크톤이라고 가정하였으나, 조류 이외의 물질에 의한 흡광계수도 고려할 필요가 있다.

부영양화 지수(TSI)	호소의 상태
70이상	과영양
60～53	부영양
45～50	중영양
30～40	빈영양
20 이하	극빈영양

3-5. 부영양화 방지 및 관리

1) 영양염류의 과다 유입 억제

① 영양염류에 대한 배출허용 기준 설정한다.
② 고도처리시설 갖춘 도시하수 종말처리장 건설한다.
③ 합성세제 사용규제, 인의 함유량 적은 세제(Zeolite 사용세제) 개발한다.
④ 비료 및 농약 사용의 적정화로 영양염류의 호소유입량 최소화한다.
⑤ 축산폐수에 의한 영양염류의 유입을 억제한다.
⑥ 신규오염물질 배출원 발생을 억제한다.
⑦ 양식업자의 생활하수, 분뇨 등 발생을 억제시킨다.

2) 부영양화에 대한 수면관리 대책 수립/시행

① 호소바닥에 침전한 퇴적물을 제거한다.
② 약품을 사용하여 영양염류를 침전시킨다.
③ 인위적, 화학약품(Algicide)을 이용하여 성장조류 제거한다.
④ 수중 DO결핍시 폭기시설을 설치한다.
⑤ 관광객 및 관광업소 종사자 등에 대한 환경의식을 제고시킨다.

연 습 문 제

01. 여름 정체기간 중 호수의 깊이에 따른 CO_2와 DO 농도의 변화를 설명한 것으로 옳은 것은?
   ① 표수층에서 CO_2 농도가 DO 농도보다 높다.
   ② 심해에서 DO 농도는 매우 낮지만 CO_2 농도는 표수층과 큰 차이가 없다.
   ③ 깊이가 깊어질수록 CO_2 농도보다 DO 농도가 높다
   ④ CO_2 농도와 DO 농도가 같은 지점(깊이)이 존재한다.

02. 다음 중 부영양호(eutrophic lake)의 특성으로 가장 알맞은 것은?
   ① 생산과 소비의 균형 ② 낮은 영양 염류
   ③ 조류의 과다발생 ④ 생물종 다양성 증가

03. 수심이 깊은 호소에서 발생하는 성층 현상에 관한 설명으로 틀린 것은?
   ① 봄이 되면 얼음이 녹으면서 표수층의 수온이 올라가 4℃가 되면 최대 밀도를 가지게 되어 아래로 이동하게 된다.
   ② 수온약층은 표수층에 비하여 수심에 따른 수온차이가 작다.
   ③ 여름과 겨울에는 성층현상이 가을과 봄에는 전도현상이 나타난다.
   ④ 호소의 성층현상은 기후특성, 호수 저수용량에 따른 유입유출량의 크기, 호수의 크기 등 다양한 환경인자에 의해 영향을 받는다.

04. 깊은 호수나 저수지의 수직방향의 물 운동이 없을 때 생기는 성층현상(成層現象)의 성층구분 순서로 맞는 것은?(단, 수표면으로부터)
   ① Epilimnion → Thermocline → Hypolimnion → 침전물층
   ② Epilimnion → Hypolimnion → Thermocline → 침전물층
   ③ Hypolimnion → Thermocline → Epilimnion → 침전물층
   ④ Hypolimnion → Epilimnion → Thermocline → 침전물층

05. 호소의 성층 현상에 관한 설명으로 틀린 것은?
① 물의 수온에 따른 밀도차이로 발생하는 현상이다.
② 성층 중 수온약층은 수심에 따른 수온의 변화가 커 변온층이라고 한다.
③ 전도현상은 봄과 가을에 일어난다.
④ 여름철에 수심에 따른 온도와 용존산소의 변화는 반대경향을 가진다.

06. 성층현상이 있는 호수에서 수온의 큰 도약을 가지는 층은?
① hypolimnion ② thermocline
③ 침전물층 ④ epilimnion

07. 여름철 정체 수역에서 발생되는 성층현상에서 수온약층(Thermo cline)의 위치는?
① 수표면과 표수층 사이 ② 표수층 내 위쪽
③ 심수층 내 아래쪽 ④ 표수층과 심수층 사이

08. 성층현상이 있는 호수에서 수심에 따라 수온차이가 가장 크게 나타나는 층은?
① epilimnion ② thermocline
③ 침전물층 ④ hypolimnion

09. 깊은 호수나 저수지의 수직방향의 물 운동이 없을 때 생기는 성층현상(成層現象)의 성층구분 순서로 맞는 것은?(단, 수표면으로부터)
① Epilomnion → Thermocline → Hypolimnion → 침전물층
② Epilomnion → Hypolimnion → Thermocline → 침전물층
③ Hypolimnion → Thermocline → Epilomnion → 침전물층
④ Hypolimnion → Epilomnion → Thermocline → 침전물층

10. 부영양화의 방지 대책과 가장 거리가 먼 것은?
① N, P 유입을 방지하여야 한다.
② 조류의 번식을 방지하기 위해 $CaCO_3$를 살포한다.
③ 포기(aeration)등의 방법으로 저 산소층을 제거한다.
④ 영양염류를 침전시키고 이 침전 물질을 불활성화시켜야 한다.

11. 다음 중 부영양화 단계를 예측하는 대표적인 모델로 가장 거리가 먼 것은?

① Streeter-Phelps ② Dillon

③ Larsen & Mercier ④ Vollenweider

12. 호소에서 나타나는 현상에 관한 설명으로 옳은 것은?

① 겨울철 심수층은 혐기성 미생물의 증식으로 유기물이 적정하게 분해되어 수질이 양호하게 된다.

② 봄, 가을에는 물의 밀도 변화에 의한 전도 현상(Turn over)이 일어난다.

③ 깊은 호수의 경우 여름철의 심수층 수온변화는 수온약층보다 크다.

④ 여름철에는 표수층과 심수층 사이에 수온의 변화가 거의 없는 수온약층이 존재한다.

13. 여름철 정체 수역에서 발생되는 성층 현상에서 수온약층(Thermo cline)의 위치는?

① 표수층과 심수층 사이 ② 표수층 내 위쪽

③ 심수층 내 아래쪽 ④ 심표면과 표수층 사이

14. 호수의 성층현상에 관한 설명으로 알맞지 않은 것은?

① 겨울에는 호수 바닥의 물이 최대 밀도를 나타내게 된다.

② 봄이 되면 수직운동이 일어나 수질이 개선된다.

③ 여름에는 수직운동이 호수 상층에만 국한된다.

④ 수심에 따른 온도변화에 인해 발생되는 물의 밀도차에 의해 일어난다.

15. 호소의 부영양화를 나타내는 부영양화도 지수는 Carlson에 의해 개발되어 Carlson 지수라고도 하는데 다음 중 Carlson지수와 가장 거리가 먼 것은?

① TSI(SD) ② TSI(Chl)

③ TSI(T-P) ④ TSI(T-N)

16. 호수에서의 부영양화현상에 관한 다음 설명 중 잘못된 것은?

① 질소, 인 등 영양물질의 유입에 의하여 발생된다.

② 부영양화에서 주로 문제가 되는 조류는 남조류이다.

③ 성층, 전도현상에 의하여 부영양화가 촉진된다.

④ 조류제거를 위한 살조제는 주로 KMnO4를 사용한다.

17. 호소의 성층 현상에 관한 설명으로 틀린 것은?
① 물의 수온에 따른 밀도차이로 발생하는 현상이다.
② 성층 중 수온약층은 수심에 따른 수은의 변화가 커 변온층 이라고도 한다.
③ 전도현상은 봄과 가을에 일어난다.
④ 여름철에 수심에 따라 온도와 용존산소의 변화는 반대 경향을 가진다.

18. 여름철 부영양화된 호수나 저수지에서 다음과 같은 조건을 나타내는 수층으로 가장 적절한 것은?

① pH는 약산성이다. ② 용존산소는 거의 없다. ③ CO_2는 매우 많다. ④ H_2S가 검출된다.

① 성층　　② 수온약층
③ 심수층　　④ 혼합층

19. 다음은 부영양화에 관해 기술한 것이다. 옳은 것은?
① 호수의 부영양화 현상은 호수의 온도성층에 의해 크게 영향을 받는다.
② 식물성플랑크톤의 생장에 제한하는 요소가 되는 영양식물은 질소와 인이며 이 중 질소가 더 중요한 제한물질이다.
③ 부영양호는 비옥한 평야이나 산간에 많이 위치하며 호수는 수심이 깊고 식물성 플랑크톤의 증식으로 녹색 또는 갈색으로 흐리다.
④ 부영양화에 큰 영향을 미치는 질소와 인은 상대적인 비율 조성이 매우 중요한데, 일반적으로 식물성 플랑크톤이나 수초생체의 N:P의 비율은 중량비로서 16:1로 일정하게 유지되어야 한다.

20. 탄광폐수가 하천이나 호수, 저수지에 유입되어 유발되는 오염의 형태와 가장 거리가 먼 것은?
① 부식성이 높은 수질이 될 수 있다.
② 대체적으로 물의 pH를 낮춘다.
③ 비탄산 경도를 높이게 된다.

④ 일시경도를 높이게 된다.

21. 저수지 및 호소의 sediment()는 수중의 환경변화에 따라 수중으로 오염물질을 유출함으로써 장기적인 내부오염원으로 작용을 한다. 오염물질 유출에 관여하는 영향인자에 대한 설명으로 가장 거리가 먼 것은?
① 수중의 DO 농도가 감소함에 따라 유출이 증가한다.
② 수중의 pH가 10 이상으로 높아질수록 유출이 증가한다.
③ 수중의 pH가 5 이하로 줄어들수록 유출이 증가한다.
④ 수온은 유출과 관계가 없다.

22. 성층현상이 거의 일어나지 않는 곳은?
① 극지방의 호수
② 열대지방의 호수
③ 수심이 얕은 호수
④ 온대나 아열대 지역의 호수

23. 호소의 부영양화 현상에 관한 설명 중 옳은 것은?
① 부영양화가 진행되면 COD와 투명도가 낮아진다.
② 생물종의 다양성은 증가하고 개체수는 감소한다.
③ 부영양화의 마지막 단계에서는 청록조류가 번식한다.
④ 표수층에는 산소의 과포화가 일어나고 pH가 감소한다.

24. 호수가 빈영양 상태에서 부영양 상태로 진행되는 과정에서 동반되는 수환경의 변화가 아닌 것은?
① 심수층의 용존산소량 감소
② pH의 감소
③ 어종의 변화
④ 질소 및 인과 같은 영양염류의 증가

25. 빈영양호와 부영양호를 비교한 내용으로 옳지 않은 것은?
① 투명도 : 빈영양호는 5m이상으로 높으나 부영양호는 5m 이하로 낮다.
② 용존산소 : 빈영양호는 전층이 포화에 가까우나, 부영양호는 표수층은 포화이나 심수층은 크게 감소한다.

③ 물의 색깔 : 빈영양호는 황색 또는 녹색이나 부영양호는 녹색 또는 남색을 띤다.

④ 어류 : 빈영양호에는 냉수성인 송어, 황어 등이 있으나 부영양호에는 난수성인 잉어, 붕어 등이 있다.

26. 수질항목 중 호수의 부영양화 판정기준이 아닌 것은?

① 인 ② 질소

③ 투명도 ④ 대장균

[정답]

1. ④ 2. ③ 3. ② 4. ① 5. ④ 6. ② 7. ④ 8. ② 9. ① 10. ② 11. ① 12. ② 13. ① 14. ② 15. ④ 16. ④ 17. ④ 18. ③ 19. ① 20. ④ 21. ④ 22. ③ 23. ③ 24. ② 25. ③ 26. ④

제 7 장

해수의 수질관리

1. 해수의 역할과 특성

해양은 전 지구표면의 약 71%를 점유하고 있으며, 전체 부피는 1.39×1039 ℓ 이고, 무게로는 1.4×10^{36}톤 정도에 해당하는 매우 넓고 큰 환경을 갖고 있다.

우리나라의 경우 삼면이 바다로 둘러싸여 있는 전형적인 해양국가로서 육지 면적의 약 3.5배에 달하는 넓은 대륙붕과 1만2천7백킬로의 긴 해안선, 3천2백여 개의 섬들로 이루어져 있다.

해수는 무공해의 에너지자원이며, 세계 총 어획량 약 7,000만톤인 수산자원 그리고 첨단산업의 필수 광물들이 매장되어 있는 광물자원, 해상구조물 설치나 어업권확보 등의 공간자원 등 그 기능은 무궁무진하다고 하겠다.

우리는 이런 중요성을 지니고 있는 해양을 인류의 생존을 위하여 보존해야 한다. 생태계 측면에서 볼 때 바다와 육지환경, 인간과 동식물은 긴밀한 연계속에서 생존하고 삶을 유지해 가며, 어느 하나가 파괴되면 나머지는 유지될 수가 없다. 따라서 바다를 잘 보전하는 길은 구의 생태계를 유지하는 것이며 궁극적으로 인류의 생존을 담보하는 것이다.

1-1. 해수의 역할

지구상에 존재하고 있는 물의 97%를 차지하고 있는 해수는 식수나 농·공업 용수로 이용할 수는 없지만 지구생태계에서 다음과 같은 중요한 역할을 담당한다.

우선, 바다는 지구의 온도를 조절하는 데 큰 역할을 한다. 물은 비열이 크기 때문에 낮에 햇빛을 많이 받거나 또 밤에 대기가 싸늘하게 식는다고 해도 온도가 빨리 올라가거나 내려가지 않는다. 따라서 바닷물은 지구의 낮과 밤의 온도차가 극심하지 않도록 조절해 주는 역할을 한다.

그리고, 바다는 육지에서 흘러나오는 모든 물질들을 받아들여 자정작용을 통해 오염된 물질들을 분산, 처리하는 역할을 담당하고 이 물질들을 지구생태계 내로 재순환시키는 일을 한다.

1-2. 해수의 특성

해수의 특성을 나열하면 다음과 같다.

1) 염분과 화학 조성

해수 1kg 중에는 염화나트륨 등 여러 가지 염류(무기 전해질)가 약 35g의 염류가 녹아 있다(평균 염류는 약 35‰). 해수의 주요성분을 아래의 표에 정리하였다.

해수중의 주요 화학 성분의 조성은 시간적으로도 거의 정상 상태에 있는데 적어도 6억년 정도 전부터 현재까지 해수 주요 화학성분 조성은 거의 변화하고 있지 않다고 추정된다.

해수에 존재하는 중요한 화학적 성분으로서 양이 많은 순으로 정리하면 다음과 같다.

Cl^{-} 〉 Na^{+} 〉 $SO4^{2-}$ 〉 Mg^{2+} 〉 Ca^{2+} 〉 K^{+} 〉HCO^{3-}

이 일곱 가지 성분을 홀리세븐(Holy seven)이라고 한다.

〈표 7-1〉 해수의 주요성분

성분	농도(g/kg)	중량비(%)
Cl^-	19.35	55.07
Na^+	10.76	30.62
SO_4^{2-}	2.71	7.72
Mg^{2+}	1.29	3.68
Ca^{2+}	0.41	1.17
K^+	0.39	1.10
HCO_3^-	0.14	0.40
Br^-	0.067	0.19
Sr^{2+}	0.008	0.02
B^{3+}	0.004	0.01
F^-	0.001	0.01
合計		99.99

2) 해수의 이온농도 pH

해수의 pH는 표면수의 경우 pH8.2 전후며, 중층이나 심층수는 낮지만 pH7.6 이상이다. 이와 같이 변동이 작은 것은 해수에 녹아 있는 탄산염과 붕산염(탄산염의 5% 이하)의 완충 작용에 의한다. 해수에서는 90% 이상이 HCO_3^-로서 존재하고 있다. 또, 햇빛이 들어오는 층 안으로 광합성이 행해지면 CO_2가 소비되어 pH가 올라가고, 유기물의 분해가 일어나는 층에서는 pH가 내려간다.

3) 해양심층수 특성

햇빛이 도달하지 않는 수심 200m 이하에서 연중 2~3℃의 저온상태를 유지하는데, 깨끗하고 미네랄이 풍부하다. 그리고 대장균 등 세균과 유해 유기물, 오염원이 도달하지 않는 깊은 수심에서 순환하여 깨끗한 수질을 유지하고 있어 먹는 물 시장에서 상당한 경쟁력이 있다. 또한 광합성 조류의 성장에 필요한 질소 규소 인산염 등의 무기 영양염류가 풍부해서 기능성 식품과 의약품 개발, 해조류의 양식 등에도 이용 가능성 있다.

4) 해저용출수(Submarine Groundwater Discharge)

연안의 얕은 대수층에서 순수한 담수가 해양으로 유입되는 경우와 지층으로 스며든 해수가 정화작용을 거쳐 다시 해양으로 분출되는 경우까지 포함된다. 일반적으로는 수백 만 년 전 지질시대에 지표로 스며든 빗물이 오랜 시간 동안 단층의 틈을 비집고 흐르다 바다 밑의 불투수층 아래 고여 있는 담수를 말한다.

용출수는 각 지층을 통과하면서 자연정화가 이루어져 아주 깨끗할 뿐 아니라 저온 안정성을 유지하며, 각종 미네랄이 지구상에 존재하는 어떤 수자원보다 풍부하여 청정 식수 가능성이 높다.

5) 용존유기물

용존유기물의 평균농도는 약 2% 정도인 것으로 알려져 있다.

1-3. 해수의 운동

해수(海水)의 운동에는 해류・조류(潮流)・파랑(波浪)・쓰나미(津波) 등이 있다. 해류는 수직 내지 수평 방향으로 움직인다. 해류의 속도는 계절이나 기타 조건의 영향을 받는다. 세계의 주요 표면 해류는 북반구에서는 시계 방향, 남반구에서는 시계 반대방향으로 커다란 환류(環流)를 형성한다.

해수면 위의 바람은 응력(應力) 때문에 수심 약 100m 깊이까지 영향을 미친다. 그렇기 때문에 북반구에서는 바람의 방향에 대한 직각 우측으로 해류가 흐르고, 남반구에서는 좌측으로 흐른다.

해수의 흐름은 이러한 바람의 응력뿐만 아니라 해수의 밀도 차에 의한 힘의 불균형, 육수의 이입(移入), 해양 내부에서 발생하는 수온의 차이, 염분의 차이 등으로 발생한다. 해류는 성인(成因)에 따라 네 가지로 나누어진다.

1) 취송류(吹送流)

무역풍과 편서풍 같이 일정한 방향으로 계속 불어오는 바람에 의하여 생기는 해류이다. 바람이 같은 방향으로 계속 불어오면 마찰에 의하여 바닷물도 따라서 움직이게 된다. 이런 유형의 해류에는 북적도해류(北赤道海流)·남적도해류·서풍해류 등이 있다.

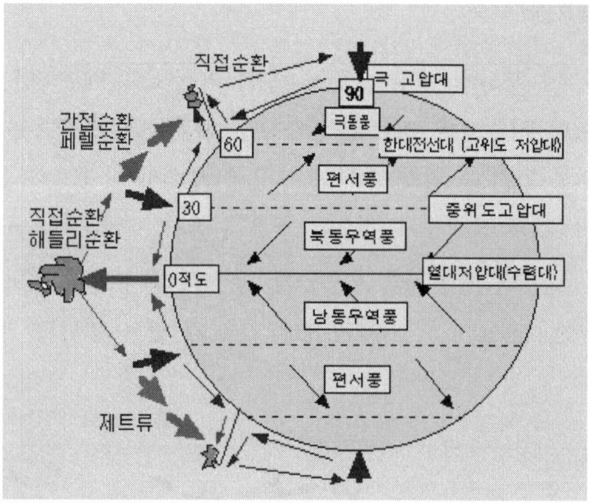

〈그림 7-1〉 편서풍과 무역풍

2) 밀도류(密度流)

강수·증발 또는 하천수의 유입으로 바닷물에 밀도 차이가 있을 때 발생하는 해류이다. 이러한 해류에는 오야시오해류[親潮海流]·쿠로시오해류[黑潮海流]·멕시코만류 등이 포함된다.

3) 경사류(傾斜流)

해수면의 기압·바람·하천수의 유입 등으로 인하여 해수면에 경사가 발생할 때, 해중 압력 분포의 평형을 유지하기 위하여 형성되는 해류이다. 북해의 바닷물이 스카게라크(Skagerrak)해협을 통하여 발트해로 흐르는 경우가 그 좋은 예이다.

4) 보류(補流)

여러 가지 원인으로 특정 장소의 해수가 각각 다르게 이동할 때, 유체(流體)

의 연속된 성질에 의하여 다른 곳의 해수가 이동하면서 이루는 해류이다. 이러한 유형은 적도반류(赤道反流)가 있으며, 용승류(湧昇流, 상승류)와 침강류(沈降流, 하강류)도 보류의 일종이다.

5) 용승류(湧昇流)

계절풍이 불 때 연안의 표층수(表層水)가 가운데로 이동하면 이를 보충하기 위하여 수백 미터 하층에서 해수가 상승하는 해류이다. 침강류는 용승류와 반대로 남극환류(南極環流)나 기타 수렴선 부근에 형성되는 해류이다.

성인과는 관계없이 실생활에 중요한 것은 난류와 한류이다. 난류는 열대의 저위도 해양에서 고위도 해양으로 흐르는데, 주위의 해수보다 온도가 높고 염분이 많다. 산소·규산·인산염·수소이온 등은 농도가 옅은 편이고, 부유생물이 적어 청람색을 띤다.

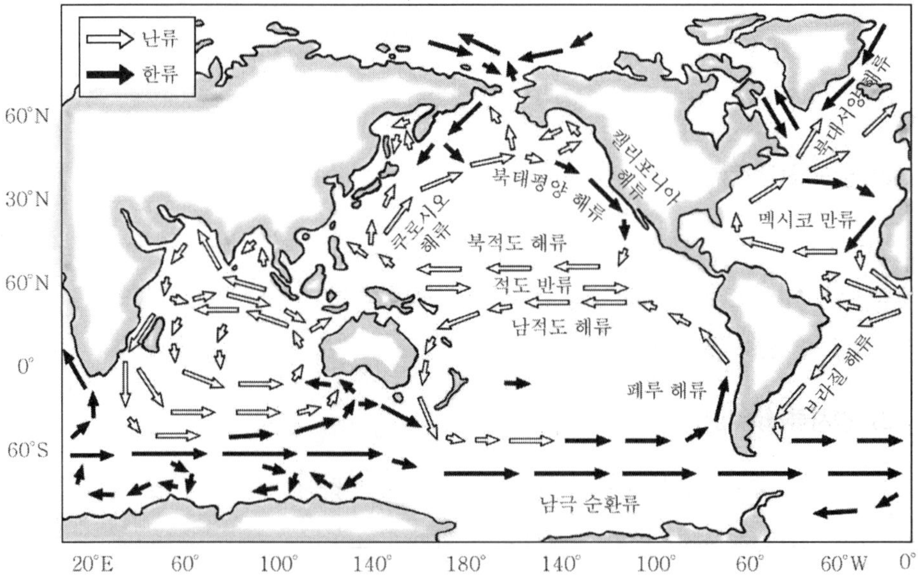

〈그림 7-2〉 난류와 한류

반면에 한류는 한대의 고위도 해양에서 저위도 해양으로 흐르는데, 수온이 낮고 염분이 적다. 산소·영양분·부유생물 등이 많아서 투명도가 낮고 푸른색을 띤다. 어류가 난류와 한류를 따라 상이하게 이동하는 것은 해수 온도의 영향이 크다.

해류의 방향은 항상 흘러가서 사라지는 방향이며 바람이나 파도의 방향과는 다르다. 해류의 측정 방법에는 간접적인 것과 직접적인 것이 있다. 간접적인 방법은 해수의 밀도, 방사성 탄소의 농축도, 전자기의 특성 등으로 계산하는 것이다. 가장 쉽고 세계적으로 널리 이용되는 것은 해류병을 이용한 직접적 방법이다. 이 밖에 해수에 염료를 투하하여 그 확산 경로를 추적하거나 혼합물을 채집·분석하는 방법도 있다.

2. 해양오염

"해양오염"이라 함은 생물자원과 해양생물에 대한 손상, 인간의 건강에 대한 위험, 어업과 그 밖의 적법한 해양이용을 포함한 해양활동에 대한 장애, 해수이용에 의한 수질악화 및 쾌적도 감소 등과 같은 해로운 결과를 가져오거나 가져올 가능성이 있는 물질이나 에너지를 인간이 직접적으로 또는 간접적으로 강어귀를 포함한 해양환경에 들여오는 것을 말한다.

주요 해양오염원은 육상, 해양활동 및 대기의 3가지로 구분하여 나타낼 수 있다.

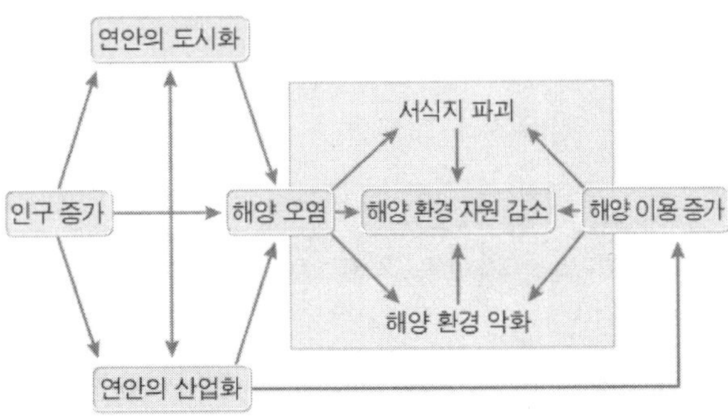

〈그림 7-3〉 해양오염의 과정

2-1. 육상에서 기인한 해양오염(Pollution from Land-based sources)

전체 해양오염의 3/4을 차지한다. 육지에서의 농업과 산업활동의 부산물들이 그대로 해양으로 유입되기 때문에 산업화가 진전되고 농업의 생산성 향상을 위한 비료나 농약의 사용이 증가됨에 따라 오염의 정도는 심화될 것으로 예상된다. 또한, 연안에 산업시설이 밀집되어 있고 대도시가 형성되어 있는 경우 육지로부터의 오염원은 더욱 심각한 해양오염의 근원이 될 것이다. 이러한 점을 근거로 육상의 활동으로부터 발생한 오염물질의 대기를 통한 해양오염도 이 범주에 포한된다는 주장도 있다.

2-2. 선박에 기인한 해양오염(Pollution from vessels)

전체 해양오염의 12%를 차지하는 선박기인 해양오염은 선박운항상 유류배출, 충돌·좌초 등 해난사고에 의한 유류배출, 정박중 연료유 수급시 유류배출의 크게 3가지로 설명가능하다.

2-3. 해양투기에 기인한 해양오염(Pollution from dumping)

이는 해양오염의 약 10%를 차지한다. 선박, 항공기, 플랫폼, 또는 기타 인공해양구조물에의 폐기물, 기타물질 일체의 고의적인 처분 및 선박, 항공기, 플랫폼 또는 기타 인공해양구조물 일체의 고의적인 처분을 의미한다고 하고 있다.

여기서는 환경 문제로 이슈화되고 있는 핵폐기물 투기로 인한 해양오염에 대해서 알아보기로 하자.

방사능 물질은 자연적인 것과 인공적인 것이 있다. 자연 방사능 물질의 경우 지구 밖에서 들어오는 우주선(cosmic ray), 방사능을 가진 광물을 포함하는 토양 또는 암석 등에서 유래하며 그 농도는 예나 지금이나 큰 변동없이 낮다.

그러나 인공 방사능 물질은 핵실험과 원자력 발전소 가동 현황에 따라 그 농도가 크게 달라진다. 인공방사능 물질은 육상에서의 핵실험 결과로 대기 중에 유입된 방사능 물질의 낙진을 통해서, 또는 수중 핵실험을 통해서 해양으로 유입된다. 또 육상에서 발생한 원자로 폐기물을 해양에 투기함으로써 유입된다.

해양과 같은 넓은 영역에서 해양생물이 오랜 기간 동안 낮은 방사선량을 흡수했을 경우 어떤 피해를 입는지는 아직 잘 알려져 있지 않다. 하지만 어란 치사량 증가, 부화량 감소, 기형어란 증가 등의 현상이 나타나는 것으로 보이며, 방사선 만성노출로 인해 유전적인 변화를 겪을 가능성이 있다. 해양으로 유입된 방사능 물질은 입자성 물질과 결합되어 침전하는 경향을 가지기 때문에 퇴적물에는 해수보다 더 많은 양의 방사능 물질이 존재할 수 있으며, 해양저서생물은 더욱 많은 양의 방사선을 흡수하는 것으로 보인다. 방사능으로 오염된 해양생물을 인간이 섭취했을 경우는 심각한 신체적, 유전적 영향을 받을 수 있다.

2-4. 해저개발에 기인한 해양오염(Pollution from activities in the Area)

이는 해양오염의 약 1%를 차지하는 해저개발기인 해양오염은 해저광물의 개발 특히 석유나 천연가스의 채굴에서 생기는 오염으로 아직은 개발이 미비하여 그 정도가 심하지 않지만 앞으로 개발이 더욱 더 활성화될 것이라는 점에서 그 피해가 늘 것으로 예상된다.

2-5. 대기에 기인한 해양오염(Pollution from or through the atmosphere)

육상오염의 한 형태로 간주하는 경향이 있는 대기기인 해양오염은 산업화과정의 화석연료가 연소되면서 방출한 오염물질로부터 다양한 합성화학물질이 대기에 의해 해양으로 운반되면서 발생한다. 여기에 항공기의 운항, 대기핵실험, 우주사고 등과 같은 순수한 대기의 활동을 통한 오염물질이 해양오염을 가중시키고 있다. 또한 산성비를 통한 육지 및 해상의 오염물질은 궁극적으로는 바다로 유입되어 해양오염을 일으킨다.

2-6. 부영양화

질소(N)와 인(P)과 같은 영양성분이 증가하여 조류가 과도하게 성장하는 과정을 부영양화라고 한다.

식물프랑크톤 등 식물체의 주요 구성원소는 수소, 산소, 질소, 황, 인, 칼슘, 마그네슘, 철, 탄소 등이며, 이들 중 다량으로 필요한 원소는 칼슘, 마그네슘, 칼륨, 황, 질소, 인 등이나 천연수 중에서는 질소와 인의 양이 부족하여 식물성장의 제한인자로 작용한다. 따라서 이들 원소의 해양으로의 유입은 식물플랑크톤의 성장과 해양생태계 내의 상위 먹이망의 양적 조절에 매우 필요하나, 과도한 유입은 식물플랑크톤의 대량번식과 이에 따른 생태계의 변화를 초래하게 된다.

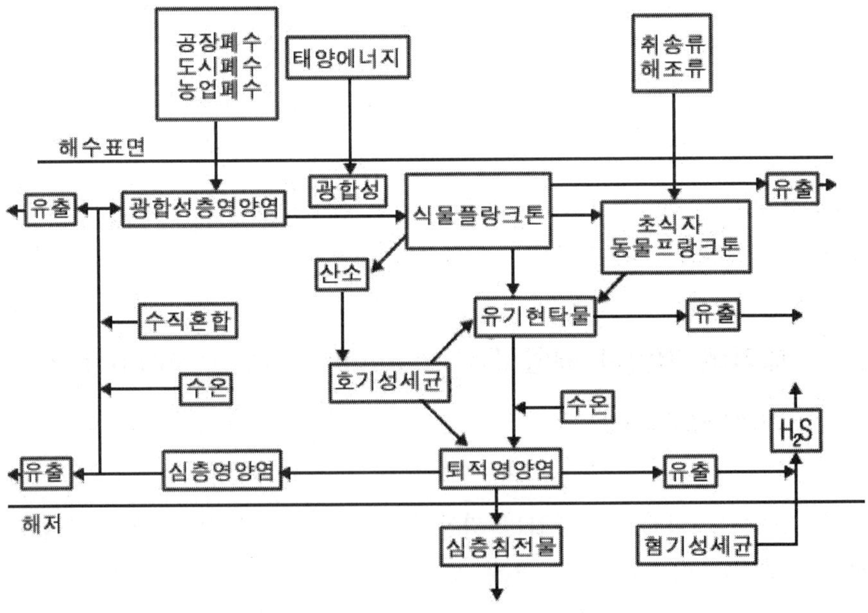

〈그림 7-4〉 해양의 부영양화와 물질순환과정

1) 부영양화의 전형적 초기징후

(1) 생물량이 양적으로 증가한다.

(2) 부영양화가 진전되면 고급어종의 종류가 감소하고, 저급어종이 증가하는 등 어족이 질적 변화한다.

(3) 투명도와 수심이 감소하고 수역의 색조가 변화한다.

2) 부영양화로 인한 영향

(1) 경제적 및 심미적 가치 저하

연안해역의 부영양화로 식물플랑크톤이 대량 번식할 경우 수산용수로서의 가치를 저하시키고, 어류들은 통상 오염되기 전에 동일 수역에서 서식하였던 어류보다 저급어종이 주류를 이룬다. 즉 부영양화는 수역의 생산성을 증가시키지만 생산된 생물의 가치는 감소한다.

(2) 종간(種間)의 경쟁과 포식압력 증가

여러 개체군의 생태적 지위가 겹쳐 종간경쟁으로 이어지고 이러한 경쟁의 완화를 위해 포식압력이 증가하여 먹히는 집단이 급격히 줄어들어 생태의 변화가 발생하게 된다.

(3) 적조발생

적조현상은 식물플랑크톤의 증식에 필수적인 질소, 인, 비타민류, 유기물질의 중간분해산물 등의 다량 유입에 의해 나타나는 현상이므로 부영양화된 해역에서 자주 발생하여 수산생물에 직·간접적으로 피해를 준다.

(4) 빈산소(또는, 무산소)수괴 현상(formation of oxygen deficient water masses)

무영양화에 의해 과도하게 증식된 식물플랑크톤은 사멸하면서 저층에 퇴적되어 미생물에 의해 분해되므로 일시에 많은 양의 산소를 소모하여, 조류소통이 원활하지 못한 반폐쇄적(또는, 폐쇄적) 내만 수역의 저층에서는 성층이 강하게 형성되는 여름철에 용존산소 부족현상 즉, 빈산소(또는, 무산소) 수괴현상을 초래한다. 여기서 빈산소수괴(水塊)란 녹아 있는 산소농도가 3mg/L 이하로 낮아진 상태를 말하는데, "산소부족물덩어리"를 일컫는다.

이와 같은 빈산소(또는, 무산소) 수괴현상은 산소부족 뿐만 아니라 황화수소(H_2S)gas의 발생으로 서식생물의 피해를 가져오며, 저층 퇴적물로부터의 질소, 인과 철 등 금속원소의 용출을 촉진시켜 적조발생의 원인이 되기도 한다. 또한, 빈산소(또는, 무산소)수괴는 청조(靑潮)현상과 내만수역의 청수(淸水)현상의 원인이 된다. 청조(靑潮)현상과 내만수역의 청수(淸水)현상을 좀더 자세히 살펴보기로 한다.

가) 청조(靑潮)현상

여름철 부영양화된 내만 수역의 저층에서 형성된 빈산소(무산소)수괴가 가을철로 접어들면서 바람이 바다방향으로 지속적으로 불 경우 표층수의 이동에 저층수가 표층으로 상승하면서 빈산소(또는, 무산소)수괴가 해수표면으로 확산되면서 광 산란에 의해 해수의 색깔이 은백색(우유빛 또는 비눗물)또는 청백색을 띄면서 서식생물을 폐사시키는 현상을 말한다.

나) 청수(淸水)현상

빈산소(무산소)수괴가 자주 형성되는 내만 수역과 외양수의 영향을 직접적으로 받는 개방수역에서 간혹 아주 투명한 수괴가 형성되고 있으며 이 두 가지 경우를 모두 일반인들은 청수 즉, 깨끗한 물이라고 부르고 있다. 그러나 이러한 현상들의 발생원인, 해수성분의 조성 그리고 수산피해 형태는 전혀 다르다.

일반적으로 내만수역의 청수현상은 빈산소(무산소)수괴가 가을철 성층의 소멸과 더불어 표층부근까지 상승(완전히 표층으로 상승할 경우는 청조(靑潮)현상)하는 현상으로서 용존산소가 낮고, 황화수소 gas가 많이 포함되어 있어 이로인해 양식생물이 칼로 자른듯이 피해를 입는 경우이고, 외양역의 개방수역(거제, 통영, 욕지도, 남해도 등)에서 발생되는 청수현상은 외양수의 유입에 의한 것이다. 이와 같은 외양수의 유입에 의한 청수현상은 용존산소도 정상이며, 황화수소 가스도 포함되어 있지 않고, 생물의 갑작스런 폐사도 일어나지 않는다. 단지 성질(수온, 염부 등)이 다른 외양수가 갑자기 유입됨에 따라 그러한 환경에 적응력이 약한 생물은 피해를 입을 경우도 있으나 그다지 많은 피해는 발생하지 않는다.

(5) 영양염 구성비(N : P비)의 변화

일반적으로 자연 해양생태계내의 해수중 화학원소의 구성비는 대체로 일정한 비율로 이루어져 있다. 그러나 인간활동에 의해 육상 또는 해상으로부터 이러한 원소들이 인위적으로 해양에 유입됨에 따라 해수중에 이러한 원소들의 구성비가 깨뜨러지게 되고, 이로 인하여 생태계내의 생물 군집구조가 변화를 가져 오게 된다. 최근 논란이 되고 있긴 하지만, 패독 플랑크톤의 발생원인과 새로운 유해 적조생물의 출현에 대하여 일부 학자들은 이와 같은 해수중의 N : P 비의 변화가 원인이라고 주장하기도 한다.

(6) 패류 독화현상

패류 독화현상(이하, 패독현상)은 마비성 패독, 설사성 패독, 기억 상실성 패독으로 크게 구분되고 있으며, 우리나라에서는 지금까지 주로 마비성 패독이 문제를 야기시키고 있다. 설사성 패독과 기억 상실성 패독은 이러한 패독현상을 일으키는 원인생물의 출현은 확인되고 있으나, 식중독 현상이 발생된 보고는 아직 없다.

우리나라에서의 마비성 패독은 수온이 5.6~17.8℃ 범위인 2월~5월 사이에 폐쇄성 내만에서 주로 담치류와 굴에서 많이 출현하고 있다.

2-7. 기름오염

1) 기름오염의 실상

1989년 알래스카에서 발생한 엑손발데즈(Exxon Valdez)호 사고, 1995년 국내에서 발생한 씨 프린스(Sea Prince)호 사고 등과 같이 대형 해상 기름유출사고로 인하여 국내외적으로 커다란 사회문제가 되고 있다. 1989년의 통계로 보면 각종 유출사고로 인해 전세계의 해양으로 유입되는 기름의 총량은 연간 약 56만9천톤에 달한다. 최근 유조선 사고가 점차 대형화되고 있고, 해상 물동량이 증가하고 있는 한 어느 해역에서도 사고의 가능성은 배제할 수 없다. 전세계의 해상으로 수송되는 원유와 제품유는 연간 10억톤에 달하며 이러한 해상 유출사고는 석유가 생산되는 한 계속될 수밖에 없다.

2) 기름오염이 해양생태계에 미치는 영향

유출된 기름이 해양생물에 미치는 영향은 유출사고 초기의 단기간내에 나타나는 직접적인 생물피해와 사고 후 수 개월 또는 수십년에 걸친 장기적인 피해로 나누어 볼 수 있다.

(1) 단기적, 직접적인 피해

직접적인 생물피해는 기름과 접촉하거나 독성이 높은 수용성 성분을 흡수하여 영향을 받게 되는 것을 말한다. 원유나 벙커유와 같은 점도가 높은 기름과 직접 접촉하게 되면 체온 상실이나 질식 등 물리적 피해가 가장 심각하다. 특히 해안에 서식하는 생물들이나 바다 새들은 기름과 접촉하면 떼죽음을 당하게 된다.

기름의 생리적 독성은 주로 방향적탄화수소의 대사작용 방해에 의해 일어난다. 기름의 독성은 용해도가 높은 성분의 함량과 밀접한 관련을 가지고 있는데, 벤젠과 톨루엔 등 저분자량의 방향족 탄화수소들은 수중에 잘 용해되며 독성이 높아 직접적인 치사효과를 유발한다. 이들은 생물의 세포벽을 파괴하고 단백질과 결합하여 효소나 구조단백질에 영향을 주는 것으로 알려져 있으며, 지방족 탄화수소나 환형 탄화수소는 생물들에게 마취나 마비효과를 나타내는 것으로 알려져 있다.

(2) 장기적인 피해

어류는 방향족 탄화수소를 분해할 수 있는 능력을 가지고 있는데, 엑손발데즈(EXXON VALDEZ) 사고 후 연어를 비롯한 각종 어류의 간과 쓸개에서 여러 원유 성분의 분해산물이 측정되었다. 또 기름사고 후 청어알이 90% 이상 부화하지 않거나, 경질유의 유출사고시에는 저서생물의 피해가 심각하게 나타나는 경우가 많다. 약 0.01ppm의 수중농도에 노출된 조개류는 사람의 후각으로 기름냄새를 식별할 수 있기 때문에 상품가치를 상실한다.

기름사고 후 해양환경으로 제거되지 않은 기름의 성분들은 환경내에서 잔류하여 해양생물들에게 장기적인 영향을 미치게 된다. 외국의 사고사례를 보면 원유나 연료유의 유출사고 후 7~10년이 경과하여도 게나 굴과 같은 갑각류와 패류의 서식지가 회복되지 않는 경우를 쉽게 볼 수 있다.

기름속에 포함된 고분자량 방향족 탄화수소들은 미생물에 의한 분해속도가 매우 느려 퇴적물 속에 잔류하여 만성적인 독성을 나타내게 된다.

2-8. 해양 쓰레기 오염

바다에 쓰레기를 함부로 버리는 습관은 아주 오랜 역사를 가지고 있다. 그러나 바다는 넓어서 인간이 버리는 쓰레기를 한없이 받아줄 수 있다는 생각은 점차 바뀌고 있다. 쓰레기의 내용물이 시대가 변화하면서 달라졌고, 플라스틱이나 깡통, 유리병같이 썩지 않거나 부식되는데 수 백년 이상 걸리는 온갖 폐기물들이 바다로 버려지게 되자 바다의 쓰레기 오염이 중요한 환경오염 문제로 대두되고 있다.

1) 오염실태

바다에 투기되는 쓰레기 중에서도 플라스틱이 가장 문제가 되는데 그 이유는 오랜 기간 동안 분해되지 않고 남아서 피해를 유발하기 때문이다.

바다 속에서 종이는 분해되는데 1개월, 로프는 3~14개월, 대나무는 1~3년, 페인트칠이 된 나무조각은 13년이 걸린다. 이에 비해 통조림 깡통은 100년, 알루미늄 깡통은 200~500년이나 걸리고, 그물을 비롯한 각종 플라스틱 제품은 500년 이상 걸린다.

1975년 미국 국립과학아카데미에서 조사한 결과, 각종 선박에서 버리는 쓰레기는 연간 약 634만톤으로 추정되었다. 1시간당 약 700톤의 쓰레기가 전세계 해양에 투기되는 셈이다. 1980년대 이후에 추정된 자료에 의하면 각종 화물선에서 하루에 버리는 쓰레기 양은 플라스틱병 64만개, 깡통 4백80만개, 유리병 30만개에 이른다. 매년 약 2만 3천톤의 플라스틱 쓰레기와 10만톤의 플라스틱

어구를 버리는 것으로 추정하고 있다.

2) 생물에 미치는 영향

전세계 해양에서 플라스틱 때문에 죽는 바다 포유류는 1년에 10만 마리, 바다새는 200만 마리가 될 것으로 추정하고 있다.

해양생물이 플라스틱을 먹게 되면, 체내에서 소화가 되지 않고 포만감에 이르게 한다. 또한 플라스틱을 삼킨 생물은 부력장애나 잠수장애를 일으켜 먹이를 잡거나 도망가는데 지장을 줄 수도 있다.

2-9. 지속성 유기오염물질(POPs)

지속성 유기오염물질은 분해가 잘 되지 않고 환경내에서 오랫동안 남아서 축적되는 유기화합물들을 말한다. 일반적인 특징은 다음과 같다.

(1) 환경 중에 지속한다.

물리, 화학, 생물학적으로 분해되기 어렵다.

(2) 반 휘발성이다.

물과 대기를 통하여 이동하며 추운지역에서도 농축하는 특성 때문에 비오염지역인 극지방에서도 검출되고 있다.

(3) 지방에 잘 녹는다.

살아있는 생물의 지방에 농축하며, 먹이사슬을 통해 고차 먹이단계 생물에 고농도로 농축하므로 큰 영향을 미친다.

(4) 아주 낮은 농도에서도 야생동물 및 인간에 해를 미칠 수 있다.

연 습 문 제

01. 적조 발생지역과 가장 거리가 먼 것은?
① 갈수기시 수온, 염분이 급격히 높아진 수역
② 질소, 인 등의 영양염류가 풍부한 수역
③ upwelling 현상이 있는 수역
④ 정체 수역

02. 해류와 그것을 일으키는 원인이 알맞게 짝지어진 것은?
① 상승류 - 바람과 해양 및 육지의 상호작용
② 조류 - 해수의 염분, 온도 차이에 의해 형성
③ 쓰나미 - 해수의 밀도차에 의한 해일 작용
④ 심해류 - 해저의 화산 활동

03. 다음 중 적조현상과 관계가 없는 것은?
① 해류의 정체 ② 염분농도의 증가
③ 수온의 상승 ④ 영양염류의 증가

04. 적조현상의 촉진 요인이 아닌 것은?
① 해류의 정체 ② 염분농도의 증가
③ 수온의 상승 ④ 영양염류 증가

05. 해수의 함유성분 중 "holy seven"이 아닌 것은?
① PO_4^{2-} ② Mg^{2+}
③ HCO_3^- ④ K^+

06. 해수에 관한 설명으로 옳은 것은?
① 해수의 밀도는 담수보다 작다.
② 염분은 적도해역에서 낮고 남, 북 양극해 역에서 다소 높다.

③ 해수의 Mg/Ca비가 담수의 Mg/ Ca비보다 크다.
④ 수심에 따라 해수 주요 성분 농도비의 차이는 크다.

07. 연안해역에서 적조현상의 원인이 되는 조건과 가장 거리가 먼 것은?
① 수온이 높을 때 ② 햇빛이 강할 때
③ 영양염류가 과다 유입될 때 ④ 염분농도가 높을 때

08. 해수의 특성에 관한 설명으로 옳은 것은?
① 해수 내 아질산성 질소와 질산성 질소는 전체 질소의 약 35%이며 나머지는 암모니아성 질소와 유기 질소의 형태이다.
② 해수의 pH는 7.3~7.8 정도이며 탄산염의 완충용액이다.
③ 해수의 주요성분 농도비는 일정하다.
④ 해수는 약전해질로 평균 35% 정도의 염분농도를 함유한다.

09. 해수의 주요 성분(Holy seven)으로 볼 수 없는 것은?
① 중탄산염 ② 마그네슘
③ 아연 ④ 철

10. 해수의 특징으로 옳지 않은 것은?
① 해수의 [칼슘/마그네슘]비는 3~4 정도로 담수에 비하여 높다
② 염분은 극해역에서는 낮고 적도 해역에서는 다소 높다.
③ 해수의 주요성분 농도비는 일정하다.
④ 해수의 pH는 8.2 정도이며 밀도는 수심이 깊을수록 증가한다.

11. 해수의 특성에 관한 설명으로 옳지 않은 것은?
① 해수의 밀도는 1.5~1.7g/cm^3 정도로 수심이 깊을수록 밀도는 감소한다.
② 해수는 강전해질이다.
③ 해수의 Mg/Ca비는 3~4 정도이다.
④ 염분은 적도해역보다 남・북극의 양극해역에서 다소 낮다.

12. 적조현상에 대한 설명으로 틀린 것은?
① 바다의 수온구조가 불안정하여 물의 전도가 활발할 때 주로 발생한다.

② 높은 광도에서 잘 증식하고 낮에는 해수표면에 밤에는 해저로 이동하는 특성이 있는 편모조류가 우점종일 경우가 많다.

③ 적조의 피해는 적조생물의 독소에 의한 중독현상과 해수중의 용존산소 결핍에 따른 질식현상으로 구별할 수 있다.

④ 적조 발생시 점포를 살포하는 것은 콜로이드 입자가 해수중의 현탁물질을 응집, 흡착하려는 성질과 점토성분중 알루미늄 이온의 적조생물 구제효과를 이용하는 방법이다.

13. 해수의 화학적 특성 중에서 영양염류의 농도는 매우중요하다. 다음 중 영양염류가 찬 바다에 많고 따뜻한 바다에 적은 이유로 틀린 것은?

① 찬바다의 표층수는 원래 영양염류가 풍부한 극지방의 심층수로부터 기원하기 때문에

② 따뜻한 바다의 표층수는 적도부근의 표층수로부터 기원하기 때문에

③ 찬바다에는 겨울철 성층현상의 심화로 수계가 안정되어 영양염류의 손실이 적기때문에

④ 따뜻한 바다에서 표층수의 영양염류는 공급 없이 식물성 프랑크톤에 의한 소비만 주로 일어나기 때문에

14. 해수의 화학적 성질에 관한 설명으로 알맞지 않은 것은?

① 해수의 pH는 8.2로서 약알칼리성을 지닌다.

② 해수의 주요성분 농도비는 지역에 따라 다르며 염분은 적도해역에서 가장 낮다.

③ 해수의 밀도는 수온, 염분, 수압의 함수이며 수심이 깊을수록 증가한다.

④ 해수내의 중요성분 중 염소이온은 19000mg/L 정도로 가장 높은 농도를 나타낸다.

15. 해수의 온도와 염분의 농도에 의한 밀도차에 의해 형성되는 해류는?

① 조류 ② 쓰나미

③ 상승류 ④ 심해류

16. 해양으로 유출된 유류를 제어하는 방법과 가장 거리가 먼 것은?

① 계면활성제를 살포하여 기름을 분산시키는 것

② 인공 포기로 기름 입자를 증산시키는 것
③ 오일펜스를 띄워 기름은 확산을 차단하는 것
④ 미생물을 이용하여 기름을 생화학적으로 분해하는 것

17. 해수의 특성에 대한 내용 중 옳지 않은 것은?
① 해수에서의 질소분포 형태는 NO_2^--N, NO_3^--N 형태로 65% 정도 존재한다.
② 해수의 pH는 8.2로 약알칼리성이다.
③ 일출시 생물의 탄소동화작용으로 해수 표면의 CO_2 농도가 급증한다.
④ 해수의 밀도는 1.02~1.07g/cm^3범위로서 수온, 염분수압의 함수이다.

18. 다음 중 적조 발생의 환경적 요인과 가장 거리가 먼 것은?
① 바다의 수온구조가 안정화되어 물의 수직적 성층이 이루어질 때
② 플랑크톤의 번식에 충분한 공량과 영양염류가 공급될 때
③ 태풍 등으로 급격하게 수역의 정체가 파괴되었을 때
④ 해저에 빈산소 수괴가 형성되어 포자의 발아 촉진이 일어나고 퇴적층으로부터 부영양화의 원인물질이 용출 될 때

19. 해수에 관한 설명으로 옳은 것은?
① 해수의 밀도는 담수보다 작다.
② 염분은 적도해역에서 높고, 남·북 양극 해역에서 다소 낮다.
③ 해수의 Mg/Ca비는 담수의 Mg/Ca비 보다 작다.
④ 수심이 깊을수록 해수 주요 성분 농도비의 차이는 줄어든다.

20. 정체해역에 조류 등이 이상 증식하여 해수의 색을 변색시키는 현상을 적조현상이라 한다. 이때 어류가 죽는 원인과 가장 거리가 먼 것은?
① 플랑크톤의 이상증식은 해수중의 DO를 고갈시킨다.
② 독성을 가진 플랑크톤에 의해 어류가 폐사한다.
③ 적조현상에 의한 수표면 수막현상으로 인해 어류가 폐사한다.
④ 이상 증식한 플랑크톤이 어류의 아가미에 부착되어 호흡장애를 일으킨다.

21. 해수의 주요성분 중 Cl^-, Na^+ 다음으로 가장 많이 함유되어 있는 것은?
① SO_4^{2-} ② HCO_3^-

③ Ca^{2+} ④ K^{+}

22. 적조의 발생에 관한 설명으로 옳지 않은 것은?
① 정체해역에서 일어나기 쉬운 현상이다.
② 강우에 따라 오염된 하천수가 해수에 유입될 때 발생될 수 있다.
③ 수괴의 연직 안정도가 크고 독립해 있을 때 발생한다.
④ 해역의 영양 부족 또는 염소농도 증가로 발생된다.

23. 해수의 탁도에 관한 설명으로 옳지 않은 것은?
① 해수의 탁도는 용존 착색물질이나 무기 및 유기물질로 이루어진 미립자와 플랑크톤과 같은 미생물이 포함된 현탁입자가 그 원인이 된다.
② 흐려진 해수의 경우는 현탁입자에 의하여 적색광선이 선택적으로 산란되므로 투과광선의 극대 스펙트럼은 550nm에서 최대의 투과를 나타낸다.
③ 수중의 빛은 수중조도 또는 직경 3cm의 자색원판인 투명도판으로 측정한다.
④ 수중조도는 플랑크톤이나 해조류의 광합성에 필요한 빛에너지 도착심도를 결정하는 데 중요한 의미를 가진다.

24. 적조현상의 주 원인이 되는 조류를 제거하기 위한 방법으로 황산동을 주입하는 화학적인 방법을 사용하기도 한다. 알칼리도가 40ppm 이하일 경우에 주입되는 황산동의 농도로 가장 적절한 것은?
① 5 ~ 10ppb ② 10 ~ 20ppb
③ 0.05 ~ 0.1ppm ④ 0.2 ~ 0.5ppm

25. 해수의 담수화에 관한 설명으로 옳지 않은 것은?
① 단물은 1,000mg/L 이하의 염을 포함한다.
② 역삼투법은 반투막과 정수압을 이용하여 순수한 물을 분리하는 방법이다.
③ 해수는 대략 35,000mg/L의 염을 포함한다.
④ 증발법은 가장 오래된 담수화방법으로 에너지가 많이 소모되며 해수 염의 농도에 따라 열 및 동력요구량이 크게 달라진다.

26. 조석의 영향을 받는 하구에서 염분농도를 측정하였더니 20,000mg/L이었다. 상류 10km 지점의 염분농도(mg/L)는? (단, 확산계수=50m^2/sec, 하천의 평균유속=0.02m/sec, 중간에는 지천의 유입이 없다고 가정)

① 약 370 ② 약 740

③ 약 3,700 ④ 약 7,400

27. 하구의 물 이동에 관한 설명으로 옳은 것은?

① 해수는 담수보다 무겁기 때문에 하구에서는 수심에 따라 층을 형성하여 담수의 상부에 해수가 존재하는 경우도 있다.

② 혼합이 없고 단지 이류만 일어나는 하천에 염료를 순간적으로 방출하면 하류의 각 지점에서의 염료농도는 직사각형으로 표시된다.

③ 강혼합형은 하상구배와 간만의 차가 커서 염수와 담수의 혼합이 심하고 수심방향에서 밀도차가 일어나서 결국 오염물질이 공해로 운반될 수도 있다.

④ 조류의 간만에 의해 종방향에 따른 혼합이 중요하게 되는 경우도 있으며, 만조시에 바다 가까운 하구에서 때때로 역류가 일어나는 경우가 있다.

[정답]

1. ① 2. ① 3. ② 4. ② 5. ① 6. ③ 7. ④ 8. ③ 9. ③ 10. ① 11. ① 12. ① 13. ③ 14. ② 15. ④ 16. ② 17. ③ 18. ③ 19. ② 20. ③ 21. ① 22. ④ 23. ② 24. ④ 25. ④ 26. ① 27. ②

제 8 장

수질오염과 미생물

1. 종류별 미생물의 특징

미생물은 크기가 0.1mm이하인 미세한 생물로 주로 단일세포 혹은 균사로 몸을 이루는 생물로서 최소 생활단위이다. 미생물에는 탄저균, 대장균 등을 포함하는 세균류(bacteria), 효모, 곰팡이, 버섯 등을 포함하는 균류(fungi), 식물플랑크톤 등을 포함하는 조류(algae), 유글레나, 짚신벌레와 같은 원생동물류(protozoa)가 있다. 이는 대체로 단세포이거나 다세포라 할지라도 세포간의 형태적·기능적 분화가 되어 있지 않아 단세포로도 독립적으로 살아갈 수 있는 생물이다.

미생물은 원생동물, 조류(藻類), 곰팡이류와 같이 핵막으로 둘러싸인 핵을 가지고 있는 세포로 된 진핵생물(眞核生物 eukaryote)과 진정세균(眞正細菌 eubacteria)·원시세균(原始細菌 archaebacteria)과 같이 핵막이 없어 핵이 구별되지 않는 세포로 된 원핵생물(原核生物 procaryota)로 구분할 수 있다.

생 물						
진핵생물					원핵생물	
동물	식물	조류	진균	원충	세균	남조류

〈그림 8-1〉 생물의 분류

바이러스는 도저히 생물이라고 생각할 수 없는 점이 많이 발견되고 동시에 무생물이라고 보기에는 어려운 생물적인 특징도 가지고 있다. 따라서 바이러스는 생물과 무생물의 중간에 위치하는 가장 하등한 한계적 생물로 분류한다.

그리고 고세균은 세포구조와 대사특성이 세균과 유사하지만 유전적, 생화학적으로 결정적인 차이점이 존재한다. 고세균은 세균보다는 진핵생물과 유사하다.

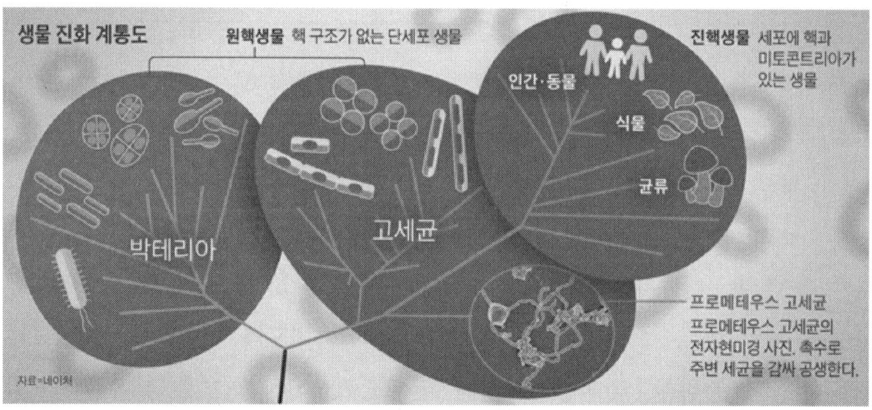

〈그림 8-2〉 생물의 진화계통과 미생물

미생물은 사람, 동물 및 식물에 해를 끼치기도 한다. 한편 미생물은 된장이나 간장 등을 만들 때에도 쓰이며, 포유동물의 창자 속에서 음식물의 소화를 도와주기도 한다. 이 밖에 미생물에서 병원균을 물리칠 수 있는 항생 물질을 뽑아내 치료에 쓰기도 한다. 18세기 말 미생물이 처음 발견되었고, 그 이후 지금까지 많은 과학자들이 미생물을 연구하고 있다.

대표적인 미생물의 종류에 대해서 나열하면 다음과 같다.

1-1. 대장균군(coliforms, or total coliforms)

대장균군은 담즙염(bile salt)이나 이와 비슷한 성장억제 표면활성제의 존재하에서 36-37℃에서 유당을 분해하여 산과 가스를 생성하는 그람 음성, 비아포성 간균으로 oxidase음성인 세균을 총칭한다.

대장균군은 Escherichia, Citrobacter, Klebsiella, Enterobacter 등이 포함되는 가장 오래된 지표미생물로 수질 기준에 가장 보편적으로 사용되고 있으나 특이성이 분원성대장균군, 대장균보다 떨어진다.

1-2. 분원성 대장균군(fecal coliforms or thermotolerant coliforms)

대장균군과 같은 정의에서 배양온도가 44℃로 높기 때문에 열저항성 대장균군이라고도 한다. 온혈동물의 장내온도를 감안하여 자연환경에 있는 세균의 성장을 억제하면서 장내세균이 자랄 수 있는 온도에 배양함으로써 좀더 특이성을 높이므로 분원성오염에 더욱 가까운 지표미생물로 간주된다.

1-3. 대장균(Escherichia coli)

대장균은 단일종의 세균으로 인간이나 온혈동물의 장내 우점을 이루는 통성혐기성세균이다. 대장균군, 분원성 대장균군보다 분원성 오염에 대한 특이성이 높다. 어떤 대장균은 병원성이나 장독성을 가지고 있기도 하나 대부분이 비병원성이다.

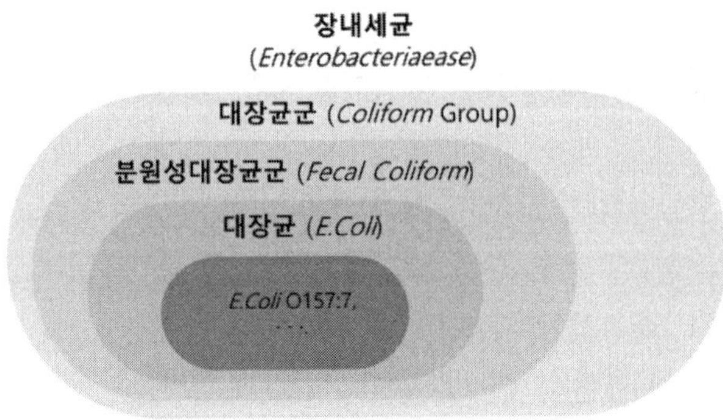

〈그림 8-3〉 대장균군, 분원성대장균, 장내세균, 대장균의 관계

1-4. 분원성 연쇄상구균(fecal streptococci)

그람 양성 구균이며 Catalase음성으로 45℃에서 40% 담즙과 0.04% sodium azide에서 잘 성장하는 특성을 지님. 세균분류상 Lancefield's serological group D에 속하여 group D streptococci라고도 한다. 대장균보다 재성장이 낮고 생존능력이 좋으므로 대장균과 상호 보완적으로 사용된다.

1-5. 녹농균(Pseudomonas aeruginosa)

그람음성 호기성 간균으로 상처부위나 귀, 요도를 통하여 감염되는 기회성 병원균임. 입원환자나 해수욕장 수영자 등에 잘 나타난다. 녹농균은 자연계에서 광범위하게 나타나고 분원성의 특성이 적으나 유기물 오염에 비례하므로 먹는 샘물의 병입취급과정이나 병입후의 외부 오염에 대한 지표로 사용된다.

1-6. 아황산환원 혐기성 포자생성균(Sulfate-reducing spore-forming anae-robe)

대표종이 Clostridium perfringens이며 운동성 없는 그람 양성 간균. 온혈동물의 분뇨에서 유래하며 농도는 대장균보다 낮으나 포자생성능으로 장기간 생존하여 다른 지표세균이 사멸한 후에도 분원성 오염을 지표한다. 염소소독이나 가온처리에 대한 저항성이 높다. 기회성 병원균으로 식품 poisoning이나 가스회저현상을 보일 수 있다.

1-7. 황산화 박테리아

산성 환경에서 자라는 것과 중성 환경에서 자라는 것의 두 그룹으로 나눌 수 있다. 산성 환경에서 자라는 박테리아는 Fe^{2+}를 전자 공여체로 사용하여 무기영양균으로 생장한다. 순수 분리된 황산화 박테리아에는 Thiobacillus, Thiomicrospira, Thermothrix, Sulfolobus 등이 있다.

1) Thiobacillus

다음과 같이 황을 산화하여 에너지 획득한다.

$$S^{2-} \rightarrow S \rightarrow SO_3^{2-} \rightarrow SO_4^{2-}$$

예를 들면, 다음과 같이 황화수소를 산화하여 황산을 만들면서 에너지를 획득하는데 미생물이다.

$$H_2S + 2O_2 \rightarrow H_2SO_4 + 140kcal$$

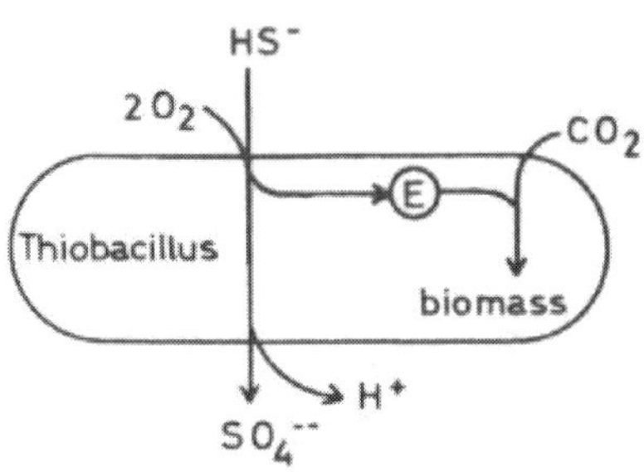

〈그림 8-4〉 Thiobacillus에 의한 황화수소의 산화과정

2) Sulfolobus

호산성, 호열성 황산화 박테리아로서 pH 1~5의 환경(생장 최적 pH 2~3) 및 60~85℃ (생장 최적온도 70~80℃)에서 생장한다. 이는 온천, 화산의 분기공이나 온도가 높고 산성 토양에 많이 발견된다. 그리고 구형이나 엽편(lobe)형, 황 결정에 단단히 붙어 있어 형광염료로 쉽게 관찰된다. 절대 호기성 균으로 sulfide 무기물 이용하여 무기영양적 생장한다.

3) Thiomicrospira

중성 pH에서 자라는 thiosulfate 산화 세균으로서 미세한 여과막 통과할 수 있는 매우 작은 미생물이다. 이는 절대 무기영양성 균으로 질산염을 전자수용체로 사용하여 혐기성 환경에서 생육한다.

4) Thermothrix

filament 형으로 중성이나 약산성의 유황온천에서 서식하는 thiosulfate 산화세균으로서 55~85℃에서 생육한다. 주로 호기성이나 혐기성 환경에서 무기영양적으로 생육하는 등 종속 영양성의 특성을 가질 때도 있다.

1-8. 남조류(Cyanobacteria)

1) 정의

식물 중에서 가장 하등의 것으로 미토콘드리아, 엽록체 등의 세포내 소기관을 가지지 않는 단세포의 조류

2) 특징

(가) 담수산의 것이 많고 청정한 계류에서 오염된 배수구, 85℃의 온천용천수, 빙설상, pH 1-3의 수역 등 각각에 적응한 조류가 생육한다.

(나) 물에 곰팡내를 내는 조류가 있고 염소처리에서 조체내 이취미 물질이

수중에 방출되어 보다 취기가 강하게 되기도 한다.

(다) 조체내에 기포를 가진 종류가 있어 수면에 부유하고 응집침전처리저해를 일으킨다.

(라) 독성물질을 만들어 육상생물에 해작용을 주는 종류도 있다.

(마) 사상체의 남조류는 이질세포(heterocyst)와 휴면포자(akinete)를 만든다.

2. 먹이에 따른 미생물의 분류

미생물은 탄소와 에너지 공급원에 의해 광합성 독립영양균 및 화학합성 독립영양균, 그리고 종속영양균의 두 그룹으로 나뉜다.

2-1. 자가(독립)영양미생물

유기물을 에너지로 이용하지 않는 미생물을 독립영양미생물(獨立營養微生物, autotroph)이라고 하며 다음과 같은 종류가 있다.

명 칭	에너지원	탄소원
광합성 자가(독립)영양미생물	빛	CO_2
화학합성 자가(독립)영양미생물	무기물의 산화반응	CO_2

2-2. 타가(종속)영양미생물

유기물을 에너지원으로 사용하는 미생물을 종속영양미생물(從屬營養微生物, heterotroph)이라고 하며 다음과 같은 종류가 있다.

명 칭	에너지원	탄소원
광합성 타가(종속)영양미생물	빛	유기탄소
화학합성 타가(종속)영양미생물	유기물의 산화반응	유기탄소

3. 용존산소에 따른 미생물의 분류

산소는 많은 종류의 미생물의 생활에 필수적이다. 공기중 또는 물속의 용존산소를 이용하여 호흡하는 미생물을 호기성 미생물이라 하고 공기중이나 용존산소가 없는 상태에서 화합물을 분해하여 그 속에 결합되어 있는 산소를 이용하는 미생물을 혐기성 미생물이라 한다.

명 칭	조 건
필수호기성균(obligatory aerobes)	산소 존재 아래서만 생장
미호기성균(microaerophilic organisms)	저산소농도에서 가장 잘 생장
통성호기성균 또는 통성혐기성균 (facultative aerobes or facultative anaerobes)	산소가 있거나 없는 곳에서 생장
필수혐기성균(obligatory anaerobes)	산소 없는 곳에서만 생장

4. 광합성에 따른 미생물의 분류

광합성을 하면서 산소의 생산여부로 호기성 광합성과 혐기성 광합성으로 나뉜다.

명 칭	조 건
호기성 광합성 (aerobic photosynthesis)	산소생성 $6CO_2+6H_2O \rightarrow C_6H_{12}O_6+6O_2$
혐기성 광합성 (anaerobic photosynthesis)	산소가 생성되지 않음 $CO_2+2H_2A \rightarrow CH_2O+H_2O+2A$

호기성 광합성은 일반적인 녹색식물의 광합성이고, 혐기성 광합성은 세균활동에 의한 것이다. 이는 CO_2의 환원을 위해서 물이외의 수소원자를 공여하거나, 또는 물이 수소공여체라면 추가로 산소 공여체가 존재하여 유리산소가 절대로 생산되지 않는다.

5. 미생물의 성장단계

미생물의 성장곡선은 유도기, 대수성장단계, 감소성장단계, 내생성장단계로 나뉜다.

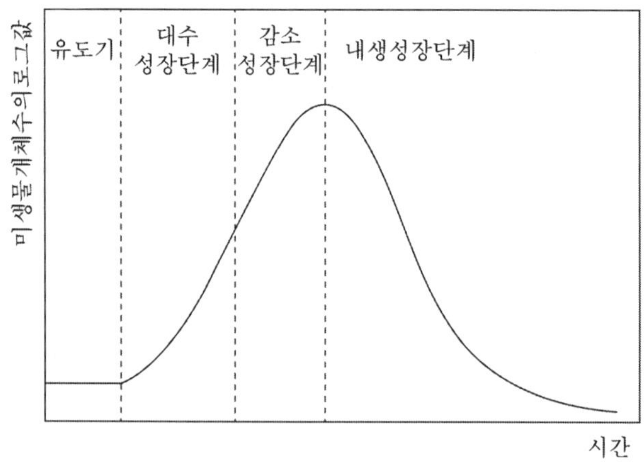

〈그림 8-5〉 미생물의 성장단계

5-1. 유도기(Lag Phase)

유입된 오염물과 미생물이 적응하는 단계로, 미생물 성장에 필요한 여러 가지 단백질이 합성되는 시기로서, 미생물의 개수는 크게 변화하지 않는다. 지체기라고도 한다.

5-2. 대수성장단계(Log, or exponential growth phase)

이 단계에서는 미생물은 충분한 양분을 이용하여 최대의 율로 번식하는 단계인데, 미생물이 대수적으로 일어나게 된다. 이 때에는 미생물은 잘 침전하지 않고 분산되어 성장하므로 침전효율은 낮다. 대수증식기 또는 대수기라고도 한다.

새로운 세포물질이 지배적인 단계로서 플록(floc)이 비대하여 침강성이 낮은 단계이다.

5-3. 감소성장단계(Declining growth phase)

미생물의 수가 많아져 먹이가 부족하게 되면 미생물이 증가율이 사망률과 같게 될 때(정지기:Stationary phase)까지 전체 개수는 증가하나 증가율은 감소하게 된다. 이때는 미생물이 서로 엉키서 덩어리가 생기기 시작하므로 침전성이 좋아 표준활성슬러지 공법에서 폭기조에 유입되는 미생물은 감소성장단계의 것을 사용한다.

5-4. 내생성장단계

미생물의 개체수와 비교해, 먹이가 너무 부족하면 미생물의 대사율은 떨어지고 생존해 있는 미생물의 개체수는 크게 감소한다. 내호흡단계라고도 한다.

6. 미생물의 성장에 미치는 영향

6-1. 기질농도

미생물은 필요한 에너지를 체외로부터 흡수한다. 흡수된 에너지는 에너지대사의 화학반응으로 에너지가 발현되는데, 미생물은 이 에너지를 이용하여 생활한다. 흡수된 물질이 체내에서 에너지로 변환하는 반응, 세포합성을 위한 반응 그리고 신진대사를 위한 반응 등 여러 목적으로 화학반응이 일어날 때에 효소가 긴밀히 관여하게 된다. 이때 효소가 작용하는 물질을 기질(基質:substrate)이라고 한다. 수질 분야에서 기질로 표현되는 물질은 미생물이 생존을 위하여 외부로 부터 흡수하는 물질을 총칭하는 의미로 사용되어진다. 즉 하수 원수 중에 포함된 BOD나 유기물과 같은 물질이 미생물의 기질이라고 할 수 있다.

기질은 미생물의 성장속도에 영향을 준다. 기질의 농도가 증가하면 더 많은 효소-기질 복합체가 형성되므로 속도가 빨라진다. 하지만 기질의 농도가 일정 수준 이상 높아지면 효소의 반응 속도는 농도가 아무리 증가하더라도 빨라지지 않고 일정한 수준을 보인다.

회분식 배양에서의 관찰에 의하면, 기질농도가 높으면 급격한 성장이 일어나며 낮을 때는 성장률이 낮아진다. 그리고 기질농도가 계속 증가하더라도 성장속도는 최댓값에 수렴하게 된다. 이를 모노공식(Monod equation)으로 표현하면 다음과 같다.

$$\mu = \frac{\mu_{\max}[S]}{K_s + [S]}$$

여기서, μ: 생장률

$\mu_{\max}$: 최대 생장률

$[S]$: 기질농도

$[K_s]$: μ가 $\mu_{\max}$의 1/2일 때의 기질농도

이다.

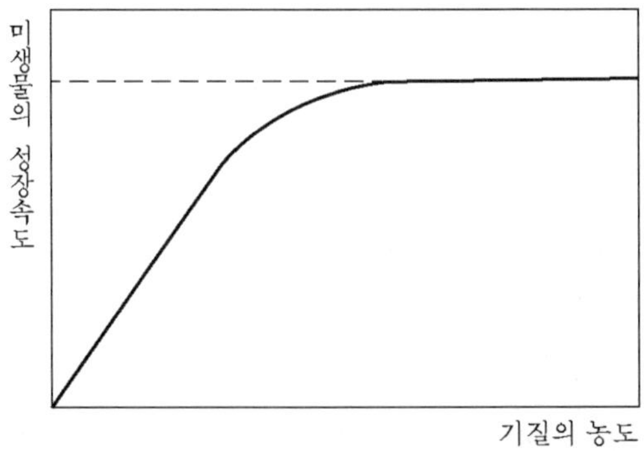

〈그림 8-6〉 기질의 농도에 따른 미생물의 성장속도

모노의 공식에 의하면, $[S]$가 초기농도에서 성장속도가 결정되며 기질이 상당히 이용된 후에도 유지된다. 이는 실제로 많은 미생물 배양에서 일치하는 사실이다.

6-2. 온도

미생물이 성장할 수 있는 온도는 대략 0~110℃인데, 이 범위 밖에서도 생존이 가능한 미생물도 있다. 그러나 단일 종은 모든 온도에서 생존할 수 있는 것은 아니고 적절한 온도의 생존 범위가 있다. 성장할 수 있는 온도 범위를 기준으로 미생물의 종류를 다음 표에서와 같이 구분할 수 있다.

〈표 8-1〉 미생물의 성장허용 온도범위

종 류	최적온도(℃)	온도범위(℃)
고온성 세균(thermophilic bacteria)	55~75	40~110
중온성 세균(mesophilic bacteria)	30~45	10~45
저온성 세균(psychrophilic bacteria)		
절대(obligate)	15~18	0~20
통성(facultative)	25~30	0~35

각 성장온도 범위에서 성장에 미치는 온도의 전형적인 예를 〈그림 8-7〉에 보였다.

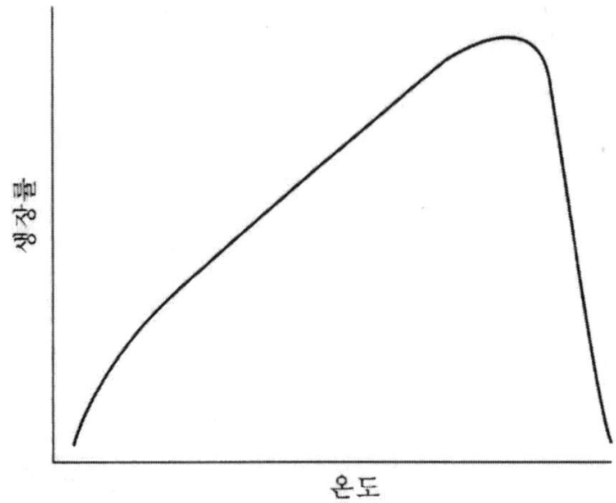

〈그림 8-7〉 온도가 성장에 미치는 영향

낮은 온도에서 온도 증가에 따른 성장률의 점진적인 증가는 가열에 의해 화학반응이 가속화됨에 의해 대사반응이 증진되기 때문이다. 높은 온도 범위에서 성장률이 급격히 낮아지는 것은 단백질, 핵산 등 세포구성 물질의 열변성(thremal denaturation)에 의한 것이다. 이 온도에서는 효소구조의 입체적 변화에 의해 효소의 활성도에 중요한 손실이 있기 때문이다. 그리고 급격한 성장률의 감소는 세포내의 소수의 필수적인 효소 활성의 손실 때문에 일어날 수도 있다.

6-3. pH

단백질의 활성 부위와 작용기들은 여러 가지 이온기를 포함하고 있는데 이온기의 해리(dissociation)의 정도는 pH에 민감하다. 그러나 막의 선택적 투과성에 의해 세포 밖의 pH와 무관하게 세포질의 pH는 조절될 수 있다. 이러한 이유로 인해, 일부 미생물들은 매우 낮은 pH 또는 매우 높은 pH에서도 성장할 수 있다. 그러나 대부분의 종들에게서 성장에 있어 최적 pH는 6~8정도이다.

7. 생물학적 수질판정

7-1. 정의

청정한 수역과 오염된 수역에서는 그곳의 환경에 적응해 생식하는 생물상이 다르기 때문에 생물상을 조사함에 따라 오염의 정도를 판정하는 방법

7-2. 생물학적 수질판정의 장점

1) 화학적 분석은 수회 측정하여 평균적인 수질을 구하지만 생물상은 과거의 상당한 기간의 수질의 영향을 받은 결과가 나타나는 것이므로 대개 1회의 조사로 오염의 평균이 얻어진다.

2) 세균, 조류 등 세대기간이 짧은 생물은 단기간(수시간 - 수일)의, 수생곤충 등의 세대기간이 긴 생물은 비교적 긴 기간(수십일 - 수개월)의 수질을 나타낸다.

3) 생물학적 분석은 화학적 분석보다 단시간으로 결과가 얻어지고 비용도 들지 않는다.

[예제] 어느 시료의 대장균 수가 5,000마리/mL이라면 대장균 수가 50마리/mL이 될 때까지 필요한 시간은?
(단, 1차 반응 기준으로 대장균의 반감기는 1시간이다.)

[풀이]
1차 반응식은 다음과 같다.

$$\ln\left(\frac{C_t}{C_0}\right) = -k \times t$$

여기서 k를 구하면, $k=-\frac{1}{t}ln\left(\frac{C_t}{C_0}\right)=-\frac{1}{1hr}ln\left(\frac{1}{2}\right)=0.69/hr$가 된다.

따라서 50마리/mL 될 때까지 필요한 시간은

$t=-\frac{1}{k}ln\left(\frac{C_t}{C_0}\right)=-\frac{hr}{0.69}ln\left(\frac{50}{5000}\right)=6.67\text{hr}$이 된다.

연 습 문 제

01. 다음 중 미생물의 증식 단계를 가장 올바른 순서대로 연결된 것은?
   ① 정지기 - 유도기 - 대수증식기 - 사멸기
   ② 대수증식기 - 유도기 - 사멸기 - 정지기
   ③ 유도기 - 대수증식기 - 사멸기 - 정지기
   ④ 유도기 - 대수증식기 - 정지기 - 사멸기

02. 호기성 Bacteria의 질소 함량은?(단, 경험적 호기성 박테리아를 나타내는 화학식 기준)
   ① 약 4.2%　　② 약 8.9%
   ③ 약 12.4%　　④ 약 18.2%

03. Bacteria에 관한 설명으로 잘못된 것은?
   ① 혐기성 박테리아 경험적 분자식은 $C_5H_9O_3N$이다.
   ② 수분이 80%, 고형물 20%로 구성되어 있다.
   ③ 크기는 80~100μm 정도이다.
   ④ 엽록소가 없어 탄소동화작용을 못한다.

04. 세포합성에 필요한 전구물질과 에너지를 얻기 위해 세포에 의해서 수행되는 화학반응(대사, 생물체가 화학적으로 복잡한 물질을 간단한 물질로 분해하는 과정)은?
   ① 합성작용(Synthesis)
   ② 호흡작용(Endogenous Respiration)
   ③ 이화작용(Catabolism)
   ④ 동화작용(Anabolism)

05. 수질오염에 관계되는 미생물과 그 경험적 분자식이 맞는 것은?
   ① Bacteria : $C_5H_{10}O_2N$　　② Algae : $C_7H_{12}O_2N$
   ③ Protozoa : $C_7H_{14}O_3N$　　④ Fungi : $C_{10}H_{15}O_6N$

06. 미생물의 증식곡선의 단계로 맞는 것은?
① 대수기 - 유도기 - 정지기 - 사멸기
② 유도기 - 대수기 - 사멸기 - 정지기
③ 대수기 - 유도기 - 사멸기 - 정지기
④ 유도기 - 대수기 - 정지기 - 사멸기

07. 생물학적 질화 반응 중 아질산화에 관한 설명으로 틀린 것은?
① 관련 미생물 : 독립영양성 세균
② 알칼리도 : NH_4^+-N산화에 알칼리도 필요
③ 산소 : NH_4^+-N산화에 O_2필요
④ 증식속도 : g NH_4^+-N/gMLVSS · hr로 표시

08. Bacteria의 약 80%는 H_2O이고, 약 20%가 고형물로 구성되어 있다. 이 고형물 중 유기물질은 약 몇 %인가?

① 70% ② 80%
③ 90% ④ 99%

09. 미생물의 영양적 분류에 관한 설명으로 틀린 것은?
① 광합성 독립영양미생물 : 광을 에너지원으로 하며 이산화탄소를 주 탄소원으로 이용한다.
② 광합성 종속영양미생물 : 유기 화합물을 주 탄소원으로 한다.
③ 화학합성 독립영양미생물 : 이산화탄소를 주 탄소원으로 하여 생육한다.
④ 화학합성 종속영양미생물 : Nitrobacter의 질산염 산화에 의한 에너지 이용이 대표적이다.

10. 모든 진핵생물이 가지고 있는 세포소기관(organelles)은?
① 핵막 ② 미토콘드리아
③ 리보좀 ④ 세포벽

11. 박테리아(분자식 : $C_5H_7O_2N$) 20g의 호기성 분해시 이론적 소요 산소량은?(단, CO_2, NH_3, H_2O로 분해됨.)
① 22.6g ② 28.3g

③ 34.2g ④ 37.8g

12. 탈질 미생물에 관한 설명으로 옳지 않은 것은?
① 최적 pH는 6~8 정도이다.
② 탈질균 대부분은 통성 혐기성균으로 호기, 혐기 어느 상태에서도 증식이 가능하다.
③ 에너지원은 유기물이 아닌 화학 에너지를 사용한다.
④ 탈질시 알칼리도가 생성된다.

13. 미생물의 종류를 분류할 때 에너지원에 따라 분류된 것은?
① Autotroph, Heterotroph ② Phototroph, Chemotroph
③ Aerotroph, Anaerotroph ④ Thermotroph, Psychrotroph

14. 남조류(Blue Green Algae)에 관한 설명과 거리가 먼 것은?
① 부영양화에서 주로 문제가 된다.
② 편모와 엽록체 내에 엽록소가 있다.
③ 새포내 기포의 발달로 수표면에 밀집되는 특성이 있다.
④ 세포합성을 위해 공기를 통한 질소고정을 할 수 있다.

15. 호기성 및 혐기성 세균에 의한 산화반응에서 생성되는 최종산물 중 공통적으로 발생하는 물질로 가장 적절한 것은?
① 메탄 ② 유기산
③ 황화수소 ④ 이산화탄소

16. 환경미생물에 관한 설명으로 옳지 않은 것은?
① Bacteria는 형상에 따라 막대형, 구형, 나선형 등으로 구분되며 용해된 유기물을 섭취한다.
② Fungi는 탄소동화작용을 하지 않으며 폐수 내 질소와 용존산소가 부족한 환경에서도 잘 성장한다.
③ Algae는 단세포 또는 다세포의 유기영양형 광합성 원생동물이다.
④ Protozoa는 편모충류, 섬모충류 등이 있으며 흔히 박테리아 같은 미생물을 잡아먹는다.

17. 미생물군 중에서 에너지원으로 빛을 이용하며 유기탄소를 탄소원으로 이용하는 미생물군은?
① 광합성 독립영양 미생물
② 화학합성 독립영양 미생물
③ 광합성 종속영양 미생물
④ 화학합성 종속영양 미생물

18. 다음 반응식에 관여하는 미생물로 가장 적합한 것은?
[반응식 $H_2S+2CO_2 \rightarrow H_2SO_4+Energy$]
① Sphaerotilus
② Hydrogenomonas
③ Leptothrix
④ Thiobacillus

19. 혐기성 조건하에서 295g의 glucose($C_6H_{12}O_6$)로부터 발생 가능한 CH_4가스의 용적은?(단, 완전 분해, 표준상태 기준)
① 약 60L
② 약 80L
③ 약 110L
④ 약 150L

20. 미생물의 증식곡선의 단계 순서로 옳은 것은?
① 대수기 - 유도기 - 정지기 - 사멸기
② 유도기 - 대수기 - 정지기 - 사멸기
③ 대수기 - 유도기 - 사멸기 - 정지기
④ 유도기 - 대수기 - 사멸기 - 정지기

21. 남조류(Blue Green Algae)에 관한 설명과 가장 거리가 먼 것은?
① 편모와 엽록체 내에 엽록소가 있다.
② 부영양화에서 주로 문제가 된다.
③ 세포내 기포의 발달로 수표면에 밀집되는 특성이 있다.
④ 세포합성을 위해 공기를 통한 질소고정을 할 수 있다.

22. 수중에 존재하는 유기체에 관한 설명으로 가장 거리가 먼 것은?
① 청-녹조류는 섬유상이나 군락상의 단세포로 나타나며, 표면수의 온도가 높은 더운 늦여름에는 특히 많다.
② 녹조류는 단세포와 다세포가 있으며, 비운동성이 있는가 하면 유영편모를 갖춘 것도 있다.

③ 균류는 박테리아보다는 산성조건과 더 건조한 환경에서 보다 잘 견디며 주로 다세포식물이다.
④ 규조류의 녹유기체는 보통 다세포이며, 주로 군락을 형성하고, 운동성이다.

23. 다음은 세포증식에 관한 식이다. 이 식에 대한 설명 중 틀린 것은?

$$\mu = \mu_{\max}\frac{S}{K_S + S}$$

① μ는 세포의 증가율을 말하며, 단위는 g이다.
② $\mu_{\max}$는 세포의 비증가율 최대치를 말한다.
③ S는 제한 기질의 농도이며 단위는 g/ℓ이다.
④ K_S는 $\mu = \frac{1}{2}\mu_{\max}$일 때의 제한기질의 농도를 말한다.

24. 가장 간단한 식물로서 용해된 유기물을 섭취하여 생물학적 수처리에서 가장 중요한 미생물은?
① rotifer ② fungi
③ ciliate ④ bacteria

25. 광합성종속영양미생물계의 에너지원과 탄소원으로 가장 알맞은 것은?
① 빛, CO_2
② 무기물의 이화작용, 무기탄소
③ 빛, 유기탄소
④ 유기물의 동화작용, 무기탄소

26. 효모(Yeasts)는 다음중 어느 분류에 속하는가?
① 조류(Algae) ② 균류(Fungi)
③ 세균(Bacteria) ④ 원생동물(Protozoa)

27. 미생물 세포를 $C_5H_7O_2N$이라고 하면 세포 5kg당의 이론적인 공기소모량은?
[$C_5H_7O_2N + 5O_2 \rightarrow 5CO_2 + H_2O + NH_3$]
(단, 공기 중의 산소는 23%(W/W)로 가정한다.)
① 약 23 kg air ② 약 27 kg air
③ 약 31 kg air ④ 약 42 kg air

28. 탄소동화작용을 하지 않고 유기물을 섭취하는 식물로 폐수내의 질소와 용존산소가 부족한 경우에도 잘 성장하며 pH가 낮은 경우에도 잘 자라 산성폐수의 처리에도 이용되는 미생물은?
① Algae ② Bacteria
③ Rotifer ④ Fungi

29. 미생물과 온도는 매우 밀접한 관계가 있다. 대체적으로 약 5~35℃에서 온도가 10℃ 증가함에 따라 미생물의 성장속도는 2배 증가하지만, 최적온도 이상 고온에서는 미생물의 성장속도가 급격히 감소한다. 그 이유로 가장 적합한 것은?
① 세포내 단백질의 열변성
② 세포내 지질의 열변성
③ 세포내 탄수화물의 열변성
④ 선택적 투과성 저하

30. 수중의 용존산소균형에 영향을 주며 상수원에서 물에 맛이나 냄새를 주로 일으키는 미생물로 가장 알맞은 것은?
① 박테리아 ② 곰팡이류
③ 원생동물 ④ 조류

31. 남조류(blue-green algae)에 관한 설명으로 틀린 것은?
① 독립된 세포핵이 있다.
② 세포벽의 구조는 박테리아와 흡사하다.
③ 광합성 색소가 엽록체 안에 들어 있지 않다.
④ 호기성 신진대사를 하며 전자공여체로 물을 사용한다.

32. 용존산소가 풍부한 수중에서 미생물에 의해 단백질이 분해될 때 옳은 과정은?

① Amino acid → NH_3-N → NO_2-N → NO_3-N

② NH_3-N → NO_2-N → NO_3-N → Amino acid

③ NO_3-N → NO_2-N → NH_3-N → Amino acid

④ Amino acid → NO_3-N → NO_2-N → NH_3-N

33. 화학합성 자가영양 미생물계의 에너지원과 탄소원으로 가장 알맞은 것은?

① 빛, CO_2

② 무기물의 산화환원반응 , CO_2

③ 빛, 유기탄소

④ 유기물의 산화환원반응 , 유기탄소

34. 호기성 Bacteria의 질소함량은? (단, 경험적 호기성 박테리아를 나타내는 화학식 기준)

① 약 4.2% ② 약 8.9%

③ 약 12.4% ④ 약 18.2%

35. 표준상태에서 90g의 포도당($C_6H_{12}O_6$)이 혐기성 분해시 이론적으로 발생시킬 수 있는 CH_4 가스의 부피는?

① 22.4 L ② 33.6 L

③ 44.3 L ④ 88.6 L

36. 수질오염에 관한 미생물의 작용에 있어서 흔히 사용되는 조류(Algae)의 경험적 화학 조성식은?

① $C_5H_7O_2N$ ② $C_5H_8O_3N$

③ $C_5H_7O_3N$ ④ $C_5H_8O_2N$

37. 모든 진핵생물이 가지고 있는 세포소기관(Organelles)은?

① 핵막 ② 미토콘드리아

③ 리보좀 ④ 세포벽

38. 원생생물은 세포의 분화정도에 따라 진핵생물과 원핵생물로 나눌 수 있다. 다음 중 원핵세포와 비교하여 진핵세포에만 있는 것은?

① DNA ② 리보솜
③ 편모 ④ 세포소기관

39. 미생물에 관한 설명으로 옳지 않은 것은?

① 진핵세포는 핵막이 있으나 원핵세포는 없다.
② 세포소기관인 리보솜은 완벽세포에 존재하지 않는 다.
③ 조류는 진핵미생물로 엽록체라는 세포소기관이 있다.
④ 진핵세포는 유사분열을 한다.

40. 다음에 나타낸 오수 미생물 중에서 유황화합물을 산화하여 균체 내 또는 균체외에 유황입자를 축적하는 것은?

① Zoogloea ② Sphaerotilus
③ Beggiatoa ④ Crenothrix

41. 탈질미생물에 관한 설명으로 옳지 않은 것은?

① 최적 pH는 6~8 정도이다.
② 탈질균 대부분은 통성 혐기성균으로 호기, 혐기 어느 상태에서도 증식이 가능하다.
③ 유기물을 에너지원으로 한다.
④ 탈질시 알칼리도가 소모된다.

42. 미생물의 종류를 분류할 때 에너지원에 따라 분류된 것은?

① Autotroph, Heterotroph ② Phototroph, Chemotroph
③ Aerotroph, Anaerotroph ④ Themertroph, Psychrotroph

43. 혐기성 조건하에서 295g의 glucose($C_6H_{12}O_6$)로부터 발생 가능한 CH_4가스의 용적은? (단, 완전분해, 표준상태 기준)

① 약 60L ② 약 80L
③ 약 110L ④ 약 150L

44. 분뇨처리과정에서 병원균과 기생충란을 사멸하기 위한 온도는?

① 25 ~ 30℃　　② 35 ~ 40℃
③ 45 ~ 50℃　　④ 55 ~ 60℃

45. 세균의 세포형성에 따른 분류가 아닌 것은?

① 구균　　② 진균
③ 간균　　④ 나선균

46. 성장을 위한 먹이(탄소원) 취득 방법이 나머지와 크게 다른 것은?

① 조류　　② 곰팡이
③ 질산화박테리아　　④ 황박테리아

47. 미생물의 성장과 유기물과의 관계곡선 중 변곡점까지의 미생물의 성장상태를 가장 적절하게 나타낸 것은? (단, F : 먹이인 유기물량, M : 미생물량)

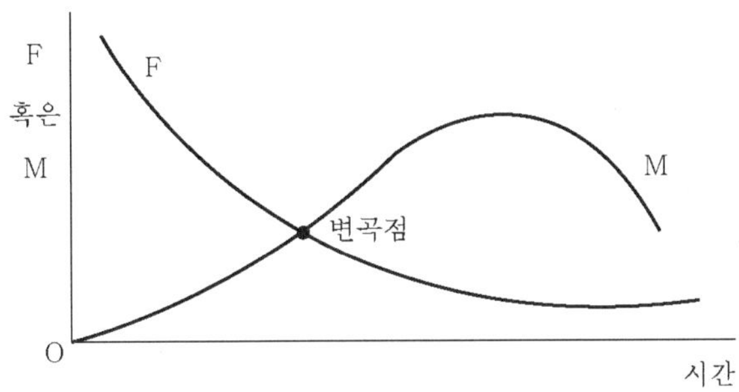

① 내생성장 상태　　② 감소성장 상태
③ Floc 형성 상태　　④ Log 성장 상태

48. 혐기성 소화조의 정상작동 여부를 판단할 수 있는 인자 중 가장 거리가 먼 것은?

① 소화조 내의 혼합도
② 1일 가스 발생량
③ 발생가스 중의 CO_2 함유율
④ 소화조 내 슬러지의 volatile acid 함유도

49. 수질오염지표로 대장균을 사용하는 이유로 맞지 않는 것은?

① 검출이 쉽고 분석하기가 용이하다.

② 대장균이 병원균보다 저항력이 강하다.
③ 동물의 배설물 중에서 대체적으로 발견된다.
④ 소독에 대한 저항력이 바이러스보다 강하다.

50. 활성슬러지나 살수여상 등에서 잘 나타나는 Vorticella가 속하는 분류는?
① 조류(Algae)
② 균류(Fungi)
③ 후생동물(Metazoa)
④ 원생동물(Protozoa)

51. 인축(人畜)의 배설물에서 일반적으로 발견되는 세균이 아닌 것은?
① Escherchia-Coli
② Salmonella
③ Acetobacter
④ Shigella

52. 주간에 연못이나 호수 등에 용존산소(DO)의 과포화 상태를 일으키는 미생물은?
① 비루스(Virus)
② 윤충(Rotifer)
③ 조류(Algae)
④ 박테리아(Bacteria)

53. 생물학적 오탁지표들에 대한 설명이 옳지 않은 것은?
① BIP(Biological Index of Pollution) : 현미경적인 생물을 대상으로 하여 전생물수에 대한 동물성 생물수의 백분율을 나타낸 것으로, 값이 클수록 오염이 심하다.
② BI(Biotix Index) : 육안적 동물을 대상으로 전생물 수에 대한 청수성 및 광범위하게 출현하는 미생물의 백분율을 나타낸 것으로, 값이 클수록 깨끗한 물로 판정된다.
③ TSI(Trophic State Index) : 투명도, 투명도와 클로로필 농도의 상관관계를 이용한 부영양화도 지수를 나타내는 것이다.
④ SDI(Species Diversity Indec) : 종의 수와 개체수의 비로 물의 오염도를 나타내는 지표로, 값이 클수록 종의 수는 적고 개첵수는 많다.

54. 과대한 조류의 발생을 방지하거나 조류를 제거하기 위하여 일반적으로 사용하는 것은?
① E.D.T.A
② $NaSO_4$
③ $Ca(OH)_2$
④ $CuSO_4$

55. 대장균군에 관한 설명으로 틀린 것은?

① 인축의 내장에 서식하므로 소화기계 전염병원균의 존재 추정이 가능하다.

② 병원균에 비해 물속에서 오래 생존한다.

③ 병원균보다 저항력이 강하다.

④ Virus보다 소독에 대한 저항력이 강하다.

56. 생물학적 처리공정의 미생물에 관한 설명으로 틀린 것은?

① 활성슬러지 공정 내의 미생물은 Pseudomonas, Zoogloea, Archromobacter 등이 있다.

② 사상성 미생물인 Protozoa가 나타나면 응집이 안 되고 슬러지 벌킹현상이 일어난다.

③ 질산화를 일으키는 박테리아는 Nitrosomonas와 Nitrobacter 등이 있다.

④ 포기조에서 호기성 및 임의성 박테리아는 새로운 세포로 변화시키는 합성과정의 에너지를 얻기 위하여 유기물의 일부를 이용한다.

57. 시험대상 미생물을 50% 치사시킬 수 있는 유출수 또는 시료에 녹아 있는 독성물질의 농도를 나타내는 것은?

① TLN_{50} ② LD_{50}

③ LC_{50} ④ LI_{50}

58. 미생물의 신진대사 과정 중 에너지 발생량이 가장 많은 전자(수소)수용체는?

① 산소 ② 질산이온

③ 황산이온 ④ 환원된 유기물

59. 미생물 중 원생동물에 관한 설명으로 옳지 않은 것은?

① 대개 호기성이며 세포벽이 없을 때가 많다.

② 많은 원생동물은 녹조류가 진화과정에서 단지 염록소를 상실함으로써 생긴 것으로 추측할 수 있다.

③ 위족류는 매우 유동적인 세포벽을 이용하여 위족을 만든다.

④ 편모충류는 몸에 1개 이상의 편모를 가지며 그것을 움직여 활발히 운동한다.

[정답]

1. ④ 2. ③ 3. ③ 4. ③ 5. ③ 6. ④ 7. ④ 8. ③ 9. ④ 10. ② 11. ② 12. ③ 13. ② 14. ② 15. ④ 16. ③ 17. ③ 18. ④ 19. ③ 20. ② 21. ① 22. ④ 23. ① 24. ④ 25. ③ 26. ② 27. ③ 28. ④ 29. ② 30. ④ 31. ① 32. ① 33. ② 34. ③ 35. ② 36. ④ 37. ② 38. ④ 39. ② 40. ③ 41. ④ 42. ② 43. ③ 44. ④ 45. ② 46. ② 47. ④ 48. ① 49. ④ 50. ④ 51. ③ 52. ③ 53. ④ 54. ④ 55. ④ 56. ② 57. ③ 58. ① 59. ③

찾아보기

(ㅈ)

〈기 타〉

[저자 약력]

• 전상복

1981. 서울대학교 공과대학 공학사
1983. 한국과학기술원(KAIST) 공학석사
1996. 한국과학기술원(KAIST) 공학박사
현재, 경인여자대학교 보건환경과 교수

수질오염개론(제2판)

2021년 3월 5일 초판인쇄
2021년 3월 10일 초판발행

저 자 전 상 복
발행인 유 성 열
발행처 **청목출판사**
서울특별시 영등포구 신길로 40길 20
전화 (02) 849-6157(代) · 2820 / 833-6091
FAX (02) 849-0817
등록 제318-1994-000090호

파본은 바꾸어 드립니다. 값 20,000원

http : //www.chongmok.co.kr

ISBN 978-89-5565-796-8(93530)